Sammlung geologischer Führer

Sammlung geologischer Führer

Herausgegeben von Peter Rothe

Band 102

Gebr. Borntraeger · Stuttgart · 2010

Der **Schwarzwald**

und seine Umgebung

Geologie – Mineralogie – Bergbau
Umwelt und Geotourismus

von

Dieter Günther

Mit 78 Farbbildern, 85 Abbildungen und 10 Tabellen

Gebr. Borntraeger · Stuttgart · 2010

Anschrift des Autors:
Dr. Dieter Günther
Lindenweg 16, 76332 Bad Herrenalb, Germany
E-Mail: dr.dieter.guenther@freenet.de

Titelbild: Blick vom Feldberg (Seebuck 1448 m) auf den darunter liegenden Feldsee (1109 m), einen typischen Karsee.

ISBN 978-3-443-15088-4

Gedruckt auf alterungsbeständigem Papier nach ISO 9706-1994

Informationen zu diesem Buch auf unserer Webseite:
www.borntraeger-cramer.de/9783443150884

Satz: Satzpunkt Ursula Ewert GmbH, Bayreuth
Druck: Tutte Druckerei GmbH, Salzweg bei Passau
Printed in Germany

Verlag: Gebrüder Borntraeger Verlagsbuchhandlung, Johannesstr. 3A,
70176 Stuttgart, Germany
www.borntraeger-cramer.de, mail@borntraeger-cramer.de

Inhalt

Vorwort

Der Schwarzwald, das höchste Mittelgebirge Deutschlands, hat durch seine verborgenen Schätze schon frühzeitig Kelten und Römer angezogen. Schürften die Kelten vor zweieinhalbtausend Jahren im Nordschwarzwald nach Eisenerz, so suchten die Römer im Südschwarzwald nach Silber, dem Metall für ihre Münzen. Am Rande des Rheintals entstanden in Baden-Baden und Badenweiler stattliche Thermen, in denen sich die römischen Soldaten erholten. Im Mittelalter wurden in zahlreichen Bergwerken Silber, Blei und Kupfer gefördert. In der Neuzeit kamen Kobalt für die Farbherstellung und wieder zunehmend Eisen für die Werkzeug- und Waffenindustrie hinzu. Nach dem Erliegen der Erzförderung setzte man im 20. Jahrhundert auf die Ausbeutung der Gangmineralien Flussspat und Schwerspat. Im 19. Jahrhundert wurden zahlreiche Mineralquellen und Thermen erschlossen und zu Kur- und Heilbädern ausgebaut, die den Schwarzwald zusammen mit der einzigartigen Landschaft und Folklore touristisch in aller Welt attraktiv machten.

Trotz bergmännischen Wissens blieb der Schwarzwald geologisch bis ins 20. Jahrhundert hinein weitgehend unbekanntes Terrain. Auch gibt es bis heute keine geowissenschaftliche Gesamtdarstellung über den Schwarzwald. Erst in den letzten Jahrzehnten war es den Geowissenschaftlern möglich, neue Erkenntnisse über seine Entstehung und Lagerstätten zu gewinnen. Aber trotz modernster Forschungs- und Analysemethoden bleiben noch manche Fragen unbeantwortet.

Das vorliegende Buch soll eine umfassende Einführung in die Geologie und Mineralogie des Schwarzwaldes und seine Umgebung nach den neuesten Erkenntnissen sein. Das Wissensspektrum ist breit gefächert. Es behandelt Geologie, Mineralogie, Lagerstätten, Energiegewinnung, Hydrologie, Umweltzerstörung und Geotourismus. In einem gesonderten Teil werden die im Text genannten Aufschlüsse beschrieben und zu Exkursionen zusammengestellt.

Das Buch ist an Geowissenschaftler aber auch an sonstige geowissenschaftlich Interessierte wie Geographen, Umweltschützer und Mineraliensammler, die über den Tellerrand ihres Arbeitsgebietes oder ihrer Mineraliensammlung schauen möchten, gerichtet. Nicht zuletzt ist das Buch auch ein Stück Heimatkunde des Schwarzwaldes.

Abb. 1. Blick vom Feldberg auf das vom Wiesegletscher geformte Wiesental.

An dieser Stelle möchte ich besonders Herrn Professor P. Rothe, Mannheim, der als Herausgeber das Projekt betreute und die abschließende Korrektur vornahm und Frau Annegret Stock für eine erste Durchsicht des Manuskripts ganz herzlich danken. Weiterhin möchte ich mich bei den einzelnen Autoren, den Verlagen und beim Geologischen Landesamt Baden-Württemberg, Freiburg i. Br. ganz herzlich für die Überlassung der Abbildungen bedanken.

Bad Herrenalb, April 2010.

1 Einführung in die Geologie des Schwarzwaldes

> „Zunächst galt es zu lernen. Da gab es Vorlesungen, die sich vor die Natur stellten, Geländearbeit, die zu ihr hinführten. Der Schwarzwald? Nein, der war aus Gneis und für den Anfang zu schwer. Da ging man erst einmal in die Vorhügel, jene Rebeninseln der Ebene und sammelte Kalk und Muscheln in den Steinbrüchen, schaute an die Häusergiebel der Dörfer bewundernd hinauf, in die naturfreudige oder abergläubische Erbauer die braunen verzierten Räder der Ammoniten eingemörtelt hatten."
>
> Hans Cloos (1947, 1968)

Hans Cloos, einer der Väter der klassischen Geologie, beschrieb in seinem Buch „Gespräch mit der Erde" die geologische Situation des Schwarzwaldes, wie sie sich noch Mitte des 20. Jahrhunderts dem Geologen präsentierte, eine erdgeschichtlich schwer zu interpretierende Gneisformation. Da machte man sich erst an das Deckgebirge Buntsandstein, Muschelkalk, Keuper und Jura, das die Randgebiete des Schwarzwaldschildes überdeckt und an die Rheintalscholle. Durch das Aufdecken der einzelnen Schalen und ihre Interpretation stieß man dann zum Kern vor, dem Kristallin des Schwarzwaldes, in das erst heute einigermaßen Klarheit kommt, wenn auch noch einige Fragen offen bleiben.

Und nun zur Geologie des Schwarzwaldes: Der Schwarzwald ist der rechtsrheinische Teil des Oberrheinischen Gebirgsmassivs. Er stellt eine nach NE einfallende, gehobene Pultscholle dar, die durch die Kinzigmulde in zwei Teile getrennt wird. Sie wird im Westen durch den Oberrheingraben begrenzt, im Osten geht sie ins süddeutsche Schichtstufenland über. Im Westen fällt der Schwarzwald mit 50–60° Neigung gegen das oberrheinische Tiefland bis zu 1000 m ab. Die Gleitbahn der Verwerfung Schwarzwald/Rheintalscholle wurde das erste Mal aufgeschlossen, als man 1929 den Tunnel durch den Lorettoberg bei Freiburg trieb. Nahe dem Westabbruch befinden sich die höchsten Schwarzwaldberge wie Hornisgrinde, Schauinsland, Belchen und Blauen. Dem Westabbruch vorgelagert befindet sich ein Schollenmosaik, die Vorbergzone. Zwischen Offenburg und Emmendingen sind es die mit Buntsandstein bedeckten Vorberge, südlich Freiburg schließt sich das Markgräfler Land mit seinen mit Weinreben bepflanzten tertiären bis jurassischen Hügeln an. Ganz im Süden befinden sich die Weitenauer Vorberge und der Dinkelberg, eine kleine Scholle, die von der Großscholle abgebrochen ist und den Hebungsvorgang während des Tertiärs nicht mitgemacht hat.

Von Osten her gesehen erscheint der Schwarzwald weniger als ein Gebirge, sondern eher als eine waldbestandene Hochfläche, die sich als Buntsandsteintafel mit 2–5° gegen das Schwäbische Schichtstufenland abdacht. Als Grenze zwischen Schwarzwald und Schichtstufenland kann der Buntsandstein betrachtet werden, auf dessen kargen Böden der Wald anfängt. Im Süden wird der Schwarzwald von zwei tertiären vulkanischen Zentren, dem Hegau und dem Kaiserstuhl flankiert.

Geographisch unterscheidet man den Schwarzwald in Nord-, Mittel- und Südschwarzwald. Die Grenze zwischen Nord- und Mittelschwarzwald verläuft auf der Linie: Freudenstadt, Kniebis, Schliffkopf und Sohlberg (s. Abb. 2). Der Nordschwarzwald wird vom Kraichgau, Hecken- und Oberen Gäu umrahmt. Er ist weitgehend mit Buntsandstein bedeckt. Die höchste Erhebung ist die Hornisgrinde (1164 m). Seine wichtigsten Flüsse Alb, Murg und Acher fließen in den Rhein, die Enz und Nagold in den Neckar. Sie schneiden tiefe Täler bis in das kristalline Grundgebirge ein. Dieser Teil des Schwarzwaldes wird deshalb auch Nördlicher Talschwarzwald genannt.

Seine Bergformen ähneln Sargdeckeln. Die Hänge sind steil, oben erstreckt sich eine tafelartige Hochfläche. Das rührt daher, dass das verkieselte Hauptkonglomerat des Buntsandsteins sich als schützende Decke gegen Erosion auf die darunter liegenden Schichten legt.

Die Hänge sind mit Tannen und Fichten bewachsen. Fast alle Hochflächen wurden gerodet. Die Täler waren die ersten Verkehrsadern. In der Talsole entstanden kleine Städte wie Calw, Nagold, Neuenbürg u. a. Auf der Hochfläche wechseln Waldhufendörfer und andere Siedlungsformen, Acker- und Weideland einander ab. In den engen Nebentälern der Murg begegnen wir den charakteristischen Heuhütten. Gegen das obere Gäu fällt die Buntsandsteinplatte flach ab und taucht unter den Muschelkalk. Man spricht von der Schwarzwald-Randplatte. Sie ist eine leicht wellige Hochflächenlandschaft mit Flachmuldentälern. In breiten Talformen entstanden Einzelhofsiedlungen mit Weideland. Auf den langgezogenenen Buntsandsteinrücken liegen geschlossene Waldgebiete. Mit dem Muschelkalk werden die Böden fruchtbarer, saure Podsolböden wechseln in basischere Braunerden. Die Wälder (Mischwälder) bilden Inseln im Acker- und Weideland.

Wo der Nordschwarzwald seine höchsten Erhebungen hat wie Hornisgrinde, Schliffkopf und Kniebis, sind die Hochflächen nicht bewaldet, nur mit Latschen und Birken bewachsen und auf abflusslosem verkieseltem Hauptkonglomerat vermoort. Bohlenwege erschließen die Hochfläche für den Wanderer.

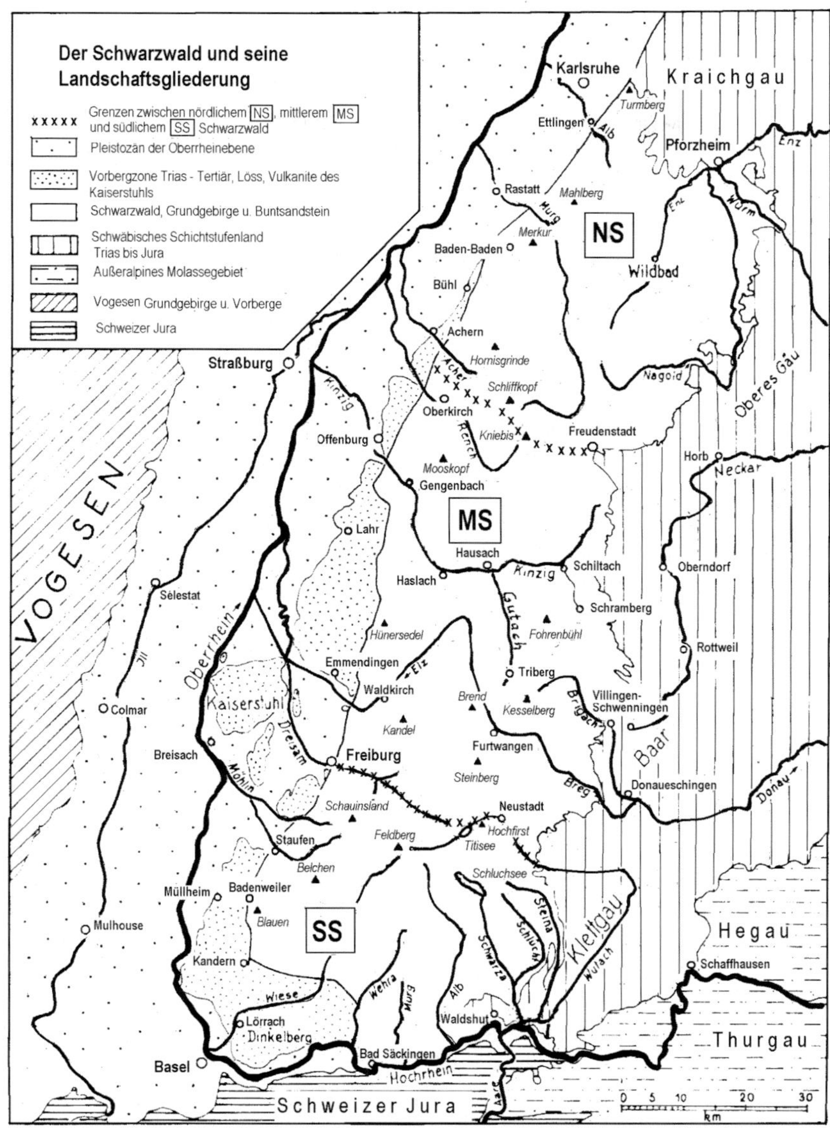

Abb. 2. Geographische Karte des Schwarzwaldes. Leicht verändert nach Metz (1977).

Man spricht hier vom Grindenschwarzwald. Charakteristisch ist im südlichen Murgtal eine zweistöckige Landschaft. Über einer Rumpffläche des kristallinen Grundgebirges aus Gneis erhebt sich die herauspräparierte Steilstufe des Buntsandstein-Deckgebirges.

Zwischen dem Nordschwarzwälder Bergkamm und der Dreisam im Südwesten und der Brigach im Südosten liegt der Mittelschwarzwald. Im Osten begrenzen Neckar und Schwäbischen Alb den Mittelschwarzwald. Er ist gekennzeichnet durch eine abwechslungsreiche, hügelige Landschaft aus Gneis- und Granitkuppen. Wie im Nordschwarzwald ist die Ostabdachung mit Buntsandstein bedeckt, im Westen ist es die Vorbergzone um Lahr.

Der Mittelschwarzwald ist im Gebiet um die Kinzig etwas niedriger als der Nordschwarzwald, erreicht aber im Süden, an den Südschwarzwald grenzend, mit dem Kandel eine Höhe von 1242 m.

Die niederen zentralen Schwarzwälder Gneiskuppen sind mit Nadelhölzern bewachsen. In den Tälern herrscht Weideland vor. Als wichtigster Fluss gilt die Kinzig mit ihren Nebenflüssen Schiltach, Gutach und Elz. Während die Kinzig ein breites Tal mit begradigtem Fluss darstellt, bilden die Nebenflüsse enge tiefe Täler mit Felsformationen. Weitere Flüsse sind die Brigach und Breg. Charakteristisch sind in den Tälern Weidelandschaften mit den unverkennbaren Schwarzwaldhöfen, die sich einzeln in der Landschaft verstreuen oder locker zu sogenannten Zinken ordnen.

Südlich der Dreisam befindet sich der Südschwarzwald mit seinen vier markanten Erhebungen: Schauinsland (1284 m), Feldberg (1493 m), Belchen (1414 m) und Blauen (1165 m). Man spricht hier vom Hochschwarzwald. Die Berge sind runde Kuppen, die durch die Gletscherbedeckung während der Riss- und Würmeiszeit gebildet wurden. Überhaupt sind die Hochtäler mit ihren Seen von ehemaligen Gletschern geformt worden.

Der Südschwarzwald ist in seinen höchsten Kuppen kahles Weideland. Seine wichtigsten Flüsse, die Dreisam, Wiese, Wehra, Alb, Schwarza und Wutach fließen in engen tiefen Tälern, teilweise bilden sie Schluchten, in den Rhein. Im Gebiet um Freiburg weitet sich das Dreisamtal zur Freiburger Bucht. Die Orte Freiburg, Müllheim, Lörrach, Waldshut, Donaueschingen und Titisee-Neustadt umrahmen den Südschwarzwald. Auf der Hochfläche sind einzelne Höfe verstreut, aber auch in sogenannten Zinken zusammengefasst. In den Hochtälern entstanden kleine Orte, die heute Touristenzentren sind.

Insgesamt fällt die Schwarzwälder Pultscholle von Süden nach Norden um ca. 300 m auf 85 km (Strecke Feldberg-Hornisgrinde) ab. Die Wasserscheide zwischen Rhein und Neckar/Donau verläuft etwa auf der Linie Feldberg, Kesselberg, Dornhahn, Besenfeld und Dobel.

Die Natur des Schwarzwaldes wird heute durch zwei große Naturschutzparks, den 1999 gegründeten Naturpark Schwarzwald Süd mit 333.000 ha und den ein Jahr jüngeren Park Schwarzwald Mitte-Nord mit seinen 370.000 ha geschützt. Sie bilden zusammen das größte Landschaftsschutzgebiet Deutschlands. Der Naturschutzpark Mitte-Nord umfasst 102 Gemeinden, die Landkreise Calw, Enzkreis, Freudenstadt, Karlsruhe, Ortenaukreis, Rastatt und Rottweil, sowie die Stadtkreise Baden-Baden und Pforzheim; der Naturpark Süd die Landkreise Emmendingen, Lörrach, Waldshut, Breisgau-Hochschwarzwald, Schwarzwald-Baar und den Stadtkreis Freiburg. Naturschutzzentren gibt es in Karlsruhe-Rappenwört, Gottmadingen, am Ruhestein, Feldberg und Kaiserstuhl. Näheres siehe Berke (2007).

So wie sich der Schwarzwald uns heute als Gebirge präsentiert, bildete er sich vor 60 Millionen Jahren an der Wende Kreide/Tertiär mit Beginn der Alpenfaltung, als sich die Afrikanische Platte nach Norden gegen die Eurasische Platte schob und das alte kristalline Massiv des ehemaligen Variszischen Gebirges hochhob. Im Eozän gab es einen Riss zwischen den zwei Schwellen Schwarzwald und Vogesen. Durch die Dehnung der Kruste sank die Rheintalscholle in einer Art Keilform ab. Der größte Grabenbruch Europas, der Rheingraben, entstand. Schon Hans Cloos (1939) rekonstruierte im Experiment mit feinem Tonschlamm diesen Grabenbruch. Vom Rhônegraben über den Oberrhein- bis zum Oslo-Mjoesen-Graben reißt seitdem die europäische Platte auseinander. Gleichzeitig hoben sich links und rechts des Grabenbruchs zwei Schollen, der Schwarzwald und die Vogesen heraus, um das isostatische Gleichgewicht wieder herzustellen. Von der Grabensohle bis zum Schwarzwaldkamm sind es auf der Achse Straßburg–Hornisgrinde ca. 3000 m Sprunghöhe. Noch heute steigt das Gebirge relativ zur Oberrheinebene um 2 bis 5 mm pro Jahr (Mälzer 1967). In der Schwarzwaldpultscholle rissen durch innere Spannungen viele kleinere Spaltensysteme und Gräben auf. Während des Tertiärs bildeten sich zahlreiche hydrothermale Gänge, die Eisen-, Kupfer- und Silbererze lieferten. Seit dieser Zeit schufen und formten Gebirgshebung, Abtragung und während der Eiszeiten ab dem jüngeren Pleistozän auch Gletscher die Landschaft.

Man unterscheidet hauptsächlich vertikal drei geologische Baueinheiten:

- variszisches Grundgebirge (Granite, Gneise, Anatexite)
- permische Rotliegendsedimente (Fanglomerate, Arkosen) und Vulkanite (Rhyolithe, Ignimbrite)
- mesozoisches Deckgebirge (Buntsandstein, Muschelkalk, Keuper und Jura)

Innerhalb des Grundgebirges unterscheidet man horizontal von N nach S folgende Baueinheiten:

- Baden-Baden Zone (Grenzgebiet zw. Moldanubikum/Saxothuringikum) (BBZ)
- Nord- und Mittelschwarzwälder Kristallin (NMSK)

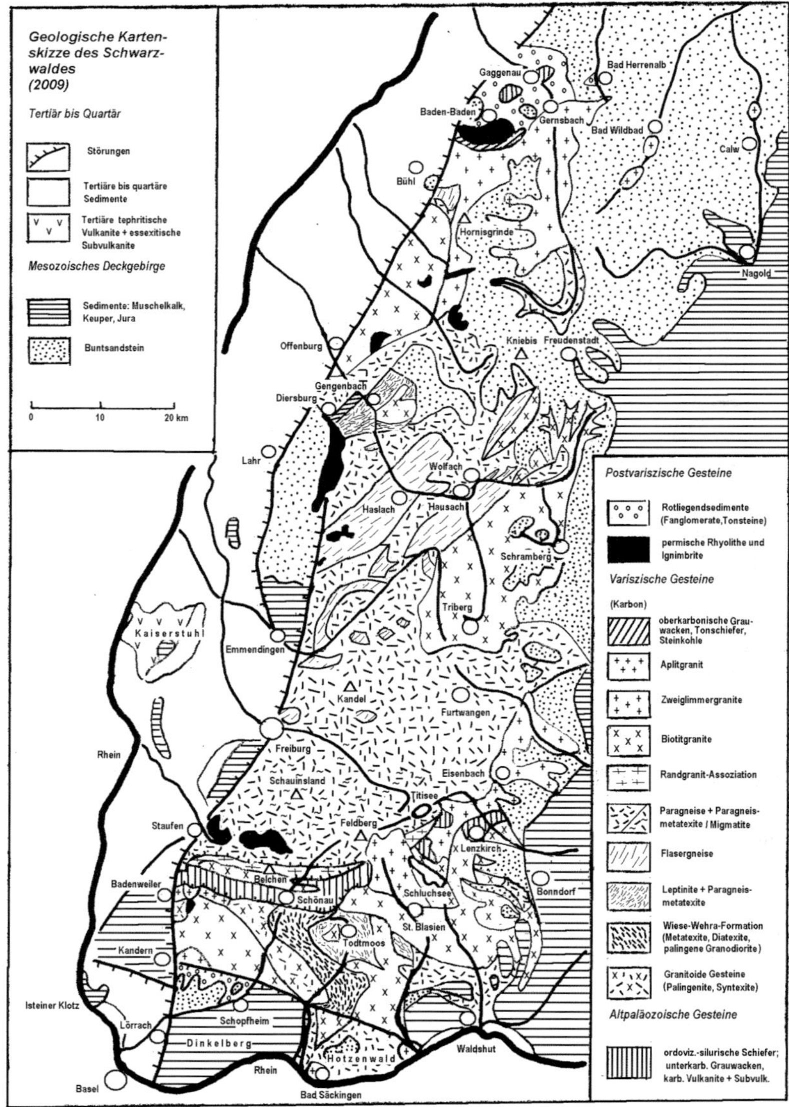

Abb. 3. Geologische Kartenskizze des Schwarzwaldes. Zusammengestellt nach Metz (1977) und den Geologischen Übersichtskarten Deutschland 1:200.000, Bl. CC 7910 Freiburg-Nord u. Bl. CC 8710 Freiburg-Süd.

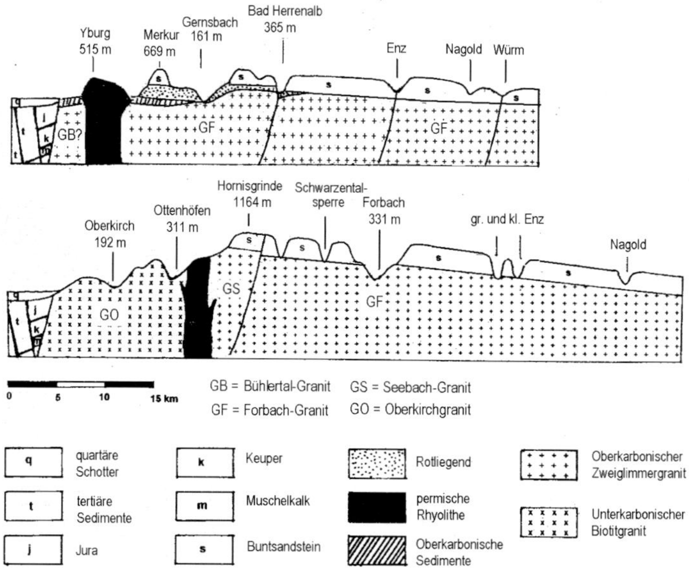

Abb. 4. Profile durch den Nordschwarzwald, vereinfacht und stark überhöht. Grundlage: Geologische Übersichtskarten Deutschland 1:200.000, Bl. CC7110 Mannheim und Bl. CC7910 Freiburg-Nord.

- Badenweiler-Lenzkirchzone BLZ (Suturzone zwischen dem NMSK und SSK)
- Südschwarzwälder Kristallin (SSK)

Das kristalline Grundgebirge des Schwarzwaldes gehört zu den älteren Gesteinsserien der Erde. Die Ausgangsgesteine der Gneise, die Grauwacken, reichen wie Funde von Acritarchen und Chitinozoen belegen, bis ins Ordovizium/Silur, die ältesten Gesteinsrelikte des Schwarzwaldes nach radiometrischen Messungen an Zirkonen in Eklogiten bis in die Erdfrühzeit, das Proterozoikum zurück.

Die Entstehung des Schwarzwälder Kristallins ist noch in der Diskussion. Bis zum Ende des letzten Jahrhunderts ordnete man die Entstehung der Gneise dem Ordovizium zu, die später dann nochmals während der variszischen Gebirgsbildung im Devon/Karbon metamorph zu Anatexiten überprägt wurden. Die Granitplutone folgten im Unter- u. Oberkarbon. Nach modernen radiometrischen Messungen (Kalt et al. 2000) fand die Vergneisung ordovi-

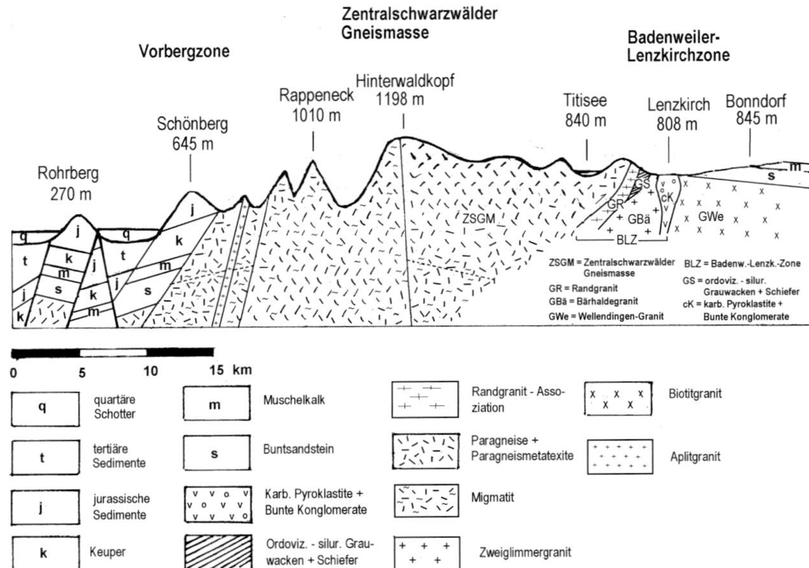

Abb. 5. Profil durch den Südschwarzwald, vereinfacht und stark überhöht. Grundlage: Geologische Übersichtskarte Deutschland 1:200.000, Bl. CC8710 Freiburg-Süd.

zischer bis devonischer Grauwacken erst im Unterkarbon vor 330–340 Mio Jahren statt.

Im Ordovizium vor 490 bis 460 Mio Jahren brachen vermutlich mehrere kleine Terrane vom Südkontinent Gondwana ab und drifteten nach Norden. Es herrschte ein reger Magmatismus. Im Ordovizium bis Silur schloß sich im Gebiet des heutigen Nordatlantiks der altpaläozoische Ozean Iapetus. Die Kaledoniden wölbten sich auf, Nordamerika und Europa schlossen sich zum Kontinent Laurentia zusammen. Südlich von Laurentia befand sich die sogenannte variszische Geosynklinale, kein Ozean im klassischen Sinne, sondern ein Meer aus mehreren Teilbecken mit vulkanischen Inselbögen, Flachmeerbereichen mit Korallenriffen, Tiefseegräben ähnlich dem heutigen indonesischen Inselbogen. Darunter befand sich auch das Mikroterran Schwarzwald.

Im Karbon stießen die Platten Gondwana und Laurentia aufeinander. Der Meeresbereich der variszischen Geosynklinale schloss sich, die einzelnen Terrane verschweißten sich und das variszische Gebirge wölbte sich auf. Aus den klastischen Sedimenten entstanden durch Metamorphose Paragneise,

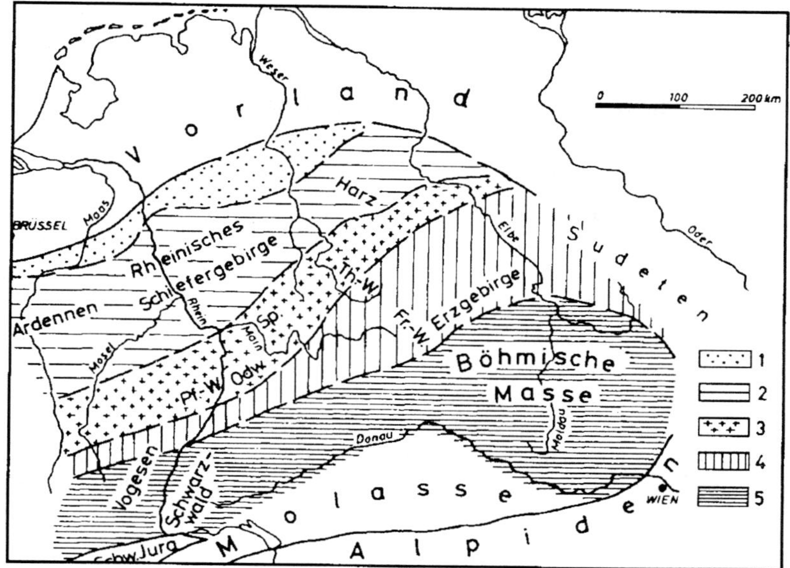

Abb. 6. Gliederung des Variszischen Gebirges im Wesentlichen nach Kossmat. Aus Murawski (2004).
1 Subvariskische Saumtiefe; 2 Rhenoherzynikum; 3 Mitteldeutsche Kristallinzone; 4 Saxothuringikum; 5 Moldanubikum.

früher Renchgneise genannt. Granitische bis granodioritische Intrusionen vergneisten zu Orthogneisen, früher als Schapbachgneise bezeichnet. Die unteren Stockwerke der Paragneise wurden während der Metamorphose anatektisch überprägt. Sie sind vor allem im Hochschwarzwald, im Gebiet von Feldberg und Schauinsland aufgeschlossen. Im Oberkarbon kam es abschließend zur Intrusion von Granitplutonen, die vor allem das Kristallin des Nordschwarzwaldes und im Mittelschwarzwald die Region Hornberg-Triberg bilden. Im südlichsten Schwarzwald (SSK) finden sich reine Granitplutone neben Mischgesteinen aus Plutoniten und Metamorphiten. In der Minderheit sind dort auch Metamorphite wie im Mittel- und Hochschwarzwald anzutreffen.

Seit dem österreichischen Geologen Kossmat (1929) wird das variszische Gebirge in verschiedene metamorphe Zonen untergliedert. Zur stark metamorphen Zone, dem Moldanubikum im Süden gehören u. a. der Schwarzwald und die Vogesen. Nach Norden zu schließt sich das weniger metamorphe Saxothuringikum mit Phylliten und Glimmerschiefern an. Die Grenze zwischen Moldanubikum und Saxothuringikum liegt im Nordschwarzwald zwischen Baden-Baden und Gaggenau.

Die Gneise des mittleren und südlichen Schwarzwaldes reichen als zusammenhängender Zentralschwarzwälder Gneiskomplex im Norden bis nach Baiersbronn, im Süden bis zur Badenweiler-Lenzkirchzone. Jene stellt einen Gürtel mit steil gestellten metamorphen, ordovizischen bis nicht metamorphen karbonischen Sedimenten und Vulkaniten dar, die in einem weiten Bogen die Zentralschwarzwälder Gneismasse umschließen und unter sie abtauchen. Heute wird diese Zone plattentektonisch als Sutur- und Subduktionszone zwischen den zwei Mikrokontinenten Südschwarzwälder Kristallin und der Zentralschwarzwälder Gneismasse gedeutet (Güldenpfennig 1997).

In der spätvariszischen Zeit kam es zur Bildung von SW-NE verlaufenden Einsenkungen, in denen sich karbonische Sedimente absetzten. Beispiele sind die Badenweiler-Lenzkirchzone, die Diersburger und Baden-Badener Mulde. In der Zone Diersburg-Berghaupten wurden bis 1911 stark verfaltete Kohlen des Westfaliums abgebaut. Größere Kohlebecken bildeten sich in jener Zeit jedoch außerhalb des Schwarzwaldes wie im Saar-Nahe-Gebiet, im Ruhrgebiet und in Oberschlesien.

Im ausgehenden Erdaltertum, während der Permzeit vor 250–290 Mio Jahren war der Südkontinent Gondwana mit dem Nordkontinent Laurasia (Amerika, Europa, Asien) zu dem Großkontinent Pangaea vereinigt. Nach abgeschlossener variszischer Gebirgsbildung und Metamorphose war der Schwarzwald der Abtragung unterworfen. Es kam zur Bildung von Schwellen und Trögen, die infolge spätvariszischer tektonischer Dehnung aktiv einsanken. Beispiele sind die Baden-Badener Mulde und der Schramberger Trog. Diese füllten sich mit Rotliegendsedimenten (Fanglomerate, Arkosen) aus der Umgebung. Die vielfach bröseligen Arkosen und Fanglomerate bilden die sanfte karge Hügellandschaft um Gaggenau und Loffenau. An Verwerfungen stiegen Säuerlinge auf und verkieselten die Arkosen in hartes Gestein, die als markante Kletterfelsen wie dem Battert bei Baden-Baden und dem Falkenstein bei Bad Herrenalb in der Landschaft hervortreten.

Entlang von Störungen, vor allem entlang des späteren Oberrheingrabens kam es zu großen rhyolithischen Deckenergüssen (Quarzporphyre und Ignimbrite) wie im Gebiet von Baden-Baden, Karlsruher Grat, Ottenhöfen, Lierbachtal, Geroldseck und Münstertal. Durch die extreme Härte des Quarzporphyrs bilden sie markante Kuppen, die oft von Burgen gekrönt werden wie der Yburg bei Baden-Baden oder der Ruine Hohengeroldseck bei Biberach oder markante Bergschrofen wie der Karlsruher Grat bei Ottenhöfen, der einen ehemaligen Spaltenerguss darstellt.

Da der Schwarzwald zu jener Zeit Festland und Abtragungsgebiet war, kam es hier zu keinen Ablagerungen des Zechsteinmeeres. Die südlichsten Ausläufer dieses Meeres sind in Heidelberg aufgeschlossen. Heute wird die im

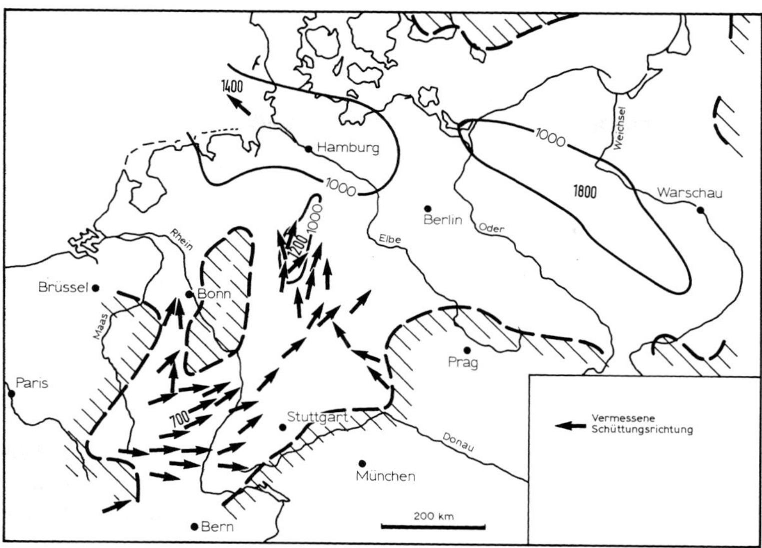

Abb. 7. Sedimentströme des Buntsandsteins in Mitteleuropa. Sedimentströme im Norden sind nicht eingezeichnet. Aus Geyer & Gwinner (1991).

Schwarzwald vorkommende Tigersandsteinformation, die man früher dem Buntsandstein zuordnete, als terrestrische Randfazies dem oberpermischen Zechsteinmeer zugeordnet.

Zu Beginn des Erdmittelalters, dem Mesozoikum, vor 250 Mio Jahren, war das Gebiet des Schwarzwalds mit Ausnahme des Südens eingeebnet. Zuerst lagerten sich in einem riesigen flachen Becken, dem Germanischen Becken, dessen Zentrum in Niedersachsen lag, in großen Flusssystemen rötliche Quarzsande und Gerölle des Buntsandsteins ab. Es herrschte wüstenartiges Klima. Der Schwarzwald lag am Rande des Beckens. Im Gegensatz zu den Rotliegendsedimenten besteht der Buntsandstein hauptsächlich nicht aus Abtragungsmaterial des Schwarzwaldes. Da er fast nur aus resistenten mittel- bis feinkörnigen Quarzkörnern besteht, muss sein Abtragungsgebiet weiter entfernt gelegen sein. Man nimmt die Ardennisch-Gallische und die Vindelizische Schwelle als Abtragungsgebiete an.

Der Buntsandstein bildet am Ostrand des südlichen und mittleren Schwarzwaldes ein schmales Band, im Nordschwarzwald eine feste zusammenhängende Decke, die bis zum Oberrheingraben reicht. Nach Osten dacht sich die Buntsandsteintafel mit 2–5° gegen das Schwäbische Schichtstufenland ab. Durch seine relative Härte bildet der Buntsandstein steile Hänge mit zahlreichen Blockhalden und sargdeckelartige Bergrücken, die durch Erosion aus der Landschaft modelliert wurden.

Wo auf den Hochflächen noch die lehmigen Schichten des Oberen Buntsandsteins (Plattensandstein) erhalten blieben, unterbrechen vor allem im Nordschwarzwald bis zu einer Höhe von 700 m Rodungsinseln mit Siedlungen die geschlossene Waldfläche. Die Bergrücken blieben mit Wald bedeckt. Auf größerer Höhe bildeten sich über dem verkieselten Oberen Buntsandstein Hochmoore und Grinden auf der Hornisgrinde und dem Schliffkopf, sowie um Kaltenbronn das Wildseemoor, der Hornsee und der Hohlohsee.

Nach den terrestrischen, rötlichen Sandablagerungen folgten von Südosten durch die Schlesische Pforte Meeresvorstöße des südlich gelegenen Tethysozeans, die Ton, Mergel, Dolomit und Kalksteine absetzten. Man nennt diese Gesteinsserie Muschelkalk. Südwestdeutschland lag in jener Zeit im Bereich eines flachen Randmeeres. Teilweise wurde die Verbindung zum Tethysozean unterbrochen und das Muschelkalkmeer ein Binnenmeer. Es entstanden die Salz- und Anhydritlagerstätten des Mittleren Muschelkalks. Während der Ablagerung des Oberen Muschelkalks hatte das Randmeer durch die Burgundische Pforte eine Verbindung zum offenen Ozean. Im Keuper war das Gebiet überwiegend festländisch geprägt, mit Flusslandschaften, trockenheißen Wüstengebieten und flachen Senken, in die zeitweise das Meer eindrang. Die Ablagerungen bestehen aus Mergeln, Gips und Tonen.

Am Ende der Triaszeit (Buntsandstein, Muschelkalk, Keuper) vor 210 Mio Jahren kehrte die Tethys wieder nach Süddeutschland zurück und bildete ein Rand- und Schelfmeer. Es lagerten sich um die Schwarzwaldschwelle Tone (Schwarzjura/Lias), eisenhaltige Oolithe und Kalke (Braunjura, Dogger) und in südlichen Randgebieten Kalke, Dolomite und Korallenkalke (Weißjura, Malm) ab. Es herrschte tropisches Klima.

Gegen Westen bricht die Schwarzwälder Pultscholle bis 3500 m steil in Schollen an der im Tertiär entstandenen Schwarzwald-Randverwerfung mit ca. 60° in den Oberrheingraben ab. Auf den Schollen sind noch jüngere Sedimente wie Muschelkalk, Keuper und Jura erhalten geblieben, ein Beweis, dass der Schwarzwald ursprünglich zu einem großen Teil von diesen Sedimenten bedeckt war. Beispiele dafür sind das Markgräflerland um Wittnau bei Freiburg und zwischen Müllheim und Kandern. Rund um die Schwarzwälder Schwelle lagerten sich während der Jurazeit im Süden in einem Flachmeer oolithische Doggererze bei Ringsheim, Freiburg und Blumberg ab. Im Osten ragt durch den Freudenstädter Graben eine Muschelkalkzunge in die Buntsandsteindecke, im Süden sind im Bonndorfer Graben in der Wutachschlucht neben Muschelkalk auch Keuper und Jurasedimente aufgeschlossen. Im äußersten Süden machte der Dinkelberg eine eigenständige Entwicklung durch. Er ist von der Hauptscholle abgetrennt und wurde nicht so hoch wie der übrige Schwarzwald gehoben. Das Gebiet ist gekennzeichnet durch eine Vielzahl tertiärer N-S verlaufender Gräben, die Keuper bis Liassedimente enthalten.

Schon vor 100 Mio Jahren, ab der Oberen Kreidezeit bis ins Tertiär hinein begann die alpidische Gebirgsbildung. Nördlich der Alpen bildete sich der Molassetrog, in dem der Schutt der Alpen abgelagert wurde. Deren Ablagerungen, z. B. die Juranagelfluh reicht bis in den Hegau im SE des Südschwarzwaldes. Schon während der Kreidezeit fand eine deutliche Hebung bzw. Aufwölbung des Schwarzwaldes und der Vogesen durch eine Dombildung im oberen Mantel statt. Im Eozän vor 50 Mio Jahren kam es zu einem Riss vermutlich entlang einer variszischen Störungs- oder Verschweißungszone der Mikroterrane Vogesen und Schwarzwald in SSW-NNE-Richtung und zu einem Auseinanderdriften der Krustenteile. Der Oberrheingraben entstand. Vogesen und Schwarzwald waren damals wahrscheinlich kein einheitlicher zusammenhängender Block, der im Scheitelpunkt auseinanderbrach. Schon im Jura gab es zwei getrennte Schwellen: die Vogesen und den Schwarzwald, um die sich Doggererzlagerstätten bildeten. Auch sind die Vogesen und der Schwarzwald geologisch-petrographisch kein Spiegelbild.

Innere Spannungen durch das Auseinanderreißen des Oberrheingrabens ließen ein ganzes System von Verwerfungen und Grabenbrüchen entstehen. Die hervorstechendste Verwerfung ist die NNE-SSW verlaufende Schwarzwaldrandverwerfung, die die Schwarzwaldscholle gegen den Oberrheingraben abhebt. Eine weitere einschneidende Störung bildet die Badenweiler-Lenzkirchzone (BLZ). Sie legt sich im Süden halbmondförmig um die Zentralschwarzwälder Gneismasse. Hier schieben sich ordovizische bis silurische Schiefer unter die variszische Zentralschwarzwälder Gneismasse. Die BLZ wird heute als Nahtstelle zwischen den während der variszischen Ära im Karbon zusammengedrifteten Mikroterranen Nord-/ Mittelschwarzwälder Kristallin und dem Südschwarzwälder Kristallin angesehen. Im Südwesten des Schwarzwaldes hat sich die Randscholle Dinkelberg von der Hauptscholle getrennt und wurde im Tertiär nicht mit hochgehoben. Im Nordschwarzwald zwischen Baden-Baden und Pforzheim veräuft die variszische NE-SW streichende Hauptstörung, die das stark metamorphe Moldanubikum vom schwächer metamorphen Saxothuringikum trennt.

Im Westen des Schwarzwaldes stehen die Störungen im Einfluss des Oberrhein-Grabenbruchs und streichen meist N-S bis NE-SW. Im Nordschwarzwald streichen sie vornehmlich NE-SW, in der Ostabdachung des Nord- und Mittelschwarzwaldes NW-SE, im Südschwarzwald N-S über NW-SE bis W-E.

Beispiele für größere Verwerfungen und Gräben im Südschwarzwald sind die NW-SE streichende Schluchsee-St.Blasien-Störung, innerhalb der der Bärhaldegranit die Badenweiler-Lenzkirchzone durchbricht und der W-E bis NW-SE streichende Bonndorfer Graben, der sich vom Bodensee bis in die Freiburger Bucht erstreckt und in der Wutachschlucht zwischen Bonndorf und

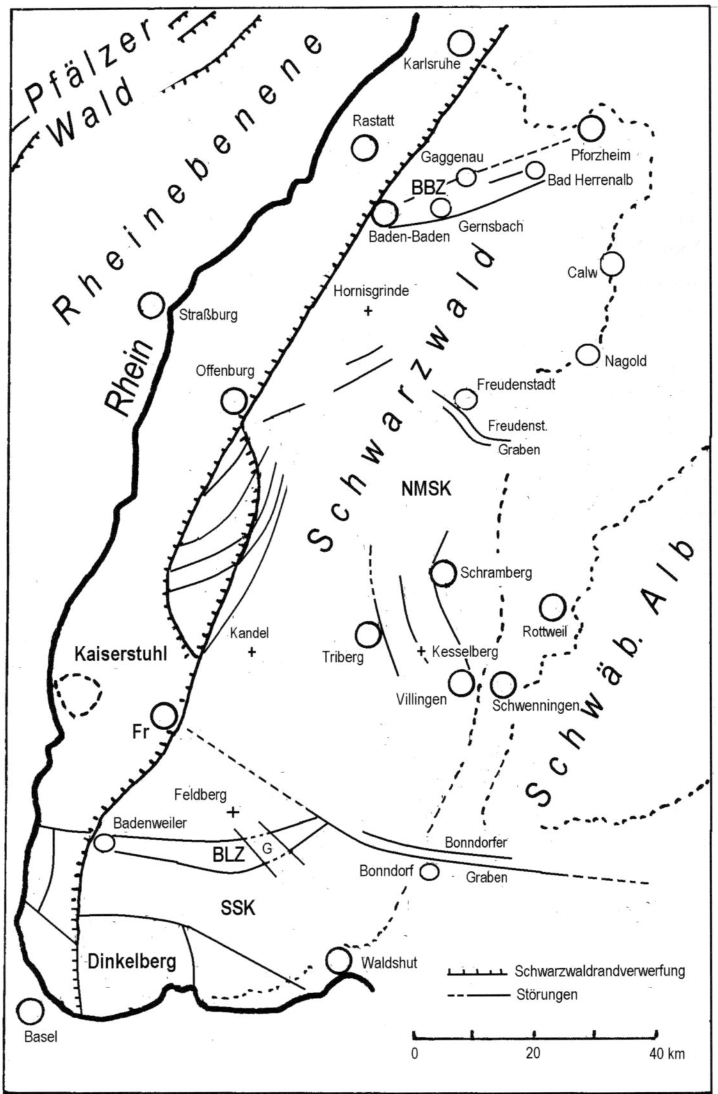

Abb. 8. Tektonische Skizze der hauptsächlichen Störungen im Schwarzwald. Vereinfacht nach der Geologischen Übersichtskarte Baden-Württemberg 1:500.000 des LGRB Freiburg i. Br. (1998).

Blumberg den markantesten Teil bildet. Im Mittelschwarzwald sind es die NW-SE bis N-S streichende Schramberger- und Kesselbergverwerfung, im Nordschwarzwald der NW-SE streichende Freudenstädter Graben, die NE-SW streichende Gernsbacher und die NW-SE streichende Bernbacher Verwerfung.

In zahlreichen Störungen und Klüften bildeten sich hydrothermale Erzlagerstätten mit Eisen-, Kupfer-, Blei-, Zink- und Silbererzen.

Im Miozän vor ca. 20 Mio Jahren bildeten sich in der tektonischen Kreuzzone Oberrheingraben/Freiburger Bucht-Bonndorfer Graben das Vulkanzentrum Kaiserstuhl mit seinen tephritischen bis phonolithischen Laven, gegen den Bodensee zu vor 14–7 Mio Jahren die Phonolith- und Basaltstöcke des Hegaus.

Im Mittelpleistozän (vor ca. 600.000 Jahren) schlug das subtropische Klima in ein kälteres Klima um. Es folgten verschiedene Warm- und Kaltzeiten und mindestens eine viermalige Vereisung, die nach den Flüssen im Voralpengebiet benannt wurde: die Günz-, Mindel-, Riss- und Würmvereisung. Im Schwarzwald sind nur die Riss- und Würmeiszeit nachweisbar. Während der Risseiszeit hatte die Vereisung ihre größte Ausdehnung. In den Warmzeiten war das Klima manchmal sogar wärmer als heute, in den Kaltzeiten jedoch um 4–12 °C niedriger. Im Alpenvorland bis zur heutigen Donau vereinigten sich die Eismassen zu einem einzigen Eisstrom von 1000 m Mächtigkeit. Die Berge des Südschwarzwaldes waren total von einer Eisdecke überdeckt. Heute zeugen die runden Kuppen des Hochschwarzwaldes von der ehemaligen Vereisung. Große Gletscherzungen formten Trogtäler wie z.B. das Zastlertal, das St. Wilhelmer Tal und das Menzenschwander Albtal im Feldbergmassiv sowie das Wiesetal und schoben den Gesteinsschutt unter sich als Grundmoräne und vor sich als Endmoränen mit. Einzelne Gletscher wie der Feldberg-, Albtal- und Wiesegletscher erreichten eine Länge bis 25 km, was dem heutigen Aletschgletscher im Wallis entspricht. Moränenlandschaften sind heute um den Titisee und Schluchsee zu sehen. Durch glaziale Hobelarbeit entstanden übertiefte Becken, die sich nach dem Rückzug des Eises mit Wasser füllten. Als echter Zungenbeckensee gilt der 39 m tiefe Titisee. Gletscherschliffe und Rundhöcker sind besonders schön im Wiesetal bei Schönau zu sehen.

Im Nordschwarzwald gab es nur einzelne Kappenvereisungen mit kleinen Hängegletschern, die abflusslose Senken, sogenannte Kare im Gestein heraushobelten. Heute sind sie mit Seen ausgefüllt. Beispiele sind der Wildsee, Glaswaldsee und der Mummelsee im Gebiet der Hornisgrinde, im Südschwarzwald ist es der Feldsee unterhalb des Feldbergs.

Die geologische Entwicklung des Schwarzwaldes nach bisherigem Wissen unter Berücksichtigung der Forschungsergebnisse von Güldenpfennig (1997) und Kalt et al. (2000):

Mio Jahre	Baden-Badenzone	Nord- u. Mittelschwarzw. Kristallin	Badenweiler-Lenzkirchzone	Südschwarzwälder Kristallin	Tektonische und magmat. Ereignisse Gebirgsbildungen
Quartär bis 2,5		Gipfelvereisungen, Kare geschlossene Eisdecke und Talvergletscherungen Riss- und Würmeiszeit			
Tertiär 2,5 - 66	Hebung der Schwarzwaldscholle, Abtragung des Deckgebirges, Verwerfungen und Bildung von Erzlagerstätten				Aufwölbung des Erdmantels, Rheingrabenbruch Vulkanismus Hegau, Kaiserstuhl (ALPIDISCHE GEB.)
Kreide 66 - 141	Hebung der Schwarzwaldscholle				
Jura 141 - 211	marine und kontinentale Sedimentation des Deckgebirges (Buntsandstein, Muschelkalk, Keuper, Jura)				verschiedene Meeresüberflutungsphasen
Trias 211 - 251					
Perm 251 - 290	Sedimentation in Rotliegendsenken rhyolithischer Vulkanismus			Sedimentation in Rotliegend-senken rhyolithischer Vulkanismus	Hebung u. Abtragung perm. Vulkanismus Bildung von permokarbonischen Trögen Hebung, Senkung
Ober-karbon 290 - 325	limn. Sedimentation,	limn. Sedimentation in Becken, Bildung von Kohle Intrusion jüngerer Granite	Abtragung	Abtragung	Plutonismus (VARISZISCHE GEBIRGSBILDUNG)
Unter-karbon 325 - 360	Bildung der BBZ	Intrusion älterer Granite Metatexis von Paragneisen und Plutoniten	Molassebecken bunte Konglomerate Granitintrusionen Bildung der BLZ	Intrusionen jüngerer Granite Intrusion älterer Granite SSK driftet auf die ZSGM zu	Verschweißung von Mikroterranen Zusammenschub von Gondwana mit Laurentia
Devon 360 - 410	bas. Vulkanismus marine Sedimentation	regionale Metamorphose	vulkanischer Inselbogen, Tiefseegräben, Turbidite, Randgranit, marine Sedimentation	Diatexis und Syntexis von Paragneisen regionale Metamorphose	Bildung von Geosynklinalräumen, Vulkanismus
Silur 410 - 440	marine Sedimentation Grauwacken Tonsteine Plutonite basaltische Vulkanite				(KALEDONISCHE GEB.)
Ordovizium 440 - 500					Magmatismus 460 - 490 Mio J.
Kambrium 500 - 590					Meeresbecken
Proterozoikum 590 - 2500					Magmatismus 540 - 630 Mio J.

Der Oberrheingraben füllte sich im Tertiär mit marinen Sedimenten, Brack- und Süßwassersedimenten, im Quartär mit dem Schutt der Alpen, des Schwarzwaldes und der Vogesen.

Heute stellt der Schwarzwald eines der wichtigsten Fremdenverkehrszentren Deutschlands dar, das seit neuerer Zeit auch durch geologische Sehenswürdigkeiten wie Schaubergwerke, Mineralienmuseen und geologische Lehrpfade bereichert wird.

Lit.: Cloos (1939, 1947, 1968); Berke (2007); Deecke (1932); Geyer & Gwinner (1991); Güldenpfennig (1997); Hanle (1989a, b); Hörth (2008); Kalt et al. (2000); Kossmat (1927); Liehl & Sick (1984); Mälzer (1967); Metz & Rein (1958); Metz (1977); Murawski (2004); Rothe (2005).

Übersichtskarten: Geol. Schulkarte 1:1 000 000 mit Erl. [Gsch] 1000 (1998); Geol. Übersichtskarte B-W 1:500.000 [GÜ 500] (1998); Geotouristische Karte von Baden-Württemberg Schwarzwald und Umgebung 1:200.000 mit Erl. (2004). Geologische Übersichtskarte Deutschland 1:200.000 (GÜK 200): Blatt CC 7110 Mannheim (1986); Blatt CC 7118 Stuttgart N (1983); Blatt CC 7918 Stuttgart S (2002); Blatt CC 7910 Freiburg N (1994); Blatt CC 8710 Freiburg S (2002) und Blatt 8718 Konstanz (1991).

2 Variszisches Grundgebirge

Das variszische Grundgebirge besteht vornehmlich aus oberkarbonischen Graniten und unterkarbonischen Paragneisen der Amphibolitfazies, die nach Süden hin zunehmend anatektisch überprägt sind. Sie werden stellenweise, vor allem die Triberger Granite, von Granitporphyrgängen durchsetzt. Die Gneise sind zumeist Abkömmlinge einer regionalen Metamorphose von ordovizischen bis devonischen Grauwacken und Tonsteinen. Die metamorphe Überprägung fand hauptsächlich im Unterkarbon während der variszischen Gebirgsbildung statt. Daneben gibt es Vorkommen von Orthogneisen und Mischgneisen, vor allem im Gebiet des Kinzigtales. Sie entstanden aus ordovizischen, palingenen Erstarrungsgesteinen. In den Übergangsbereichen Erstarrungs-/ Sedimentgestein bildeten sich Mischgneise. Selten gibt es verstreute kleine Vorkommen von Amphiboliten und Metaperidotiten/Eklogiten, die durch Metamorphose teils aus basischen Tiefen- und Ergussgesteinen, teils aus mergeligen Tonen entstanden sind. Sie enthalten teilweise Relikte einer Hochdruckmetamorphose, die vor der temperaturbetonten Metamorphose stattfand. Die peridotitischen Ausgangsgesteine reichen nach radiometrischen Messungen an Zirkonen bis ins Proterozoikum. In den Störungsgürteln der Baden-Baden- und der Badenweiler-Lenzkirch-Zone kommen ordovizische bis silurische, schwach bis stärker metamorphe Ton- und Glimmerschiefer, in der Badenweiler-Lenzkirchzone zusätzlich nichtmetamorphe devonische bis karbonische Tonsteine, Grauwacken und Vulkanite vor. Oberkarbonische Tonschiefer und Kohleflöze sind an die paläozoische Baden-Baden-Senke und die Offenburger Senke gebunden.

Petrographisch und tektonisch gliedert sich das variszische Grundgebirge des Schwarzwaldes in:

1 Baden-Baden-Zone (BBZ) mit ordovizischen schwach bis stärker metamorphen Sedimenten.
2 Nord- und Mittelschwarzwälder Kristallin (NMSK) mit karbonischen Orthogneisen und Paragneisanatexiten als Hauptmasse; im Norden und Osten werden die Gneise von oberkarbonischen Granitplutonen eingerahmt.
3 Badenweiler-Lenzkirch-Zone (BLZ) mit ordovizischen-karbonischen schwach metamorphen bis nichtmetamorphen Sedimenten und Vulkaniten.
4 Südschwarzwälder Kristallin (SSK) mit überwiegend karbonischen Granitplutonen, durchsetzt von anatektischen Paragneisen, Palingeniten und Syntexiten.

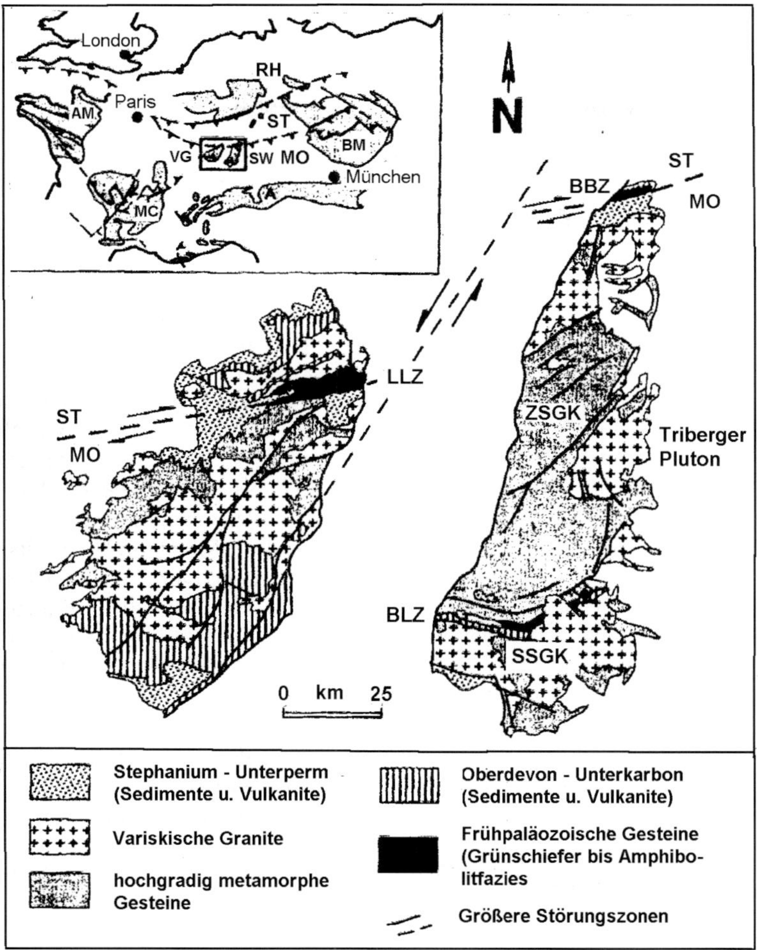

Abb. 9. Geologische Karte des Schwarzwaldes und der Vogesen. Nach Wickert et al. (1990) aus Kalt et al. (2000). Legende ins Deutsche übertragen.

Das NMSK, SSK und die BLZ gehören dem Moldanubikum an, während die BBZ als Grenzbereich zum Saxothuringikum angesehen wird. Das Äquivalent der BBZ im Schwarzwald ist die Lalaye-Lubine-Zone in den Vogesen. Durch eine tertiäre Scherbewegung entlang des Oberrheingrabens sind sie voneinander um 30 km verschoben. In Abb. 9 sieht man deutlich, dass die Vogesen kein

Spiegelbild des Schwarzwaldes sind. In den Zentralvogesen herrschen gegenüber dem Schwarzwald Granite vor. Die Lalaye-Lubine-Zone ist viel ausgeprägter als die Baden-Baden-Zone. Die devonischen bis karbonischen leicht bis nicht metamorphen Sedimente und Vulkanite der BLZ nehmen in den Südvogesen einen viel größeren Raum ein. Einen Südschwarzwälder Granit-Gneis-Komplex gibt es in den Südvogesen nicht. Man kann daher annehmen, dass es sich bei den Vogesen auch um ein Terran handeln könnte, das sich während der variszischen Gebirgsbildung mit dem Schwarzwald verschweißte und dessen Nahtstelle im Tertiär wieder aufbrach und sich die beiden Gebirgszüge Schwarzwald und Vogesen bildeten.

2.1 Baden-Baden-Zone (BBZ)

Zwischen Baden-Baden und Gaggenau befindet sich im Rotliegend ein altpaläozoisches Fenster. In der Literatur wird diese Zone Baden-Baden-Zone (BBZ) genannt. Sie streicht SW-NE und bildet den Kontakt zwischen dem Saxothuringikum und dem Moldanubikum.

Die BBZ teilt sich in eine schwach metamorphe nördliche und eine stärker metamorphe südliche Zone auf:

In der nördlichen Zone unterschied Sittig (1965) schwach metamorphe Gesteine wie blaugraue Ton- bis Grauwackenschiefer, lindgrüne bis bräunliche Phyllite und Marmor an den Hängen des Traisbachtals um das Waldschwimmbad Gaggenau, die er zur „Traisbachserie" (Aufschluss II/3) zusammenfasste. Quarzite, graue, bräunliche bis schwarzgrüne Ton- bis Grauwackenschiefer bilden im Liegenden der Traisbachserie nach Sittig (1965) die „Schindelklammserie" (Aufschluss II/4) nördlich der Ebersteinburg. Sie wird durch einen schwarzgrünen Schieferhorizont, nach Sittig (1965) ein diabasartiger Tuffit, in eine untere und obere Tonschieferserie geteilt. Etwas westlich der Schindelklammserie im Gewann Haberäcker finden sich in einem SW-NE streichenden, schmalen Gürtel Uralitgabbroblöcke, wohl Zeugen eines kleinen basischen Lakkolithen. Er trennt die schwachmetamorphen Tonschiefer von den stärker metamorphen Glimmerschiefern.

Infolge des niedrigen Metamorphosegrades, stellte schon Sittig (1969) diese Gesteinsfolgen in die Saxothuringische Zone der variszischen Gebirgsbildung.

Mikrofossilien wie Acritarchen, die Montenari et al. (2000) in den metamorphen Sedimenten fand, lassen sie dem Oberkambrium/Unterordovizium zuordnen.

Die südliche Zone bilden metamorphe Gesteine mittleren Grades wie die kyanit-/granathaltigen Glimmerschiefer am Schürkopf (Aufschluss II/2) südwestlich und bei den Jägeräckern (Silberrück) östlich der Stadt Gaggenau.

Die Grenze zum Moldanubikum bildet ein kleiner Gneisausläufer im Neubaugebiet Gaggenau-Hummelberg. Es entspricht den heterogenen Gneisen der Zentralschwarzwälder Gneismasse (Einheit 2). Insgesamt kann man von einem schwächer metamorphen Gürtel sprechen, der sich um das stark metamorphe Moldanubikum legt und mit der Entfernung in nördliche Richtung im Metamorphosegrad abnimmt.

Im SW intrudierte im Unterkarbon ein porphyrischer Hornblende-Biotit-Granit, der Friesenberggranit, in die niedergradigen Metamorphite und bewirkte eine Kontaktmetamorphose.

Wickert et al. (1990) unterscheiden nach Druck und Temperatur in der BBZ drei metamorphe Gruppen:

- Gruppe A (HT/LP): Gneise und Amphibolite. Mineralzusammensetzung: Granat, Biotit, Plagioklas, Orthoklas und Quarz bzw. Hornblende, Plagioklas, Biotit, Quarz. Sie entsprechen den variszischen Gneisen der Zentral-

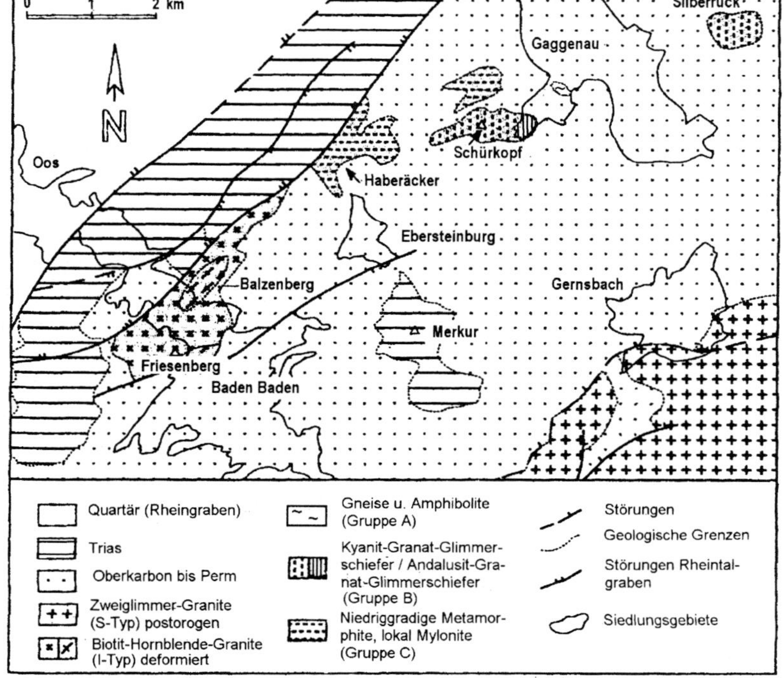

Abb. 10. Geologische Karte der BBZ. Nach Wickert et al. (1990) aus Kalt et al. (2000). Legende ins Deutsche übertragen.

schwarzwälder Gneismasse. Metamorphosegrad: Amphibolitfazies; 730–780 °C, 0,4–0,45 GPa
- Gruppe B (MT/MP): Glimmerschiefer und Quarzite. Mineralbestand der Glimmerschiefer: Muskovit, Quarz, Biotit, Granat, Kyanit oder Andalusit, Rutil, Ilmenit u. Albit. Metamorphosegrad: 630–670 °C, 0,9 GPa
- Gruppe C (LT/LP): Grauwackenschiefer, Grünschiefer, Quarzite, Marmor, Phyllite. Metamorphosegrad: Grünschieferfazies; 450 °C, 0,2 GPa

Aufschlüsse:
Gaggenau, Hummelberg: Granat-Andalusit-Glimmerschiefer, II/1; Gaggenau, Hummelberg: Paragneisanatexit, Orthogneis, 4; Gaggenau, Schürkopf: Granat-Kyanit-Glimmerschiefer, II/2; Gaggenau, Waldseebad: Phyllite, Marmor, II/3; Ebersteinburg, Schindelklamm: Tonschiefer, diabasartige Metatuffite, II/4.

Lit.: Kalt et al. (2000); Montenari et al. (2000); Sittig (1965, 1969); Trunkó (1984); Wickert et al. (1990).

2.2 Nord- und Mittelschwarzwälder Kristallin (NMSK)

Das Nord- und Mittelschwarzwälder Kristallin (NMSK) reicht von der Linie Baden-Baden – Gernsbach – Wildbad im Norden bis zu den Hochschwarzwälder Bergkuppen Belchen, Feldberg und Hochfirst im Süden. Die große Masse der Gesteine bildet der Zentralschwarzwälder Gneiskomplex (ZSGK). Es sind meist Paragneise, Paragneisantatexite und untergeordnet Orthogneise, Amphibolite, Eklogite/Peridotite und Granulite. Zum Süden zu nimmt die Anatexis der Gneise zu, da dort durch größere Hebung der Schwarzwaldpultscholle mehr untere Stockwerke der Gneismasse aufgeschlossen sind. Im Norden tauchen die Gneise unter die Buntsandsteindecke, sind jedoch um Baiersbronn durch die obere Murg freigelegt. Dort bilden sie einen flach gewölbten Sockel, über dem sich steil die Buntsandsteinfolge erhebt. Im Südschwarzwald werden die Gneise im Halbmond von der ordovizischen bis karbonischen Badenweiler-Lenzkirchzone (BLZ) eingerahmt. Sie bildet die Nahtstelle zwischen dem Zentralschwarzwälder Gneiskomplex und dem Südschwarzwälder Granit- und Gneiskomplex.

Der Zentralschwarzwälder Gneiskomplex wird sowohl im Nordschwarzwald als auch im Osten des Mittelschwarzwaldes von mächtigen Granitplutonen umgeben. Im NE und E werden diese von Buntsandstein überdeckt und sind nur in den Tälern wie dem Murgtal und in den Talsohlen des Alb- und Enztales freigelegt. Die Nordschwarzwälder Granite bestehen aus Zweiglimmergranit und Biotitgranit, der Triberger Granit zu einem großen Teil aus Biotitgranit. Die isoliert anstehenden Gneisanatexite des Omerskopfes zwischen Bühler- und Achertal können als übrig gebliebene Insel der Zentralschwarzwälder Gneismasse innerhalb des Nordschwarzwälder Granitkomplexes betrachtet werden.

2.2.1 *Zentralschwarzwälder Gneiskomplex (ZSGK)*

Die Gneise bestehen meist aus hochmetamorphen Paragneisanatexiten und untergeordnet aus weniger metamorphen Paragneisen, die auch als Renchgneise nach der Typlokalität Renchtal bezeichnet wurden. Daneben treten Orthogneise (Schapbach- oder Flasergneise) bis Mischgneise im Schapbach- und oberen Murgtal, um Haslach und um Baiersbronn, sowie leukokrate Orthogneise (Leptinite) um Gengenbach auf. Seltener finden sich in kleinen Linsen vor allem im Kinzigtal und im Hochschwarzwald, im Gebiet um Hinterzarten Amphibolite, Peridotite und Eklogite. An Kontaktzonen verschiedener tektonisch-petrographischer Einheiten treten Granulite und Mylonite wie zum Beispiel bei Mühlenbach südlich Haslach auf. Die Gneise sind nach Süden zunehmend anatektisch überprägt. Man spricht von Gneisanatexiten. Es sind Metatexite, Diatexite und Migmatite. Sie bilden die Kuppen des Kandel, Schauinsland und Feldberg. Im mittleren Schwarzwald äußert sich die Anatexis meist in metatektischen Paragneisen. Die Ausgangsgesteine der Paragneise waren vom Chemismus her Tonsteine und Grauwacken.

Ihr Alter ist nach Funden der Mikrofossilien Chitinozoen, kleine graphitisierte Tönnchen im Bereich 10–100 µm, die bei einer Bohrung bei Bühl in graphitreichen Paragneisen gefunden wurden, dem Ordovizium bis Silur zuzuordnen, jedoch weisen auch einzelne Acritarchen (Hanel et al. 1999) bis ins Präkambrium. Somit ist das Alter der Paragneise mit demjenigen der Metasedimente in der

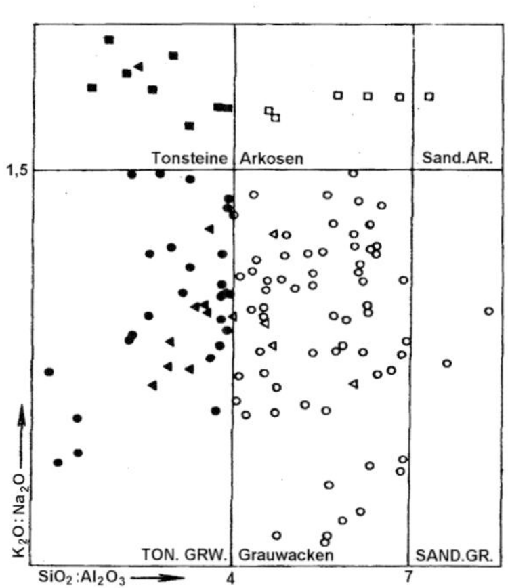

Abb. 11. Analysen von Schwarzwälder Paragneisen im Diagramm SiO_2:Al_2O_3/Na_2O: K_2O. Aus Wimmenauer (1984).

BBZ und der BLZ identisch. Außerdem belegt die Funde jener Mikrofossilien eindeutig die marine Herkunft der Ausgangsgesteine für die Paragneise. Die metamorphe Überprägung der Sedimente zu Gneisen fand im Wesentlichen im Unterkarbon vor 340–325 Mio Jahren statt (Kalt et al. 2000).

Die Paragenese der Minerale Cordierit, Sillimanit und Kyanit, deren Bildungsbedingungen durch experimentelle Untersuchungen bekannt sind, lassen Rückschlüsse auf Temperatur und Druckverhältnisse während der Metamorphose zu.

Nach Röhr (1990) durchliefen die Leptinite seines Arbeitsgebietes zwischen Gengenbach und Nordrach im mittleren Schwarzwald drei Metamorphosestadien:

- Ein frühes druck- und temperaturbetontes Stadium mit Kyanit; 650–750 °C, 14–19 kbar.
- Ein Druckentlastungs-Zwischenstadium mit Pseudomorphosen von Sillimanit nach Kyanit, Spinell-Coronen und Plagioklas-Coronen um Kyanit: 600–650 °C, 6–9 kbar.
- Ein statisches Cordieritisierungsstadium unter niedrigem Druck und hoher Temperatur; 600–700 °C, ca. 3 kbar.

Die drei Metamorphosestadien lassen sich wie folgt erklären:

- HT-HP Metamorphite: Sedimente werden durch seitlichen Druck kontinentaler Plattenverschiebungen in große Tiefen gepresst und unterziehen sich bei hoher Temperatur und Druck einer Anatexis und Syntexis.
- MT-MP Metamorphite: Während der Orogenese werden die Gesteine hochgehoben. Es kommt zu einer Druckentlastung. Die Granulitfazies geht in eine Amphibolitfazies über.
- HT-LP Metamorphite: Durch das Hochsteigen der Erdkruste wird der Erdmantel mit hochgewölbt. Es kommt zu einer Erwärmung der Erdkruste, zur Bildung von Granitplutonen und zur weiteren metamorphen Überprägung der Gesteine.

Hanel et al. (1999) und Kalt et al. (2000) unterscheiden im ZSGK je nach Druck und Temperatur im gesamten Schwarzwald drei metamorphe Einheiten, die durch mylonitische/granulitische Scherzonen voneinander getrennt sind:

Einheit 1: Sie besteht aus monotonen Mitteltemperatur und Niedrigdruck (MT-LP) Paragneisanatexiten und Migmatiten der Amphibolitfazies und einzelnen Linsen mit Relikten von Hochdruckgesteinen wie Peridotiten und Eklogiten (vgl. Klein & Wimmenauer 1984). Die Gneise der Einheit 1 nehmen den größten Teil der Metamorphite des ZSGK ein. Sie entstanden bei 730–780 °C und einem Druck von 4,5 kbar. Die Mineralparagenese ist: Biotit, Plagioklas, Quarz, Alkalifeldspat, Granat, Sillimanit, Cordierit. Die Eklogite und Peridotite sind bei einem Druck von 13–17 kbar entstanden.

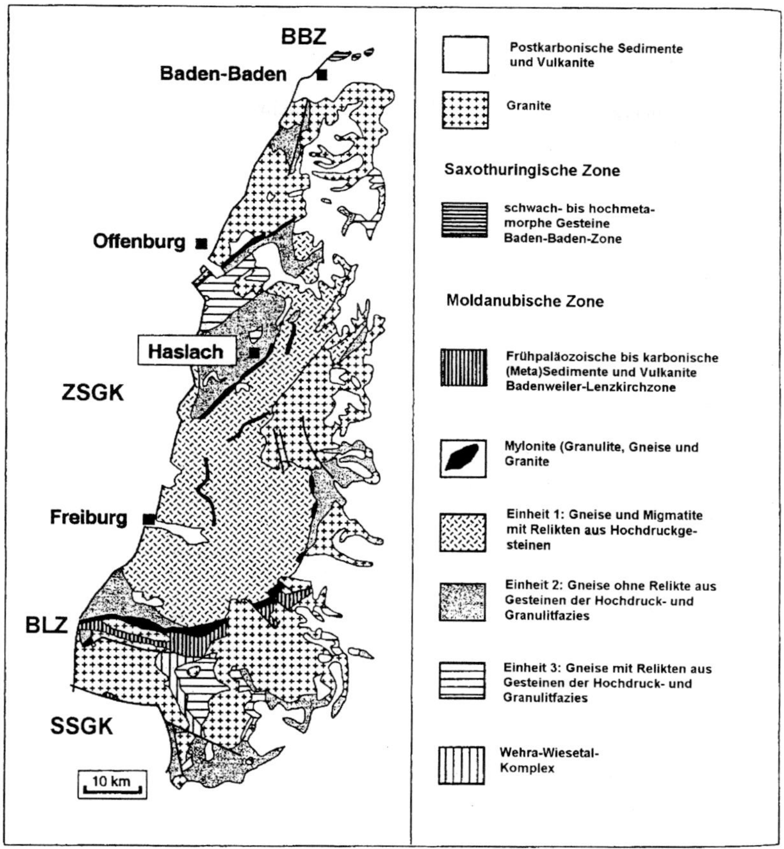

Abb. 12. Verbreitung der einzelnen Gneisarten. Aus Kalt et al. (2000). Legende ins Deutsche übertragen.

Exkursionsaufschlüsse:
Schuttertal-Höfen: Peridotit/Serpentinit, X/12; Wolfach-Schirleberg: Eklogit, X/3, Hinterzarten-Lochrütte: Eklogit, XV/4; Bärental-Seewald: Monotone Gneisanatexite, XV/7.; Schauinsland: Migmatite, 27.

Einheit 2: Heterogene Mitteltemperatur und Mitteldruck (MT-MP) Gneise ohne Hochdruckgesteine. Sie kommen im zentralen Kinzigtal um Haslach, im Rench- und Lierbachtal und im Nordschwarzwald im Murgtal und am Omerskopf vor. Außerdem umrahmen sie sichelförmig den südlichen bis südöstlichen Bereich des ZSGK. Sie bestehen aus Paragneisen, Paragneismetatexiten,

Kinzigiten, Amphiboliten, Quarziten, daneben Einschaltungen von Orthogneisen und Mischgneisen im Nord- und Mittelschwarzwald. Die Gneise weisen keine eklogitischen Relikte auf. Sie entstanden bei 550 bis 650 °C zwischen 6 und 8 kbar. (Flöttmann & Kleinschmidt 1989).

Exkursionsaufschlüsse:
Schwarzenberg, Hutzenbach: Paragneise, V/7; Schenkenzell: Kinzingit, X/1; Freiburg, Fuchsköpfle: Amphibolit, XV/1; Steinach, Steinbruch Artenberg: Orthogneis, X/8; Baiersbronn, Steinbruch Stern: Orthogneis, V/11; Hausach, Steinbruch Hechtsberg: Paragneisanatexite, X/5, Omerskopf: Ortho- bis Mischgneise, V/19.

Einheit 3: Leukokrate feinkörnige Gneise (Leptinite), vergesellschaftet mit Paragneisen. Sie zeigen Relikte einer granulitischen HT/HP Fazies (vgl. Röhr 1990; Hanel et al. 1993). Leptinite kommen vor allem im Mittelschwarzwald im unteren Kinzigtal um Gengenbach, Nordrach, Biberach und im Südschwarzwald zusammen mit serpentisierten Ultramafiten um Todtmoos vor. Sie entstanden bei 700–1000 °C und einem Druck von 13 bis 17 kbar und wurden danach von einer HT-LP-Metamorphose überprägt. Die Mineralparagenese ist Quarz, Feldspat, Granat, Kyanit, Rutil ± Biotit.

Exkursionsaufschlüsse:
Biberach, Konradsbrunnen und -kapelle: Leptinite, X/9; Todtmoos: Metagabbros, Leptinite, Paragneisanatexite, XIX/6; Todtmoos, Schwarzer Felsen: Peridotit/ Serpentinit, XIX/7.

Neben diesen drei Einheiten existiert noch in der SSGK der Wehra-Wiesental-Komplex. Er besteht überwiegend aus diatektischen Paragneisen.

Der zeitliche Ablauf der einzelnen magmatischen und metamorphen Ereignisse, die den ZSGK bildeten, ist noch in der Diskussion. Früher führten konventionelle radiometrische Messungen (Hofmann & Köhler 1973; Steiger et al. 1973; Kober 1986, 1987) auf der Basis der Zusammensetzungen von Rb/Sr-Isotopen an ganzen Gesteinen, U/Pb-Isotopen an Zirkonen, Pb/Pb Isotopen an Granat und Feldspat zum Ergebnis, dass die Sedimente des Schwarzwaldes im Präkambrium während der assyntischen Phase eine Regionalmetamorphose durchliefen, aus der die Para- und Orthogneise hervorgingen. Man nahm an, dass später während der kaledonischen Phase im Ordovizium zwei anatektische Ereignisse die vorhandenen Gneise überprägten. Während der variszischen Phase im Karbon bildeten sich dann Granitplutone. Jedoch ließen die radiometrischen Meßmethoden keine Unterscheidung des magmatischen und metamorphen Alters zu. Erst die Messmethode SHRIMP (Sensitive High Resolution Ion Mikroprobe) machte eine Unterscheidung möglich. Nach paläontologischen Untersuchungen von Montenari (1996) und radiometrischen Messungen von Hanel et al. (1999), Kober et al. (2000), Chen et al. (2000) und Kalt et al. (2000) ergibt sich folgendes Entwicklungsbild des ZSGK:

Bei allen Einheiten (1 bis 3) gab es magmatische Phasen im Proterozoikum vor 2,5–2,9 Mio und 1,8–2 Mio und vor 540 bis 630 Mio Jahren, wie sie von den Kratonen des Urkontinents Gondwana, dem heutigen Afrika bekannt sind. Die hochgradig metamorphe moldanubische Zone war auf Grund paläomagnetischer Messungen an paläozoischen Sedimenten im Bömischen- und Armorkanischen Massiv an den damaligen Terrankomplex Armorica gebunden (Tait et al. 1997). Ausgelöst durch die Trennung von Armorica und anderer Terrane von Gondwana kam es im Kambrium und Ordovizium vor 460 bis 520 Mio Jahren erneut zu magmatischen Phasen. Danach setzte im Ordovizium bis Silur in Becken der moldanubischen Zone eine marine Sedimentation ein. Bei den Gneisen der Einheit 1 setzte die Sedimentation wahrscheinlich schon im Kambrium ein, bei Einheit 2 aufgrund der Vorkommen der Mikrofossilien Acritarchen und Chitinozoen im Ordovizium/Silur, bei Einheit 3 erfolgte die Sedimentation nach der magmatischen Phase vor 391–399 Mio Jahren im Devon. Im Unterkarbon kam es während der variszischen Orogenese und durch die Wärmezufuhr aufsteigender Plutone einheitlich zur metamorphen Überprägung der präkambrischen bis devonischen Sedimente und Magmatite bzw. zur Bildung von Para- und Orthogneisen bzw. Anatexiten. Die Entstehung der Eklogite aus ordovizischen Basalten als Subduktionsprodukte ozeanischer Kruste fand vor 343 Mio Jahren statt, die Entstehung der Granulite vor 335–340 Mio und die der Hauptmasse der Paragneise vor 330–335 Mio Jahren (Kalt et al. 2000).

Gneisarten

Plutonische Orthogneise oder Flasergneise

Die Orthogneise zeichnen sich durch eine mittelkörnige flaserige aber auch massige Textur aus. Sie sind im Allgemeinen heller und grobkörniger als die Paragneise und zeigen keine lagige Textur durch Biotitplättchen. Vielmehr konzentrieren sich die Biotite in Flasern, Schlieren und Flecken. Die Flasergneise neigen zur Felsbildung und verwittern zu einem grusigen Boden. Sie sind schlecht spaltbar und zersplittern in Scherben. Sie kommen u. a. im Bereich des Kinzigtals und im oberen Murgtal vor. Sie sind weitgehend einheitlich zusammengesetzt und besitzen eine granodioritische Zusammensetzung. Sie werden als metamorphe Plutonkörper angesehen, d. h. sie sind durch Metamorphose aus palingenen Gesteinen entstanden, die im Ordovizium in die vorhandenen Sedimente intrudierten. Zu den umgebenden Gesteinen zeigen sie keine scharfen Kontakte und vermischten sich mit dem Nebengestein zu Mischgneisen. Ihre Zusammensetzung ist hauptsächlich Plagioklas, Orthoklas, Quarz, wenig Biotit.

Exkursionsaufschlüsse:
Baiersbronn-Rechen, Steinbruch Stern: Orthogneis, V/11; Kinzigtal, Steinach, Steinbruch Artenberg: Orthogneis, X/8.

Vulkanische Orthogneise (Leptinite)
Leptinite kommen in Wechselfolge mit Paragneisen vor allem im Gebiet Gengenbach Nordrach – Biberach – Hohengeroldseck vor. Sie ähneln sehr den Granuliten der Typlokalität Sächsisches Granulitmassiv. Röhr (1990) bezeichnet sie deshalb als granulitfazielle Leptinite. Nach dem Chemismus nimmt Röhr rhyolitische präordovizische Magmatite als Ausgangsgestein an, die im Karbon durch eine HT-HP- Metamorphose umgewandelt und danach von einer HT-LP-Metamorphose überprägt wurden. An Mineralien herrschen in den Leptiniten Quarz und Feldspat (Mesoperthite, Plagioklas, Orthoklas) (>95 %) vor, untergeordnet sind Granat, Cordierit, Sillimanit, Rutil und Biotit vertreten.

Im Waldstück „In den Mauern“ zwischen Bad Griesbach und Peterstal im Nordschwarzwald gibt es ein kleines Vorkommen von geringmächtigen Leptinitlagen in enger Wechsellagerung mit Amphiboliten und Paragneisen. Ein ähnliches Vorkommen findet sich im Mittelschwarzwald am Zindelstein im Bregtal NW von Donaueschingen. Die Gesteinsfolgen Leptinit/Amphibolit können als magmatische Produkte bimodaler Assoziation interpretiert werden, wie sie für Gebiete einer Krustendehnung charakteristisch sind.

Exkursionsaufschlüsse:
Biberach, Konradsbrunnen und -kapelle: Leptinite, X9; Peterstal/In den Mauern: Amphibolit/Leptinit/Paragneis, VI/6.

Mischgneise
Im Grenzbereich von magmatischem/sedimentärem Ausgangsgestein entstanden sogenannte Mischgneise. Die homogenen Mischgneise besitzen eine Orthogneistextur, die heterogenen Mischgneise sind ein Nebeneinander oder eine gegenseitige Durchdringung von Paragneisanatexiten und Orthogneisen. Die homogenen Mischgneise sind, wenn sie nicht unmittelbar in Nachbarschaft von Orthogneisen vorkommen, schwer als solche zu definieren und von den Orthogneisen kaum zu trennen. Im Allgemeinen sind die Mischgneise etwas dunkler als die Orthogneise. Als Leitmineral verwandte Rein (1952) den Ce+Th-Epidot Orthit, der meist nur im Orthogneis vorkommt. Hüttner & Wimmenauer (1967) legten die Grenze Orthogneis/Mischgneis zwischen granodioritischen und quarzdioritischen/ trondhjemitischen Chemismus. Bei den heterogenen Mischgneisen sind die Übergänge zu Paragneisanatexiten fließend.

Exkursionsaufschlüsse:
Baiersbronn-Rechen, Steinbruch Aue: Mischgneise, V/10; Omerskopf NW Unterstmatt: Mischgneise, V/19.

Paragneise
Die Paragneise sind zum Vergleich mit den Orthogneisen schiefrige bräunliche bis grünliche Gesteine. Sie besitzen keine dunkle und hellen Lagen und sind nach den Schichtflächen gut spaltbar, scherbiger Bruch, verwittern zu kleinscherbigen Bruchstücken und bilden einen lehmigen Boden, neigen im Allgemeinen nicht zur Felsstockbildung sondern zeigen sich mehr als felsige Wegböschungen. Sie sind durch regionale Metamorphose aus Sedimenten entstanden und weniger metamorph als die häufiger vorkommenden Paragneisanatexite. Nach dem Vorkommen im Renchtal werden sie auch Renchgneise genannt. Sie kommen im Randbereich der Zentralschwarzwälder Gneismasse wie z.B. Rench- und Lierbach- im Murgtal und Groppertal bei Villingen vor.

Exkursionsaufschlüsse:
Schwarzenberg, Hutzenbach im Murgtal: Paragneise, V/7; Mönchweiler, Hartsteinwerk Groppertal, Steinbruch: Paragneise, Granitporphyr, Unterer Buntsandstein, XIII/10.

Paragneisanatexite
Meist sind die Paragneise jedoch anatektisch überprägt, man nennt sie dann Paragneisanatexite. Sie zeigen alle Übergänge zwischen lagigen bis zu entregelten Texturen. Der Aufschmelzungsgrad nimmt von Norden nach Süden zu, da im Südschwarzwald zunehmend die unteren Stockwerke der Gneismasse aufgeschlossen sind.

Je nach Mineralgehalt unterscheidet man:
- Quarz-feldspatreiche helle Paragneisanatexite. Sie führen Quarz, Plagioklas und Biotit. Daneben kommen teilweise Kalifeldspat, Granat, Cordierit, Sillimanit, Graphit, Karbonat und Ilmenit hinzu. Quarz und Feldspäte machen 85–92 Gewichtsprozent des Modalbestandes aus.
- Cordieritreiche dunkle Paragneisanatexite. Sie führen Quarz, Plagioklas, Biotit, Cordierit und Sillimanit. Daneben kommen teilweise Kalifeldspat, Kyanit, Spinell, Ilmenit, Diaspor und Graphit hinzu. Quarz und Feldspat machen zwischen 45 und 80 Gewichtsprozent des Modalbestandes aus.

Je nach Metamorphose- und Aufschmelzungsgrad unterscheidet man:
Paragneis-Plagioklasblastite
Sprossung von Plagioklasen in festem Zustand bei Wärmezufuhr z.T. richtungslos körnige Struktur (Körnelgneis).

Metatektische Paragneise
Bei höheren Temperaturen erfolgt eine Mobilisation heller Gemengteile wie Plagioklas, Kalifeldspat und Quarz, während die dunklen Minerale Biotit und Hornblende in festem Zustand verbleiben. Bildung einer hell/dunklen Lagentextur. Bei tektonischer Durchbewegung entstehen Fließ-, Wickel- und Knäuelfalten. Viele Vorkommen im Kinzigtal, im Gebiet Hinterzarten und im Feldberggebiet (Farbbild 10).

Exkursionsaufschlüsse
Kinzigtal, Hausach, Steinbruch Hechtsberg: Paragneisanatexite, X/5; Feldberggebiet, Bärental-Seewald, Bader Schotterwerke: Paragneisantexite, eklogitogene Amphibolitlinse, XV/7.

Kinzigite
Dunkles mittelkörniges schwach schiefriges Gestein aus Plagioklas, Cordierit, Biotit, Granat und Graphit. Restgewebe metatektisch veränderter Gneise (Abfuhr heller Gemengteile) an Kontakten mit Granitplutonen oder an Kontakten zwischen Rench- und Schapbachgneisen. Die Typlokalität befindet sich an der Straße Schenkenzell – Vortal im Tal der kleinen Kinzig.

Exkursionsaufschluss:
Schenkenzell, Tal der kleinen Kinzig: Kinzigit, X/1; Geologischer Bergbaupfad Wittichen: Kinzigit, X/2, Station3.

Migmatite
Migmatite sind grob strukturierte metatektische Gneise aus einer Mischung magmatischer und metamorpher Komponenten. Bei höheren Temperaturen kommt es zur teilweisen Schmelze von Altgestein und Bildung von Paläosom (fester Restbestand) und Neosom (geschmolzenes Material) (Farbbild 11).

Exkursionsaufschluss:
Schauinsland, an der Straße Notschrei – Oberried: Migmatite, 27.

Sonstige Gneise

Granulite
Der Granulit vom Rappenriss beim Bahnhof Schwarzenberg im oberen Murgtal: Er ist ein feinkörniger, hochgradig metamorpher leukokrater Gneis und besteht hauptsächlich aus Quarz und Feldspat. Die rötlichen Partien rühren von zahlreichen Granateinsprenglingen her.

Exkursionsaufschluss:
Schwarzenberg, Felsstock Rappenriss: Granulit, V/6).

Blastomylonitische Granulite in tektonischen Scherzonen zwischen den Gneiseinheiten 1, 2 und 3 (siehe Wimmenauer et al. 1989). Sie zeigen keine Schieferung, haben eine schlechte Spaltbarkeit und zersplittern in Scherben; zeichnen sich durch eine Bänderung heller und dunkler Mineralien, sowie eine Augentextur durch Feldspatporphyroklasten aus.

Exkursionsaufschluss:
Mühlenbach südlich von Haslach: Blastomylonitischer Granulit, X/6.

Amphibolite

Die Amphibolite der zentralen Schwarzwälder Gneismasse stellen kleine, mehrere bis hundert Meter mächtige Linsen, aber auch Gänge dar und machen weniger als 1 % der Grundgebirgsfläche aus. Das Hauptkennzeichen ist der Gehalt an Hornblende, der 40 bis 90 % betragen kann. Im Allgemeinen sind sie ein graugrünes, fein- bis mittelkörniges, leicht geschiefertes bis massiges, sehr festes Gestein, deswegen sie gerne für Schotter abgebaut wurden. Die Ausbildung ist sehr verschieden: einerseits treten sie als massige, andererseits als geschichtete Gesteine auf. Ein bekanntes Vorkommen im Mittelschwarzwald ist der Amphibolit am Urenkopf bei Haslach. Er erreicht eine Mächtigkeit von 50 m und 1 km Länge. Er ist hier konkordant in Paragneise eingelagert. Das Gestein ist dunkelgrün, feinkörnig, massig und besteht hauptsächlich aus grünlicher Hornblende, untergeordnet Plagioklas gefolgt von Biotit, Diopsid, selten Granat. Als Kluftmineralien traten schöne Stufen von Prehnit, Datolith, Pektolith und Aktinolith auf. Schon 1911 begann man den Amphibolitkörper unter Tage abzubauen. Die Stollen erreichten eine Länge bis 400 m. Während der Naziherrschaft 1944–45 erlangten sie eine traurige Berühmtheit als KZ. Heute ist an dem Ort für die zahlreichen Opfer eine Gedenkstätte errichtet. Das alte Steinbruchgelände ist heute Mülldeponie und Schießplatz. In Bad Peterstal und am Zindelstein im Bregtal NW Wolterdingen bei Donaueschingen treten Amphibolite in Wechsellagerung mit Leptiniten auf. Ein weiteres bekanntes Vorkommen ist die Amphibolitlinse im aufgelassenen Steinbruch am Fuchsköpfle bei Freiburg. Die Kluftmineralien Prehnit und Datolith machten diesen Steinbruch bei Sammlern begehrt. Bemerkenswert ist hier das Auftreten von Pegmatitgängen mit großen Biotitgarben. Die Amphibolite können durch Metamorphose entweder aus Basalten oder Gabbros, aber auch aus mergeligen tonigen Sedimenten entstanden sein. Eine genaue Zuordnung zu den Ausgangsgesteinen kann mit Hilfe des Gesteinsverbands, in denen die Amphibolite vorkommen, aber auch durch ihren Chemismus erfolgen. Wimmenauer (1984) leitet die Leptinit-Amphibolit-Assoziation vom Zindelstein von ehemaligen sauren und basischen Vulkaniten ab.

Exkursionsaufschlüsse:
Freiburg, Fuchsköpfle: Amphibolit, XV/1; Haslach, Urenkopf: Amphibolit, 18; Peterstal, In den Mauern: Amphibolit/Leptinit/Paragneisanatexit, VI/6.

Eklogite

Nimmt der Pyroxen- und Granatgehalt der dunklen Gesteine zu, so spricht man von Eklogiten. Sie kommen in kleinen Linsen innerhalb amphibolitfazieller Metamorphite vor. Bei den Eklogiten des Schwarzwaldes handelt es sich nicht um klassische Paragenesen aus grünem Omphazit (Mischkristalle Augit-Jadeit) und roten Granatporphyroblasten (Almandin, Pyrop), wie sie z.B. in der Münchberger Gneismasse vorkommen, sondern vielmehr um feinkörnige, dunkelgraue, dichte schwere Gesteine. Sie zeigen keine Schieferung. Der Mineralbestand ist Klinopyroxen, Granat, Plagioklas, Hornblende und Pyrit, akzessorische Mineralien sind Rutil, Apatit und Zirkon. Die ursprünglichen Eklogite entstanden im Zuge einer Hochdruckmetamorphose bei einem Minimumdruck von 1,6 GPa und einer Temperatur zwischen 672–750 °C aus Basalten der ozeanischen Kruste oder Gabbros der unteren Kruste. Sie sind dann im Schwarzwald während einer retrograden Metamorphose bei einer Temperatur zwischen 675 und 690 °C und einem Druck von 0,4–0,5 GPa zu eklogitischen Amphiboliten umgewandelt worden (Kalt et al. 1994). Das metamorphe Alter von Eklogiten im Südschwarzwald wurde auf Grund der Sm-Nd-Methode auf 332 ± 13, 334 ± 11 und 337 ± 6 Mio J. bestimmt (Kalt et al. 1994).

Exkursionsaufschlüsse:
Kinzigtal, Wolfach-Schirleberg: Eklogit, X/3; Feldberggebiet, Hinterzarten-Lochrütte: Eklogit, XV/4.

Peridotite/Serpentinite

Ein weiteres dunkles Hochdruckgestein sind die Peridotite, durch retrograde Metamorphose in Serpentinite umgewandelt. Es sind dunkelgrüne bis schwarze, dichte Tiefengesteine des oberen Erdmantels, die wie die Eklogite im Laufe der variszischen Orogenese hochgeschleppt und in die umgebenden Paragneise als Linsen eingeschuppt wurden. Im Mikroskop lassen sich die Minerale Olivin, Orthopyroxen, Klinopyroxen und Spinell erkennen.

Exkursionsaufschluss: Schuttertal, Ortsteil Höfen: Peridotit/Serpentinit, X/12.

Chemismus verschiedener Gneisarten

1 Granodioritischer Orthogneis, Einetwald nördl. von Steinach (Zell a.H.)
2 Trondhjemitischer Mischgneis, Stimmel NE v. Urenkopf (Haslach)
3 Leptinit Heizenberg, Welschbollenbach (Zell a. H.)
4 Paragneis Steinbruch Hechtsberg bei Haslach, Mittel von 22 Gesteinsproben
5 Eklogitischer Amphibolit, Mühlenbach südl. Haslach

Tabelle 1. Chemische Zusammensetzung einiger charakteristischen Gneise vom Kinzigtal. Nach Wimmenauer et al. (1989).

	1	2	3	4	5
SiO_2	68,08	64,79	75,06	61,60	49,88
TiO_2	0,38	0,59	0,06	0,71	0,93
Al_2O_3	16,22	17,14	13,64	18,34	10,49
Fe_2O_3	0,54	0,87	0,16	6,44*	1,64
FeO	2,90	2,90	0,78	–	8,71
MnO	0,06	0,08	0,08	0,09	0,24
MgO	1,53	1,19	0,23	2,87	13,12
CaO	2,45	3,66	0,41	3,56	11,00
Na_2O	4,12	3,89	4,06	3,56	1,67
K_2O	2,75	2,06	4,48	2,63	0,38
P_2O_5	0,12	0,21	0,17	0,18	0,16
Glühverl.	1,44	1,43	0,55	n. b.	1,59
Summe	**100,59**	**100,61**	**99,68**	**99,99**	**99,81**

*Eisen insges. als Fe_2O_3

Der Leptinit fällt durch seinen extrem hohen SiO_2-Gehalt von ca. 75 % und einem hohen Na- (ca. 4,1 %) und K-Gehalt (ca. 4,5 %) auf. Diese Werte entsprechen genau denjenigen von Rhyolithen und Quarzporphyren. Grauwacken zeigen geringere K-Na-Werte, wobei Na deutlich überwiegt. Es ist deswegen anzunehmen, dass der Leptinit durch Metamorphose aus Rhyolithen entstanden ist (siehe auch Röhr 1990). 62 % SiO_2 und 18 % Al_2O_3 der Paragneise entsprechen dem Chemismus von feinkörnigen Grauwacken bis Tonsteinen (siehe auch Wimmenauer 1984). Auffallend hoch ist der Mg- und Fe-Gehalt, was auf die zahlreichen Biotitlagen im Paragneis zurückzuführen ist. Vergleicht man die Analysen der Orthogneise und Mischgneise mit denjenigen der Granite aus Tabelle 3, so fällt auf, dass der SiO_2-gehalt mit 64–68 % SiO_2 niedriger als bei den Graniten (70–72 %), jedoch der Mg- und Ca-Gehalt deutlich höher liegt. Das Verhältnis K/Na ist bei den Orthogneisen gegenüber den Graniten umgekehrt. Der Chemismus der Orthogneise entspricht demjenigen eines Granodiorits, Mischgneise haben trondhjemitische Zusammensetzung. Mineralogisch zeigt sich der höhere Ca- und Na-Gehalt in dem Übergewicht von Plagioklas gegenüber Orthoklas. Der eklogitische Amphibolit zeichnet sich durch einen geringen SiO_2-Gehalt (ca. 50 %) aus. Dieser entspricht demjenigen eines Gabbros oder eines kalkhaltigen Tonschiefers als Ausgangsgestein. Der hohe Ca- und Mg-Gehalt wird durch das häufige Auftreten von Hornblende bestimmt. Der Na-Gehalt ist deutlich höher als der K-Wert, was auf einen magmatischen Ursprung zurückzuführen ist. Bei mergeligen Tonschiefern mit ähnlichem Chemismus liegt K deutlich höher als Na.

2.2.2 Granitplutone

Nordschwarzwälder Granitkomplex

Der Nordschwarzwälder Granitkomplex nimmt das Gebiet zwischen dem unteren Renchtal und dem Murgtal ein. Gegen Nordosten taucht er unter die mesozoische Buntsandsteindecke, tritt jedoch in den Talsolen des Albtals (Bad Herrenalb/Loffenau), im Enztal (Wildbad) und im Nagoldtal (Hirsau) wieder zutage. Nach gravimetrischen Messungen reichen die Granitplutone im Nordschwarzwald 8–9 km in die Erdkruste. An den Hängen der Täler bildet der Granit herausragende Felsgruppen wie die Lanzenfelsen, Schwarzwaldhochstraße S Baden-Baden;die Falkenfelsen, Schwarzwaldhochstraße/Bühler Höhe; die Orgelfelsen bei Reichental; die Lautenfelsen bei Lautenbach und Wollsackverwitterungen wie die Eulenfelsen und Giersteine bei Forbach (Farbbilder 3 + 4).

Man unterscheidet petrographisch und stratigraphisch zwei Arten:

a) Oberkarbonische Zweiglimmergranite (S-Typ)
b) Unterkarbonische Biotitgranite (I-Typ)

(S-Typ: anatektische Produkte von Metasedimenten; I-Typ: Differentiate oder anatektische Produkte von magmatischen Ausgangsgesteinen)

Als Minerale enthalten sie Orthoklas, Plagioklas, Quarz, Biotit, Muskovit, teilweise Cordierit und Zirkon.

Nach Hess et al. (2000) erfolgten die Intrusionen beider Granitarten nach radiometrischen Messungen an Zirkonen und Glimmern vor 315–325 Mio Jahren, also im Oberkarbon. Stratigraphisch sind jedoch die Biotitgranite gegenüber den Zweiglimmergraniten als ältere Bildungen einzustufen.

Neben radiometrischen Messungen deuten die geringe bis fehlende mechanische Deformierung bei den Plutonen, die relativ deutlichen Grenzen zu den Gneisen (Ruschelzonen, Mylonite) sowie die Klüftung, die bei Verwitterung zu einer Wollsackstruktur führt, zumindest bei den jüngeren Graniten auf einen postorogenen Magmatismus.

Im Nordschwarzwald unterscheidet man verschiedene Granitplutone, die sich im Mineralgehalt, der Textur und der Korngröße unterscheiden:

Vergleicht man die Analysen der verschiedenen Zweiglimmergranite, so fallen der Seebach- Bühlertal- und Forbachgranit ähnlich aus. Man kann deshalb annehmen, dass sie alle aus einer gemeinsamen stabilen Magmakammer in der unteren Kruste stammen. In dem Korrelationsdiagramm Zr/Ti zeigt sich innerhalb der Zweiglimmergranite nach Schleicher (1984a) eine deutliche Differentiationsabfolge: Raumünzachgranit – Bühlertalgranit – Seebachgranit – Forbachgranit.

Die Granite zeigen mit Ausnahme des Wildbadgranits zahlreiche ovale dunkle Gneiseinschlüsse, im Volksmund Mäuse genannt. Die Einschlüsse sind

Tabelle 2. Zusammenstellung der Nordschwarzwälder Granite. Nach Maus (1981). k= kleinkörnig; m = mittelkörnig; g = grobkörnig; def. = deformiert; P = Porphyroblasten.

Gestein	Farbe	Struktur	Textur	Biotit	Muskovit	Einsch.	Pegm. Schlieren
Bühlertalgranit	grau/rötl.	m–g, P		x	x	x	
Forbachgranit	gelblich	g		x	x		x
Friesenberg-granit	grau/rötl.	m–g	def.	x			
Oberkirchgranit	grau	m–g,P		x		x	
Raumünzach-granit	mittel-grau	k–g,P		x	x	x	
Seebachgranit	hellgrau	k, (P)		x	x		
Sprollenhaus-granit	weißl./ rötl.	g	def.		x		x
Wildbadgranit	dunkel-grau	g, P	def	x			x

Zeugnis einer späteren Platznahme in den vorhandenen Gneisen, jedoch fällt eine Syntexis, die vollständige Verschmelzung mit dem Nebengestein im Nord- gegenüber dem Südschwarzwald relativ gering aus.

Der grobkörnigere Forbachgranit wird in Steinbrüchen in Raumünzach, der feinkörnigere Seebachgranit unterhalb der Hornisgrinde abgebaut und zu Schottermaterial und Pflastersteinen verwendet. Der Forbachgranit hat eine Druckfestigkeit von 2000 kp/qcm, der Seebachgranit 2500 kp/qcm.

Der das untere Rench- und Achertal beherrschende Oberkirchgranit wird wegen seiner großen Kalifeldspatporphyroblasten im Volksmund Schwartenmagengranit genannt. Er wird vor allem in Steinbrüchen bei Kappelrodeck und Ottenhöfen abgebaut und ist wegen seiner markanten Struktur sehr beliebt für Bordsteinkanten und Treppen. Das porphyrische Gefüge entstand durch eine spätmagmatische endogene Kalifeldspatporphyroblastese, wobei durch Alkalizufuhr im bereits verfestigten Gestein die Kalifeldspatkristalle weiter zu Großkristallen wuchsen. Kennzeichnend für das postmagmatische Wachstum sind Zonarhöfe aus Biotitsäumen, Einschlüsse von Plagioklas, Quarz und Muskovit sowie ein Hineinwachsen in vorhandene Fremdeinschlüsse (Farbbild 7).

Exkursionsaufschlüsse:
Langenbrand: Forbachgranit, Strudeltopfgarten, V/1; Forbach: Forbachgranit, Wollsackverwitterung, V/2 + V/3; Raumünzach: Raumünzachgranit, V/4; Wolfsbrunnen: Seebachgranit, V/15; Bühlerhöhe: Bühlertalgranit, V/20; Kappelrodeck: Oberkirchgranit, 15 + 16; Wildbad: Wildbadgranit, VII/8; Enzklösterle: Sprollenhausgranit, VII/ 7.

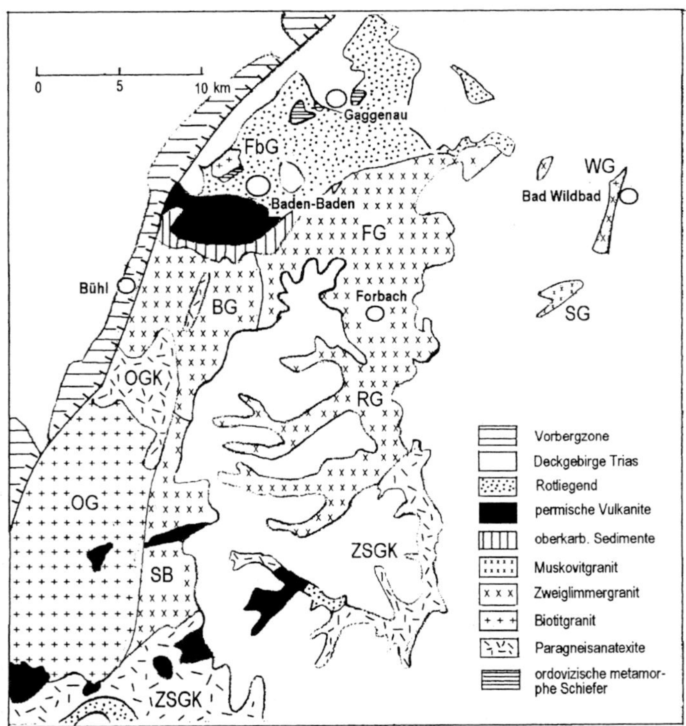

Abb. 13. Granitplutone des Nordschwarzwaldes. Nach Metz (1977).
BG = Bühlertalgranit; FbG = Friesenberggranit; FG = Forbachgranit; OGK = Omerskopfgneiskomplex; OG = Oberkirchgranit; RG = Raumünzachgranit; SB = Seebachgranit; SG = Sprollenhausgranit; WG = Wildbadgranit; ZsGK = Zentralschwarzwälder Gneiskomplex.

Triberger und Eisenbach Granitpluton

Der Triberger Granitpluton bildet ein größeres Areal zwischen Triberg und Schramberg und reicht bis nach Alpirsbach. Die aufgeschlossene Oberfläche beträgt ca. 150 km^2; seine wahre Ausdehnung dürfte weit größer sein, da er im Osten vom mesozoischen Deckgebirge überlagert wird. Die Grenze des Granits gegenüber der Gneishülle ist scharf, meist tektonisch verruschelt.

Die Hauptmasse des Plutons besteht aus grobkörnigem Biotitgranit, der meist grau, seltener, wie um Wittichen, durch Hämatit rötlich gefärbt ist. Im Norden ist er porphyrisch ausgebildet. Der Mineralbestand besteht aus Orthoklas, Plagioklas, Biotit und Quarz, Akzessorien sind Zirkon, Apatit, Hämatit,

Tabelle 3. Chemische Zusammensetzung der Zweiglimmergranite. Nach Al-Khayat (1976).

%	Raumünzach-granit	Bühlertal-granit	Seebach-granit	Forbach-granit
SiO_2	70,60	71,80	71,80	72,10
TiO_2	0,35	0,24	0,20	0,17
Al_2O_3	15,21	15,42	15,23	15,18
Fe_2O_3	0,47	0,99	0,41	0,55
FeO	1,44	0,60	0,82	0,66
MgO	0,55	0,43	0,31	0,26
CaO	0,64	0,69	0,56	0,44
Na_2O	2,89	2,71	2,88	3,05
K_2O	5,83	5,61	5,69	5,24
P_2O_5	0,20	0,22	0,20	0,25
Glv.	1,52	1,02	1,29	1,16
Summe	**99,48**	**100,06**	**99,37**	**99,07**

Pyrit. An der Oberfläche sind die Feldspäte kaolinisiert und der Granit zu Gesteinsgrus verwittert. Sonst weist er eine formvollendete Wollsackverwitterung auf (Günterfelsen, Farbbild 5). Innerhalb des grobkörnigen Biotitgranits treten vor allem um Hornberg und Triberg helle, mittel- bis feinkörnige Varietäten auf, die zum Teil auch Muskovit führen. Auffallend sind Miarolithgranite mit rosettenartigen Muskovitaggregaten und das Auftreten von granophyrischen Verwachsungen. Charakteristisch für den Triberger Granit sind NNE bis NE streichende Granitporphyrgänge, die in ganzen Gangscharen auftreten. Es sind rot gefärbte, feinkörnige Gesteine mit Einsprenglingen aus Kalifeldspat, Quarz, Plagioklas und Biotit. Außerdem treten im Triberger Granit bei Hornberg/Niederwasser hin und wieder pegmatitische Schlieren mit Beryll und Greisen mit Zinnstein und Topas auf (vgl. Achstetter 2007).

Zu erwähnen ist noch das Quarzriff entlang der NNW-streichenden Kesselbergverwerfung. Es erhebt sich 10–20 m über die granitische Oberfläche.

Nach Schleicher (1984b) zeigt der Triberger Granit nach den geochemischen Leitelementen K, Ba und Rb eine einheitliche granitische Differentiation von granodioritischen Palingeniten über normalgranitische Biotitgranite bis hin zu stark fraktionierten Zweiglimmergraniten. Die Granitporphyre stammen aus der Wurzelzone des Plutons und drangen erst nach dessen Erkaltung an NNE bis NE streichenden Klüften auf. Das radiometrische Alter des Triberger Granits beträgt nach Kober et al. (2000) 332 ± 6 Mio Jahre.

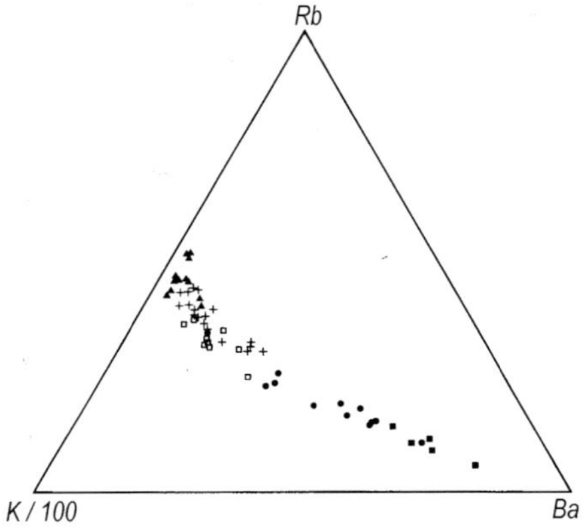

Abb. 14. Dreiecksdiagramm Rb – K/100 – Ba der wichtigsten Gesteinsvarietäten des Triberger Granits. Nach Schleicher (1984).

Exkursionsaufschlüsse:
Alpirsbach-Rötenbach: Triberger Granit, Granitporphyr, Rotliegend, 17; Wittichen: Triberger Granit, X/2, Lehrpfad Station 7; Hornberg, Schlossfelsen: Triberger Granit, XIII/2; Hornberg-Niederwasser: Triberger Granit, Granitporphyr, XIII/3+XIII/4; Triberg/Bahnhof: Triberger Granit, Harnischflächen, XIII/6; Brend: Triberger Granit, Wollsackverwitterung, 18; Triberg, Unterliemberg: Quarzriff, XIII/8; Kesselberg, Lägerfelsen: Quarzriff, XIII/9.

Südlich vom Triberger Granitkomplex befindet sich um die Ortschaft Eisenbach ein kleinerer Granitpluton, der Eisenbach Granit. Er ist durch seine ehemaligen Eisenerzlagerstätten bekannt. Er stellt einen mittel- bis grobkörnigen, fleischfarbenen Zweiglimmergranit dar. Mineralbestand: Fleischfarbener Kalifeldspat, rötlicher Plagioklas (An 2–10), Quarz, Muskovit, Biotit, auf Klüften Eisen- und Manganmineralien.

Exkursionsaufschluss: NW Villingen, Uhustein: Eisenbach Granit, XIII/11.

2.2.3 Ganggesteine

Aplite und Granitporphyre

Sie durchschlagen in Gängen diskordant die Gneise und jüngsten oberkarbonischen Granite. Sie sind deshalb an das Ende der variszischen Granitintrusion ins Oberkarbon zu stellen. Die Gesteinsmasse ist feinkörnig, resistent gegen Verwitterung, der Bruch scherbig. Während die Aplite nur aus einer hellen feinkörnigen Grundmasse bestehen, enthalten die häufiger auftretenden Granitporphyre als Einsprenglinge Feldspat, Quarz und selten Biotit in einer oft durch Eisenglanz geröteten, feinkörnigen mikrogranitischen Grundmasse. Randzonen und geringmächtige Gänge sind arm an Einsprenglingen. Die Grundmasse wurde erst nach der Platznahme verfestigt. Die Kristalle wurden beim Aufstieg von der umgebenden Schmelze teilweise korrodiert. Die Gänge erreichen im Allgemeinen eine Mächtigkeit von 50 m und darüber, fallen steil (70–90°) ein, erreichen eine Länge von über 10 km. In den Nordschwarzwälder Granitplutonen kommen sie um Ottenhöfen, in der Mittelschwarzwälder Gneismasse vor allem im Gebiet zwischen Kinzig- und Schuttertal und im Triberger Granit sehr häufig vor. Sie streichen in der Gneismasse SW-NE, im Triberger Granit SSW-NNE. Ein stockförmiges Vorkommen größerer Ausdehnung ist im Süden der Granitporphyr östlich von Staufen im Münstertal. Im Gipfelbereich in der Umgebung der Etzenbacher Höhe durchschlägt ein permischer Rhyolith den Granitporphyrkomplex. Nach Schleicher (1984) gehören die Granitporphyre in die Differentiationsabfolge der Granitplutone.

Pegmatite

Ein größerer Quarzgang mit Turmalinsonnen und Wolframit befindet sich am Rossgrabeneck unweit Bergach (Kinzigtal), ein Pegmatitgang aus Feldspat und Quarz mit großen Turmalinen bei Reichenbach unweit Gengenbach, ein Feldspatpegmatit mit großen Biotitgarben am Fuchsköpfle bei Freiburg und Pegmatitgängchen mit Beryllen treten bei Hornberg im Triberger Granit auf (Markl 1997; Achstetter 2007).

Lamprophyre

Lamprophyre sind Gangsteine mit einer dunkelgrauen bis dunkelbraunen feinkörnigen Grundmasse mit makroskopisch sichtbaren Biotitplättchen, die fluidal eingeregelt sind. Die Lamprophyre durchschlagen den Gneiskomplex diskordant. Sie kommen im Mittelschwarzwald vor allem im Freiamt Ottoschwanden und nordwestlich von Vöhrenbach sowie im Südschwarzwald im Gebiet Schauinsland-Kirchzarten vor. Sie streichen hauptsächlich SW-NE. Mafische Bestandteile sind Biotit, Amphibol, Epidot, Titanit und Chlorit. Pseudomorphosen nach Olivin und Pyroxen sind typisch für Lamprophyre. Die Intrusion der Lamprophyre erfolgte während der variszischen Orogenese.

Exkursionsaufschlüsse
Niederwasser: Granitporphyr, XIII/4; Groppertal bei Villingen: Granitporphyr, XIII/10; Kropbach im Münstertal: Granitporphyr, XVI/1; Münstertal, Geopfad: Granitporphyr XVI/2, Stationen 2 + 11; Fuchsköpfle bei Freiburg: Pegmatit im Amphibolit, XV/1.

2.2.4 Oberkarbonische Tröge

Im Oberkarbon begann sich das Variszische Gebirge, zu dem auch der Schwarzwald gehört, zu bilden. Morphologisch bildeten sich SW-NE verlaufende Schwellen und Sedimentationsbecken wie die Baden-Badener-Senke, die Offenburger-Senke und die Badenweiler-Lenzkirchzone. Innerhalb der Kruste kam es zu Druckentlastungen, aber auch durch aufsteigende Plutone zu einer temperaturbetonten metamorphen Überprägung der vorhandenen Gneise.

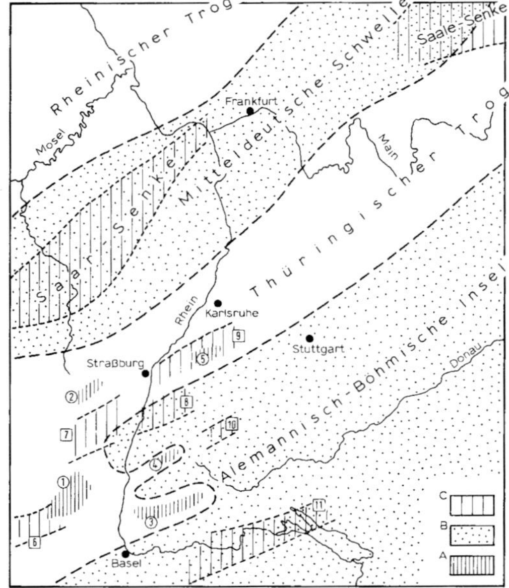

1 Unterkarbon der Südvogesen
2 Unterkarbon des Breuschtals (Mittelvogesen)
3 Unterkarbon der Badenweiler-Schönau-Lenzkircher-Zone (Südschwarzwald)
4 wahrscheinliches Unterkarbon der Zinken-Elme-Zone (Südschwarzwald)
5 wahrscheinliches Unterkarbon in der Baden-Badener Senke (Nordschwarzwald)
6 Oberkarbon der Burgundischen Senke
7 Oberkarbon der St. Pilter und Weiler Senke
8 Oberkarbon der Offenburger Senke
9 Oberkarbon der Baden-Badener Senke
10 fragliches Oberkarbon der Schramberger Senke
11 Oberkarbon im Untergrund des Molassebeckens (Tiefbohrungen Dingelsdorf und Weiach).

Abb. 15. Becken und Schwellenanordnung während des Unter- und Oberkarbons in Südwestdeutschland und den Vogesen.
A = marin-vulkanisch-kontinentales Unterkarbon im Oberrheingebiet (anstehend); B = kontinentale Schwellenregion im Oberkarbon; C = festländische Senken im Oberkarbon. Aus Geyer & Gwinner (1991).

Traten im Devon/Unterkarbon noch marine Grauwacken und Tonsteine auf, so verwandelten sich die marinen Becken im Oberkarbon zunehmend zu festländischen Becken, in denen Abtragungsprodukte wie Konglomerate, Arkosen und Schiefertone abgelagert wurden. Im Laufe der Zeit entwickelten sich die Becken zu Sümpfen mit einer intensiven Flora, Ausgangsprodukte der heutigen Kohle.

Oberkarbonische Kohleflöze treten im ZSGK in der Offenburger Senke bei Diersburg-Berghaupten und in Schönberg bei der Burgruine Hohengeroldseck auf. Sie sind zeitlich anhand von Pflanzenfossilien wie Farne (*Alethopteris*) und Schachtelhalme (*Calamites*) dem mittleren und oberen Oberkarbon (Westfalium/Stephanium) zuzuordnen. Anthrazitkohle wurde in Diersburg-Berghaupten bis 1911 abgebaut. Der Kohlebergbau kam danach zum Erliegen, da das Flöz tektonisch stark deformiert und die Gneisanatexite des Nebengesteins zu brüchig waren. In der Baden-Badener Senke treten neben oberkarbonischen kleinen Kohlevorkommen des Stephaniums (Baden-Badener Rebland) uranhaltige Schiefertone auf. Die oberkarbonischen Sedimente gehen fließend in unterrotliegende glimmerreiche Arkosesandsteine und kohlehaltige Tonsteine über. In den 1970er-Jahren fand bei Müllenbach ein Versuchsabbau auf Uranerz statt. Jedoch erwiesen sich die Vorräte als nicht abbauwürdig.

Exkursionsaufschlüsse:
Berghaupten-Gasthof Bergwerksstube: Kohlebergbau, XI/1; Diersburg-Hagenbachtal: Kohlebergbau, XI/2.

Lit.: Achstetter (2007); Al-Khayat (1976); Chen et al. (2000); Flöttmann & Kleinschmidt (1989); Frisch & Loeschke (1986); Geyer & Gwinner (1991); Hanel et al. (1993, 1999); Hess et al. (2000), Hofmann & Köhler (1973); Hüttner & Wimmenauer (1967); Kalt et al. (2000); Klein & Wimmenauer (1984); Kober (1986, 1987); Kober et al. (2000); Maus & Renk (1981); Markl (1997); Metz (1977); Montenari (1996); Montenari et al. (2000); Murawski & Meyer(1998); Rein (1952); Röhr (1990); Schleicher (1976, 1984a, b); Steiger et al. (1973); Tait et al. (1997); Wimmenauer (1984); Wimmenauer et al. (1989).

2.3 Badenweiler-Lenzkirch-Zone (BLZ)

Zwischen Badenweiler und Lenzkirch durchtrennt ein ca. 40 km langer, bis zu 5 km breiter W-E streichender Schuppenstreifen aus nichtmetamorphen devonisch-karbonischen Grauwacken, Tonsteinen und Vulkaniten, karbonischen Metagraniten und ordovizischen bis silurischen metamorphen Schiefern das Schwarzwälder Kristallin. Diese Zone teilt das Grundgebirge in das Nord-/Mittelschwarzwälder und Südschwarzwälder Kristallin. Sie wird Badenweiler-Lenzkirch-Zone genannt. Bei Lenzkirch-Kappel taucht die BLZ unter den

Buntsandstein. Seismographisch lässt sich die Zone noch 110 km bis Sulz a. N. verfolgen. Bei der Ortschaft Präg erreicht sie ihre größte Mächtigkeit. Zwischen Bernau und Altglashütten wird sie vom Bärhaldegranit durchbrochen. Tektonisch gesehen bildet die BLZ die Nahtstelle zwischen den beiden Kristallinblöcken ZSGK und SSK.

Auf der anderen Seite des Rheins in den Vogesen ist die Zone der nicht metamorphen devonisch/ karbonischen Sedimente viel weiter ausgedehnt. Sie erreicht dort eine Breite von über 30 km. Altpaläozoische metamorphe Schiefer fehlen. Auch schließt sich im Süden kein Kristallin an. Das zeigt, dass das Moldanubikum auf kleinstem Raum unterschiedlichste tektonische Entwicklungen während der variszischen Gebirgsbildung erfahren hat.

Im Norden werden die paläozoischen Schichtpakete der BLZ von dem ZSGK überschoben bzw. tauchen in Richtung N bis NW steil in einem Winkel von 70° unter die Zentralschwarzwälder Gneismasse. Dieses Profil lässt sich seismographisch bis in eine Tiefe von 12 km verfolgen (Lüschen et al. 1987). Das Störungsprofil erinnert sehr stark an eine Subduktionszone eines Kontinentalrandes.

Sittig (1969) und Güldenpfennig (1997) untersuchten eingehend diese Störungszone. Sie ist für die Interpretation des Südschwarzwälder Moldanubikums von großer Bedeutung.

Anders als im Nordschwarzwald in der BBZ konnte man sich hier schon frühzeitig auf Fossilfunde berufen und die nichtmetamorphen Sedimente biostratigraphisch einteilen in:

- Unterkarbon
  kontinentale und marine Kulmfazies (Grauwacken mit Protocaniten)
- Oberdevon
  Tonschieferfazies mit Conodonten

Daneben unterschied man schwach metamorphe „Alte Schiefer".

Von Norden nach Süden unterscheidet man nach Hann & Sawatzki (2003) folgende Zonen:

- Zentralschwarzwälder Gneiskomplex [ZSGK].
- Randgranit-Assoziation [GRA]: heterogener Gesteinsverband aus porphyroklastischen Metagraniten, Biotit-Hornblendegneisen, leukokraten Gneisen und Amphiboliten.
- Sengalenkopf-Schiefer-Formation [GPm] (früher „Alte Schiefer"): Ordovizische bis silurische Metagrauwacken bis Phyllite. Marine Ablagerungen. Nachweis von Acritarchen und Chitinozoen (Montenari & Maass 1996). Metamorphosegrad: Grünschieferfazies.
- Münsterhaldengranit [GMU]: Zweiglimmergranit; streckenweise stark klastisch deformiert, jünger als der Randgranit, die Sengalenkopf-Schiefer- und Protocaniten-Grauwacken.

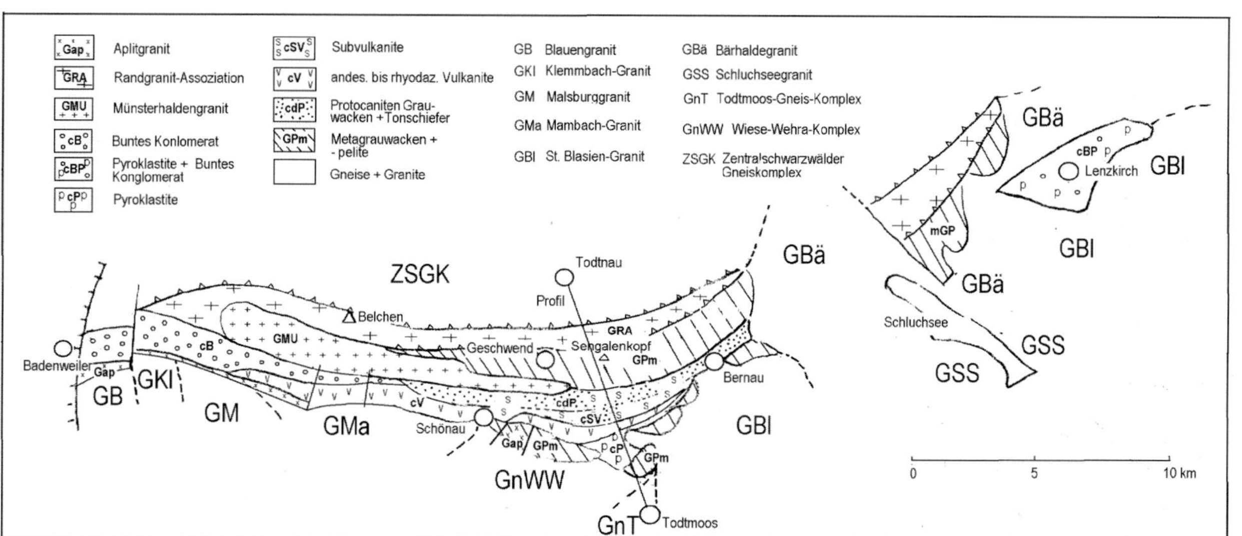

Abb. 16. Schematische Kartenskizze der Badenweiler-Lenzkirchzone. Vereinfacht nach der Karte 1:50.000 (GBLZ 50) des LGRB Freiburg i. Br. (2003).

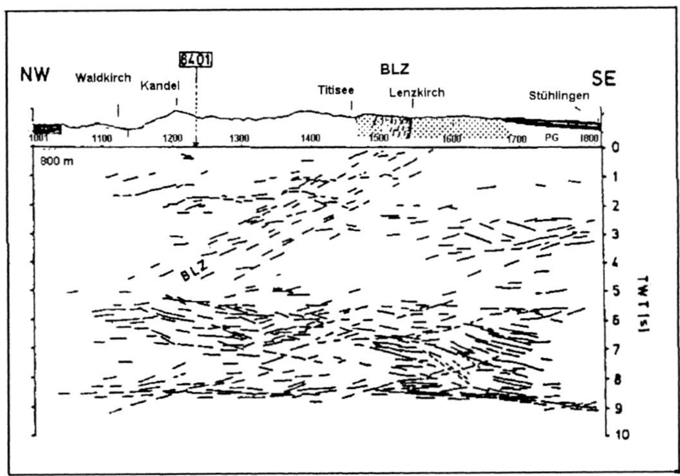

Abb. 17. Seismographisches Profil der BLZ. Ausschnitt aus Emmermann & Wohlenberg (1989).

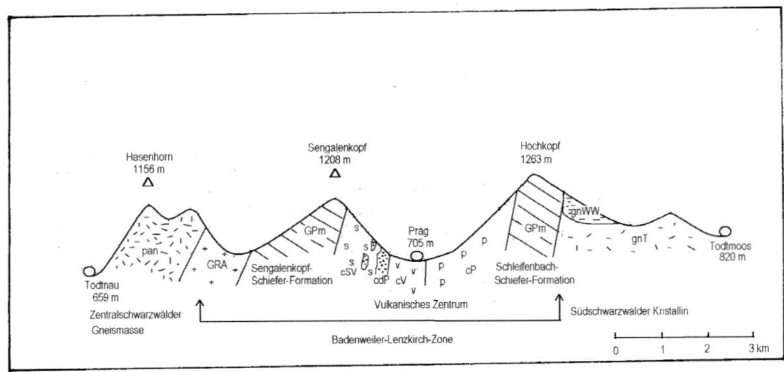

Abb. 18. Schematisches Querprofil durch die BLZ Todtnau – Todtmoos, stark überhöht (vgl. dazu Karte Abb. 16).
CdP = karb. Protocaniten-Grauwacken und Tonschiefer; cP = karb. Pyroklastite; cSV = karb. Subvulkanite; cV = karb. Vulkanite; GRA = Randgranit-Assoziation; GPm = Metagrauwacken u. –pelite (im Norden Sengalenkopf-Schiefer-Formation, im Süden Schleifenbach-Schiefer-Formation); gnWW = Wehra-Wiese-Gneisdecke; gnT = Gneisformation Todtmoos; pan = Paragneisanatexite.

- Protocaniten-Grauwacken und Tonschiefer [cdP]: Im Liegenden oberdevonische ockerfarbene bis graue Tonsteine (Pelite) mit Conodonten. Darüber unterkarbonische meist dunkelgraue Grauwacken (Psammite) mit sehr selten vorkommenden Protocaniten. Durch Vergleich mit Grauwacken und rezenten Turbiditen ähnlicher Konstellation schließt Güldenpfennig (1998) durch geochemische Untersuchungen, vor allem durch die Spurenelementverteilung bei den Protocaniten-Grauwacken auf eine Schüttung in ein Becken vor einem aktiven Kontinentalrand oder einem Inselbogen.
- Saure Subvulkanite [cSV]: hellgraue Rhyodazite bis Dazite mit zahlreichen weißen Kalifeldspateinsprenglingen.
- Saure Vulkanite [cV]: bräunliche feinkörnige Rhyodazite bis Dazite mit wenig Kalifeldspateinsprenglingen, Plagioklas und Biotit.
- Basische Vulkanite [cV]: dunkelgrüne Andesite mit Einschaltungen von fossilhaltigen flachmarinen Sedimenten.
- Pyroklastite (früher „Trümmerporphyre“) [cP]: massige bunte Gesteine mit feinkörniger rotbrauner Matrix und Gesteinsbruchstücken aus sauren Vulkaniten, Ton- und Sandsteinen südlich Präg und um Lenzkirch.
- Buntes Konglomerat (früher „Kulmkonglomerat“) [cB]: rote, grüne und graue Gerölle aus Vulkaniten, Arkosen, Grauwacken, Tonsteinen und Graniten im Westen der BLZ; wird als variszische Molasse gedeutet.
- Schleifenbach-Schiefer-Formation [GPm] (früher „Südrandschuppen“) und Aplitgranite [Gap]: Ordovizisch-silurische Metagrauwacken und Phyllite. Marine Ablagerungen. Nachweis von Acritarchen und Chitinozoen. Metamorphosegrad: Grünschieferfazies. Südöstlich Schönau werden die Schiefer von Aplitgraniten durchsetzt; im Westen bilden die Aplitgranite den Südrand der BLZ
- Südschwarzwälder Kristallin [SSK]

Die Steilstellung der Schichten und die von außen nach innen symmetrische Altersabfolge der Sedimente Ordovizium – Karbon – Ordovizium kann durch Zusammenschub eines Sedimentbeckens erklärt werden. Begleitet wurde dieser Zusammenschub und die Subduktion unter die Zentralschwarzwälder Gneismasse durch einen regen Vulkanismus und Subvulkanismus.

Güldenpfennig (1997) analysiert die Vulkanite der BLZ als andesitische und dazitische/rhyodazitische Laven und Pyroklastite. Die andesitischen Vulkanite wurden zuerst gefördert. Danach folgten Dazite und Rhyodazite. Die Dazite und Rhyodazite sind wegen ihres hohen Cr- und Ni-Gehalts, der bei den Andesiten fehlt, keine Differentiate jener basischen Vulkanite. Der bimodale Vulkanismus ist typisch für eine Krustendehnung. Nach den Spurenelementmustern handelt es sich bei den Andesiten um subduktionsbezogene Vulkanite, die den rezenten Kalkalkaliandesiten kontinentaler Inselbögen und aktiver Kontinentalränder entsprechen.

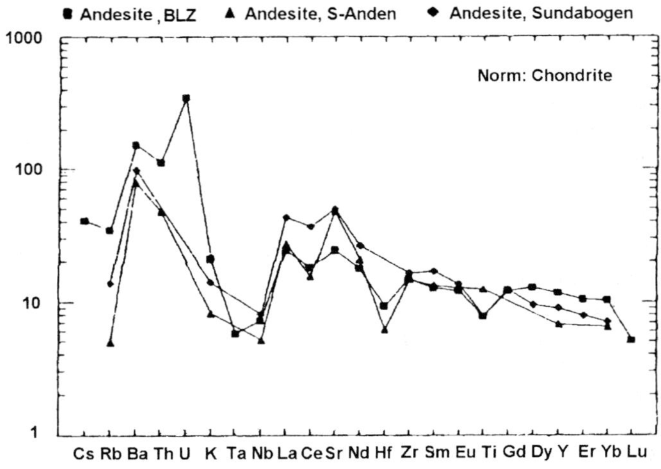

Abb. 19. Spurenelementmuster der Andesite der BLZ im Vergleich zu den Andesiten des Sundabogens. Aus Güldenpfennig (1997).

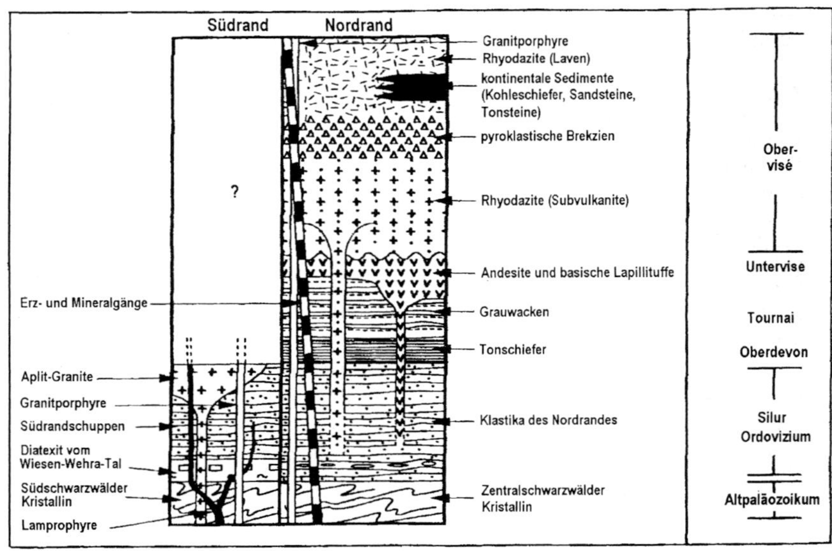

Abb. 20. Entwicklung der BLZ. Aus Loeschke et al. (1998).

Die Dazite und Rhyodazite sind nach ihrer geochemischen Zusammensetzung als anatektisch aufgeschmolzene Produkte kontinentaler Kruste zu interpretieren. Geotektonisch erfolgte der dazitisch/rhyodazitische Vulkanismus am Ende der kollisionalen Phase, in der die Subduktion sich in eine postkollisionale Dehnung umwandelte (Güldenpfennig 1997). Er und andere Kollegen nehmen heute an, dass das Südschwarzwälder Kristallin als Terran an den ZSGK driftete. Den fossilen Kontakt bzw. die Suturzone zwischen dem ZSGK und SSK bildet die BLZ.

Im Ordovozium/ Silur lagerten sich in einem Becken zwischen den beiden Mikroterranen NMSK und SSK Grauwacken ab, die uns heute als metamorphe Schiefer vorliegen. Im Oberdevon vertiefte sich das Becken. Es bildeten sich Trübeströme, die lawinenartig mit hoher Geschwindigkeit am steilen Kontinentalhang niedergingen. Turbidite wurden abgelagert, die uns heute als Protocaniten-Grauwacken vorliegen. Danach kollidierten die beiden Terrane NMSK und SSK. Während der Kollision wurden die Schichten zusammengeschoben, steil gestellt und teilweise unter den ZSGK geschoben. Es entwickelte sich im Unterkarbon in der Subduktionszone ein aktiver Kontinentalrand mit andesitischem Vulkanismus, auf den dann dazitische bis rhyodazitische Subvulkaniite und Vulkanite folgten. In der Subduktionszone wurden die Sedimente im Grad der Grünschieferfazies metamorphisiert. (Sengalen-Schiefer-Formation im N und Schleifenbach-Schiefer-Formation im S). Weiter zum Zentrum der BLZ hin verebbte die Metamorphose. Die oberdevonischen bis unterkarbonischen Sedimente (Protocaniten-Grauwacken und Tonsteine) blieben als solche erhalten.

Aufschlüsse:
Badenweiler, Blauenstraße: Aplitgranit, XIV/11; Badenweiler-Oberweiler: Karbonisches buntes Konglomerat, XVII/1; Hinterheubronn, Weiherfelsen: karbonisches Granitkonglomerat, XVII/5; Hinterheubronn/Gasthof Haldenhof: Unterkarbonische Andesite, XVII/6; Schönau: Unterkarbonische Protocaniten-Grauwacken, XVII/11 + XVII/14; Schönau: Oberdevonische Tonsteine, XVII/12; Utzenfeld: Münsterhaldengranit, XVII/15; Geschwend: Randgranit, XVII/16; Geschwend/Utzenfeld: Sengalen-Schiefer-Formation, XVII/17; Aitern: Sengalen-Schiefer-Formation, XVII/18; Schönau/Tunau, Geopfad: Schleifenbach-Schiefer-Formation, XVIII; Tunau, Geopfad: saure Subvulkanite und Vulkanite; oberdevonische Tonsteine, unterkarbonische Grauwacken, XVIII; Bernau Steinbruch Wacht: Sengalen-Schiefer-Formation, XIX/5.

Lit.: Flöttmann & Kleinschmidt (1989); Güldenpfennig (1997, 1998); Hann & Sawatzki (1998); Lehnes & Tochtermann (2001); Loeschke & Güldenpfennig (1998); Lüschen et al. (1987); Montenari & Maass (1996); Sawatzki & Hann (2003); Sittig (1969).

2.4 Südschwarzwälder Kristallin (SSK)

Südlich der Badenweiler-Lenzkirchzone BLZ schließt sich der zweite große Kristallinblock des Schwarzwaldes, das Südschwarzwälder Kristallin SSK an. Es wird hauptsächlich von orogenen deformierten Graniten, Syntexiten, Palin-

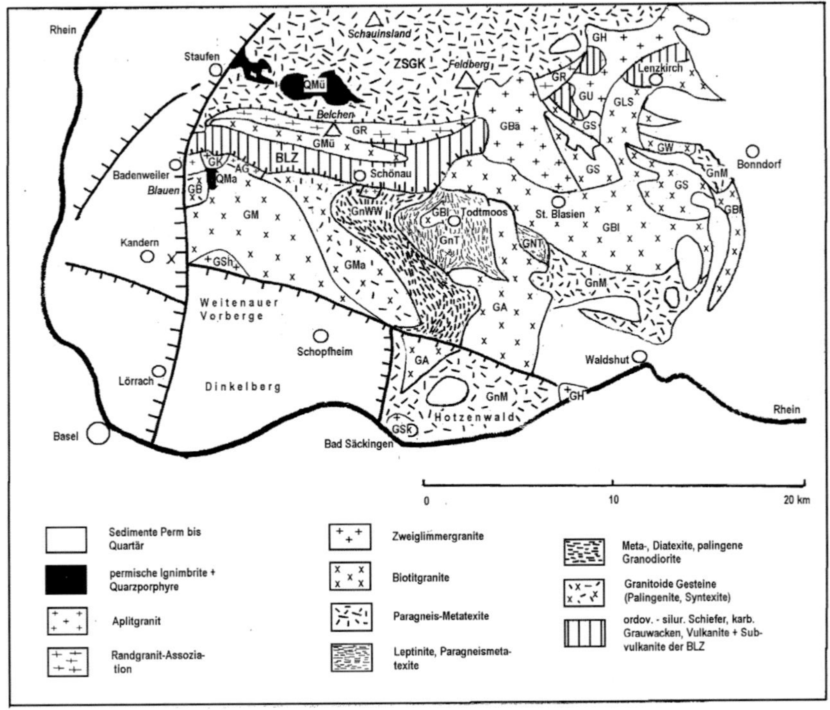

Abb. 21. Geologische Kartenskizze des Südschwarzwälder Kristallins. Schematisiert nach Metz & Rein (1958) und den geologischen Übersichtskarten 1:200.000, Bl. CC7910, Freiburg-Nord (1994) und CC8710 Freiburg-Süd (2002).
GA = Albtalgranit; GSk = Bad Säckingen-Granit; GB = Blauengranit; GBä = Bärhaldegranit; GH = Hauensteiner Granit; GHf = Hochfirstgranit; GK = Klemmbachgranit; GLS = Lenzkirch-Steina-Granit; GM = Malsburg-Granit; GMa = Mambach Granit; GMü = Münsterhaldengranit; GR = Randgranit-Assoziation; GBl = St. Blasien-Granit; GSh = Schlächtenhausgranit; GS = Schluchseegranit; GU = Urseegranit; GW = Wellendingen Granit; GnM = Gneise Typ Murgtal; GnWW = Gneisformation Typ Wehra-Wiese; GnT = Gneisformation Typ Todtmoos; QMü = perm. Quarzporphyr Münstertal; QMa = perm. Quarzporphyr Marzell; BLZ = Badenweiler-Lenzkirch-Zone; ZSGK = Zentralschwarzwälder Gneiskomplex.

geniten und posttektonisch intrudierten Granitplutonen beherrscht. Infolge der tertiären Hebung wurde im SSK der Grundgebirgssockel zum Teil bis auf das Stockwerk der palingenen Schmelzen hochgehoben und aufgeschlossen. Zu jenen gehören der Blauengranit (Palingenit) und der Mambach Granit (Syntexit). Ihr Chemismus entspricht den Dioriten. Die Grenze zu den umgebenden Graniten ist meist nicht scharf, eher verschwommen. Daneben unterscheidet man hauptsächlich drei metamorphe Gneiskomplexe, die Paragneisanatexit-Leptinit-Serpentinit-Formation um Todtmoos, und die Paragneisanatexite des Hotzenwaldes. Eine Sonderstellung nimmt die Wehra-Wiese-Gneisformation ein. Sie ist ein Sammelsurium aus Paragneisen, diatektischen Paragneisanatexiten und plutonartigen Gneisen. Da bei ihr die Zufuhrwege der darin vorkommenden Ganggranite abgeschnitten sind, folgerten Hann & Sawatzki (1998), dass es sich um eine überschobene Gesteinseinheit handelt. Die Wehra-Wiese-Decke schiebt sich 8 km weit über die Gneisformation von Todtmoos. Die Deckengesteine haben ein Alter von 350 Mio Jahren, die Liegendeinheit ein Alter von 324 Mio Jahren. Die Überschiebung erfolgte während der variszischen Orogenese. Während im SSK Eklogite fehlen, gibt es hier dafür im Bereich der Gneis-Leptinitformation von Todtmoos in einem NNW-SSE verlaufenden Gürtel von 23 km Länge größere Vorkommen von Metagabbros bis Metaperidotiten mit Ni-Erzen. Sawatzki (2004) interpretierte die nickelführenden Ultrabasite des Nickelbergwerks Todtmoos-Mättle als Teile der ozeanischen Kruste. Die tektonische Platznahme erfolgte im Unterkarbon durch Akkretion während der Subduktion des SSK unter den ZSGK und durch Hochschleppung während der variszischen Kollision.

Im Gegensatz zum NMSK zeigt das SSK petrographisch, geochemisch und tektonisch ein anderes Bild. Nach Stenger et al. (1989) fehlt eine deutliche Abgrenzung zur unteren Kruste, fehlen tonalitisch-trondhjemitische Orthogneise und Eklogite. Bei den Leptiniten herrscht Ka vor, während im ZSGK Na vorherrscht. Im Nord- und Mittelschwarzwald überwiegt die Streichrichtung der Granitporphyre NNE-SSW-Richtung, im Südschwarzwald dominiert die SE-NW Richtung (Schleicher 1976). Auf diesen Tatsachen basierend interpretieren Loeschke et al. (1998) und Hann & Sawatzki (2000) das SSK als seperates Mikroterran, das sich während der variszischen Kollision mit dem NMSK vereinigte. Die Kontaktzone bzw. Suturzone der zwei Mikrokontinente ist die BLZ.

Im SSK unterscheidet man folgende Gesteinskomplexe:

Gneisanatexite

– Gneis-Formation von Todtmoos, sie entspricht der Schwarzwälder Gneiseinheit 3 des ZSGK mit Hochdruckgesteinen. Sie besteht aus einer Wechsellagerung von

  Paragneismetatexiten: hell-dunkle lagige Textur.

  Leptiniten: weißlich bis bräunlich, sehr feinkörnig, keine Textur,

Die Leptinite sind auf saure Vulkanite (Rhyolithe) aus dem Kambrium zurückzuführen, die während dem Devon/Karbon zu Leptiniten umgewandelt wurden (Sawatzki 2004, Chen 1999).
ultrabasischen serpentisierten Gesteinslinsen.
Beispiel: Metagabbros des Nickelbergwerks Todtmoos-Mättle, Serpentinitbruch und Schwarzer Felsen bei Todtmoos
Metagabbros und -peridotite stellen in den Gneis eingeschuppte Relikte einer ozeanischen Kruste (Sawatzki 2004) dar. Mineralbestand: Olivin, Orthopyroxen, Klinopyroxen, Spinell, Hornblende.

- Paragneismetatexite Typ Murgtal im Hotzenwald; sie entsprechen der Schwarzwälder Gneiseinheit 2 ohne Hochdruckgesteine. Das Sedimentationsalter fällt nach Sawatzki et al. (1997) und Vaida et al. (2000) aufgrund von Acritarchen und Chitinozoen ins Mittelordovizium bis Silur. Nach Metz & Rein (1958) lassen sich je nach Mineralzusammensetzung drei Typen von Paragneisanatexiten unterscheiden, die in Wechsellagerung miteinander vergesellschaftet sind:
  - Cordieritreiche Paragneisanatexite
  - Quarzreiche Paragneisanatexite
  - Biotitreiche Paragneisanatexite
- Kalksilikatfels, entstanden durch Metamorphose dolomitischer und kalkiger Einlagen in Gneisen. Bekanntes Beispiel ist der lagige Kalksilikatfels im Steinbruch Wickartsmühle.

Exkursionsaufschlüsse:
Todtmoos, Besucherbergwerk: Todtmooser Gneisformation, XIX/6; Todtmoos, Schwarzer Felsen: Serpentinit, XIX/7; Rickenbach, Steinbruch Wickartsmühle: Cordieritreiche Paragneisanatexite des Hotzenwaldes und Kalksilikatfels, XIX/9.

Granite, granitoide Gesteine und Granitporphyre

Granitoide Gesteine

- Mambach Granit (früher Mambacher Syntexit): fein- bis mittelkörniger syntektischer Granit, stellenweise schwach geregelt mit Gneis- und Migmatitschollen; entstanden durch Assimilation und Einschmelzung der Wehra-Wiese-Formation und der Randbereiche des Malsburger Granits durch den aufsteigenden Mambacher Granitpluton (Sawatzki & Hann 2003). Mineralbestand: Plagioklas/Kalifeldspat, Quarz, schwankender Biotitgehalt, wenig Muskovit und selten Hornblende. Vorkommen: südlich Neuenweg, westlich Wembach im Böllenbachtal und zwischen Atzenbach und Mambach im Wiesental.
- Wehra-Wiese-Formation: heterogener Gesteinskomplex aus diatektisch veränderten biotitreichen Paragneismetatexiten und Amphiboliten, in die ein granitisches Magma eindrang. Alle Stadien der Durchmischung bis zur

Homogenisierung sind ausgebildet. Es entstanden neben Resten von ursprünglichen Paragneis-Metatexiten vor allem Biotit-Quarz-Plagioklas-Diatexite mit metamorphen Relikten und Amphibolitschollen bis palingene Granodiorite und biotit-/ hornblendereiche Syenite im Süden N Wehr. Hann & Sawatzki (1998) wiesen einen Deckenbau der Wehra-Wiese-Formation nach. Das metamorphe Alter liegt nach Chen et al. (2000) zwischen 345 und 350 Mio Jahren; das Sedimentationsalter fällt auf Grund von Chitinozoen nach Sawatzki et al. (1997) ins Ordovizium.

- Blauengranit (auch Blauenpalingenit genannt): Plutonartiges mittelkörniges Gestein aus rundlichen Feldspatkörnern, Quarz tritt zurück und Biotit mit bis 2 cm großen Kalifeldspatporphyroblasten. Keine Regelung. Neben metatektisch veränderten Gneisschollen treten stellenweise auch Amphibolitschollen auf. Metz & Rein (1958) deutet den Blauengranit als nachträglich kalifeldspatisierten Palingenitkörper im Malsburg Granit. Sawatzki & Hann (2003) ordnen ihn wegen seiner Ähnlichkeit mit dem Wehra-Wiese-Diatexit der Wehra-Wiese-Gneisformation zu. Vorkommen: Felsböschungen an der Straße Badenweiler – Blauen und an der Straße Badenweiler – Neuenweg.

Exkursionsaufschlüsse:
Badenweiler-Schweighof: Blauengranit, XVII/4; Badenweiler, Blauenstraße: Blauen-granit, XIV/12; Neuenweg: Mambachgranit, XVII/8; Wembach: Wehra-Wiese-Gneisformation, XVII/9 + 10.

Deformierte Granite

Sie haben mehr eine granodioritische Zusammensetzung und sind radiometrisch im Unterkarbon entstanden.

- Hauensteinergranit (Zweiglimmergranit); Mineralbestand: Fleischroter Kalifeldspat, Plagioklas (An 10), Quarz, feinschuppiger Biotit/Serizit, Muskovit u. Turmalin. Vorkommen: Steinbruch bei Albbruck.
- Klemmbachgranit (aplitgranitischer grauer Zweiglimmergranit); Mineralbestand: überwiegend Plagioklas (An 20–25), Kalifeldspat, Biotit/Serizit, Muskovit, wenig Quarz. Vorkommen: Klemmbachtal Straße bei Badenweiler-Schweighof.
- Schlächtenhausgranit (Zweiglimmergranit); Mineralbestand: Quarz, Kalifeldspat, Plagioklas (An 20), Biotit, Muskovit; Vorkommen: Straße Kandern-Schlächtenhaus.
- Lenzkirch-Steinagranit (Biotitgranit); Mineralbestand: Rötlicher Kalifeldspat, weißer Plagioklas (Oligoklas), Quarz, Biotit/Chlorit, Hornblende; Vorkommen: Oberes Steinatal.
- Wellendingengranit (Biotitgranit); grobkörnige Variante des Lenzkirch-Steina-Granits. Vorkommen: Lotenbachklamm.
- Münsterhaldengranit (Biotitgranit); Mineralbestand: Plagioklas (An 5), Kalifeldspat, Quarz, wenig Biotit; Vorkommen: Utzenfeld.

- St. Blasien Granit (grauer mittelkörniger Biotitgranit); Mineralbestand: Überwiegend Plagioklas (An 10–40), Kalifeldspat,Biotit; Vorkommen: Straße St. Blasien – Häusern.

Der Lenzkirch-Steinagranit wird in der geol. Übersichtskarte 1:200.000, Blatt CC 8710 Freiburg Süd zum St. Blasien Granit gestellt.

Nicht deformierte Granite:
Sie haben eher granitische Zusammensetzung und gehören zu den jüngeren Graniten. Sie sind radiometrisch im Unterkarbon entstanden.

- Albtalgranit (Biotitgranit); Mineralbestand: Kalifeldspat Porhyroblasten, vielfach Karlsbader Zwillinge, Plagioklas (An 15–20), Quarz, Biotit; Vorkommen: Steinbruch bei Tiefenstein.
- Bärhaldegranit (mittelkörniger rötlicher Zweiglimmergranit); Mineralbestand: Fleischfarbener Kalifeldspat, rötlicher Plagioklas (An 2–10), Quarz, Muskovit, auf Klüften Turmalin und U-Mineralien. Vorkommen: Straße zum Feldberg, Feldberg-Caritashaus, Menzenschwand.
- Hochfirstgranit (mittelkörniger rötlicher Zweiglimmergranit); Mineralbestand: s. Bärhaldegranit, Turmalinsonnen; Vorkommen: Hochfirst.
- Malsburggranit (mittelkörniger Biotitgranit); Mineralbestand: langprismatischer Plagioklas, (An 0–35); xenomorpher Kalifeldspat, Quarz, Biotit, Hornblende; Vorkommen: Steinbrüche um Malsburg und in Sitzenkirch-Käsacker.
- Schluchseegranit (grobkörniger Biotitgranit, in der Übergangsfazies zum Bärhaldegranit auch Muskovit); ist mit dem Bärhaldegranit zusammen entstanden und bildet mit ihm das Bärhalde-Schluchseepluton; Mineralbestand: Kalifeldspat, Quarz, Plagioklas (An 13–22), Biotit; Vorkommen: Schluchsee; Straße Schluchsee – Häusern.
- Urseegranit (feinkörniger rötlicher Zweiglimmergranit); Mineralbestand: Kalifeldspat, Plagioklas (An 3–5), Quarz, Muskovit, spärlich Biotit); Vorkommen: Strasse Lenzkirch-Fischbach.
- Granit von Bad Säckingen (aplitischer rötlicher Zweiglimmergranit); Mineralbestand: Reichlich Quarz, rötlicher Kalifeldspat, Plagioklas (An 5–15), Biotit, Muskovit. Vorkommen: N Bad Säckingen.

Urseegranit, Hochfirstgranit und Bärhaldegranit werden in der Geol. Übersichtskarte 1:200.000, Blatt CC 8710 Freiburg Süd zum Bärhaldegranit zusammengefasst.

Aplitgranit: klein- bis mittelkörniges hellrosa bis weißliches Gestein aus Quarz, Feldspat, Muskovit und meist zersetztem Biotit. Ein größeres Vorkommen befindet sich zwischen der BLZ und dem Malsburger Granitpluton.

Tabelle 4. Zusammenstellung der Granite des SSK. Nach Maus & Renk (1981). f = feinkörnig; k = kleinkörnig; m = mittelkörnig; g = grobkörnig; def. = deformiert; P = Porphyroblasten.

Gestein	Farbe	Struktur	Textur	Biotit	Muskovit	Einschl.	Pegm. Schlieren
Albtalgranit	hellgrau	g, P		x		x	x
Bärhalde-granit	rötlich	m–g, (P)		x	x		
Hochfirst-granit							
Hauenstei-nergranit	lichtrosa	f–m,(P)	def.	x	x		
Klemmbach-Schlächte-hausgr.	weiß-grau	k–m	def.	x	x		
Lenzkirch-Steina-Granit	hellgrau	k–m, P	def.	x		x	
Malsburg-granit	grau/ rötl.	m, P		x			x
Münster-haldengranit	weißlich	m, P	def.	x	(x)		
St. Blasien Granit	grau/ rosa	k–m, (P)	def.	x		x	
Schluchsee-granit	weiß-grau	g, P		x	(x)		x
Urseegranit	braunrot	f		(x)	x		x

Tabelle 5. Chemismus der Granite des SSK. Nach Schleicher (1976), hier auf die Hauptbestandteile beschränkt.

%	St.Blasien Granit	Albtal-granit	Schluch-see-granit	Bär-halde-granit	Hoch-first-granit	Mals-burg-granit	Münster-halden-granit
SiO_2	67,45	68,53	71,30	75,45	75,11	68,35	69,10
TiO_2	0,55	0,56	0,23	0,07	0,06	0,47	0,51
Al_2O_3	15,74	15,12	14,25	13,55	13,65	15,25	15,00
Fe_2O_3	3,23	3,16	2,53	1,21	1,31	2,74	0,91
MgO	1,43	1,60	0,72	0,17	0,20	1,48	1,61
CaO	2,03	2,27	1,05	0,31	0,26	1,84	1,33
Na_2O	3,42	3,49	3,28	3,32	3,17	3,65	3,70
K_2O	4,38	4,63	5,32	5,01	5,00	4,88	5,07
P_2O_5	0,25	0,27	0,12	0,19	0,20	0,19	0,33

Vergleicht man die Analysen der verschiedenen Granite, so zeichnen sich der Bärhalde-, Hochfirst- und Schluchseegranit durch einen hohen SiO_2-gehalt aus. Sie sind nach Schleicher (1976) postoroge Differentiate und entstammen stabilen tiefen Magmenkammern in der unteren Kruste. Dagegen haben der Münsterhalde-, Albtal-, St. Blasien- und Malsburggranit mehr einen granodioritischen Chemismus, der wahrscheinlich durch Aufschmelzung der umgebenden Gesteine bei der Platznahme entstanden ist.

Spätvariszische Granitporphyre
Sie durchschlagen in steil stehenden Gängen das umgebende Granit- und Gneisgebirge. Die Gänge streichen NW-SE und erreichen eine Länge von über 10 km, haben im Durchschnitt eine Mächtigkeit von 50 m. Größere stockförmige Granitporphyre begleitet von einem Schwarm kleinerer Granitporphyrgänge befinden sich bei Blasiwald südlich des Schluchsees, NE Herrischried und südlich Höchenschwand. Sie sind im Gegensatz zu den Granitporphyrgängen der Nordschwarzwälder Granite und des Triberger Granits Produkte einer eigenständigen magmatischen Phase. Gemeinsames Kennzeichen sind häufig Einschlüsse von Gneisen und anderen Gesteinen des tieferen Grundgebirges. Schleicher (1984a) nimmt auf Grund geochemischer und isotopengeochemischer Kriterien an, dass die Granitporphyre des Südschwarzwaldes Produkt einer erneuten anatektischen Aufschmelzung von Krustenmaterial nach Abschluss des orogen-magmatischen Hauptzyklus sind.

Über das Alter der Gneise und Granite des SSK lassen sich folgende Aussagen machen. Chen et al. (1999) ermittelte durch radiometrische Messungen ein Zirkonalter an den Wehra-Wiesental-Paragneisen von 347–349 Ma und an den Ganggraniten von 341–344 Ma; Kalt et al. (1994) ein U-Pb-Alter an Anatexiten des Steinbruchs Wickartsmühle von 333 ± 1 Ma; Schaltegger (2000) ein $^{207}Pb/^{206}Pb$-Alter am Albtal und St. Blasien Granit von 333 ± 2 und 334 ± 3 Ma, am Bärhalde-Schluchseegranit von 332 ± 3 Ma. Grob gesehen fallen alle Gesteinsbildungen radiometrisch ins Unterkarbon. Verglichen mit den Nordschwarzwälder Graniten sind die Südschwarzwälder Granite radiometrisch älter.

Exkursionsaufschlüsse:
Schluchsee: Schluchseegranit, XIX/2; Häusern: Granitporphyr, XIX/3; St. Blasien: St. Blasier Granit + Granitporphyr, XIX/4; Tiefenstein: Albtalgranit, XIX/11; Albbruck: Hauensteingranit, XIX/10. Badenweiler-Schweighof: Klemmbach-Granit, XVII/2; Badenweiler-Schweighof: Malsburggranit, XVII/3; Utzenfeld: Münsterhaldengranit, XVII/15; Feldberg, Straße: Bärhaldegranit, XV/8; Feldberg, Caritashaus: Bärhaldegranit, XV/10.

Lit.: Chen et al. (1999, 2000); Hann & Sawatzki (1998, 2000); Kalt et al. (1994, 2000); Lämmlin (1981); Loeschke & Güldenpfennig (1998); Maus & Renk (1981); Metz & Rein (1958); Sawatzki (2004); Sawatzki et al. (1997); Schaltegger (2000); Schleicher (1976, 1984a); Stenger et al. (1989); Vaida et al. (2000).

3 Rotliegendtröge und Permischer Vulkanismus

Während des Unter- und Mittelperms war das variszische Gebirge im Schwarzwald Hebungs- und Senkungsgebiet. Die Senken waren innerhalb des Moldanubikums im Gegensatz zur saxothuringischen Zone schmal, eher flach und verliefen SW–NE. Die Baden-Badener-, Offenburger-Teinacher-, Schramberger- und Breisgau-Senke waren voneinander durch die Nordschwarzwälder- und Oberrheinische Hauptschwelle getrennt.

Während der Permzeit füllten sich die Senken mit Abtragungsmaterial der Hochgebiete. Die Bergleute nannten diese Schichten wegen der rötlichen Fär-

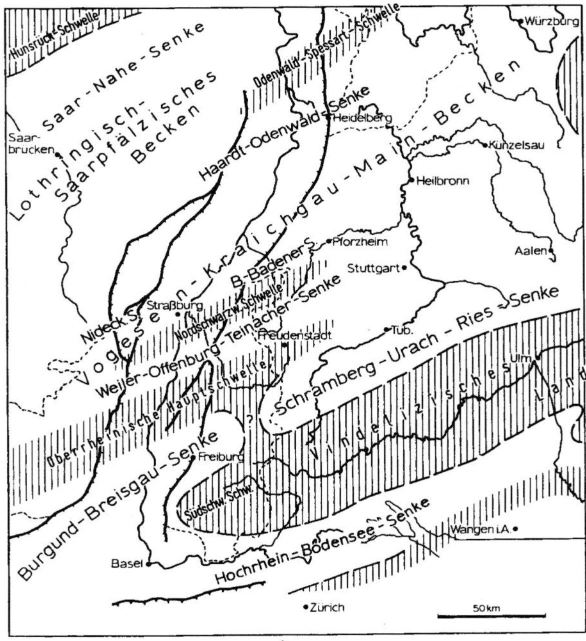

Abb. 22. Die Rotliegendsenken im Schwarzwald. Aus Geyer & Gwinner (1991)

bung und der stratigraphischen Lage unter dem Mesozoikum Rotliegendes. Es herrschten während des Unterrotliegend mehr humide, im Oberrotliegend aride Bedingungen. Hauptsächliche Gesteine sind im Unterrotliegend graue glimmerreiche Arkosesandsteine bis dunkle Tonsteine. Im Oberrotliegend herrschen rote bis braunrote Farben vor. Wichtige Gesteinstypen sind hier lockere Fanglomerate und Tonsteine, in denen Gesteinskomponenten des Untergrunds wie Granit und Quarzporphyr enthalten sind. Während das Unterrotliegend den tiefsten Teil der Becken ausfüllt und im Allgemeinen konkordant über den oberkarbonischen Sedimenten liegt (Baden-Badener- und Offenburger Mulde), greift das Oberrotliegend in weiten Teilen auf das kristalline Grundgebirge über.

Durch die leichte Verwitterung der klastischen Sedimente bildet das Oberrotliegend eine sanfte Hügellandschaft, rundliche Prallhänge in Flussläufen wie am Lieblingsfelsen bei Gaggenau-Hörden oder tiefe Schluchten wie die Wolfsschlucht bei Baden-Baden-Ebersteinburg. Sie erreichen in der Baden-Badener Mulde eine Mächtigkeit von ca. 200 m und zeichnen sich durch eine zyklische Wechselfolge von grobklastischen (Fanglomerate) und feinklastischen Ablagerungen (Tonsteine und -schiefer) rötlicher Färbung aus. Schon von Eck (1892) untergliederte das Oberrotliegend in 4 Konglomerat- und 3 trennende Schiefertonhorizonte.

Zwischen dem Unter- und Oberrotliegend kam es zu einem ausgedehnten rhyolithischen Vulkanismus mit Tuffen, Ignimbriten, Decken- und Spaltenergüssen. Die vulkanischen Ausbruchszentren reihen sich entlang der Schwarzwaldrandverwerfung in NNE-Richtung an, d. h. schon im Perm war die Störungszone Oberrheingraben vorhanden.

Das von Norden herkommende Zechsteinmeer reichte zwar, was Tiefbohrungen bestätigen, bis in den Bereich des Nordschwarzwaldes, ist aber dort nicht aufgeschlossen. Deutlich aufgeschlossen sind marine Ablagerungen erst weiter nördlich im Odenwald. Im Nordschwarzwald begegnen wir der Tigersandsteinformation, die heute zur terrestrischen Randfazies des Zechsteinmeeres gerechnet wird.

3.1 Rotliegend und Zechstein

Profil des Rotliegend und Zechsteins:
- Tigersandsteinformation (zT) hellgraue Sandsteine mit Manganflecken.
- Dolomitknauern mit Karneol.
- Oberrotliegend (ro) rötliche lockere Fanglomerate und Tonsteine.
- Quarzporphyrdecken (rQ) Vulkanite.
- Unterrotliegend (ru) graue Arkosesandsteine bis dunkle Tonsteine.

Das Unterrotliegend besteht aus grauen bis braunen glimmerreichen, teilweise kohligen Arkosesandsteinen bis dunklen Tonsteinen. An Fossilien sind Kieselhölzer (*Dadoxylon*) zu nennen. Das Unterrotliegend liegt im Allgemeinen wie z. B. in der Baden-Badener Mulde oder in der Offenburger Senke (Schönberg/Hohengeroldseck) konkordant auf oberkarbonischen Sedimenten, kann aber auch wie im Lierbachtal auf kristallinen Untergrund übergreifen. Der Übergang vom Oberkarbon zum Unterrotliegend ist fließend. Oft ist das Oberkarbon vom Unterrotliegend schwer zu trennen.

Exkursionsaufschlüsse:
Müllenbach bei Baden-Baden: Arkosesandsteine, IV/7; Lierbachtal, Ruliskopf: Arkosesandsteine, VI/4; Kesselberg, Hirzwald: Sandsteine, 20; Schönberg bei der Ruine Hohengeroldseck: Arkosen und Tonsteine, X/10.

Im Gegensatz zum Unterrotliegend enthält das bis etwa 600 m mächtige Oberrotliegend (Bohrung Schramberger Trog) klastisches Material des permischen Vulkanismus, vor allem in der Nähe von vulkanischen Ausbruchszentren. Als Vorkommen sind im Nordschwarzwald die Baden-Badener Mulde, im Mittelschwarzwald der Schramberger Trog und im Südschwarzwald die Weitenauer Vorberge zwischen Kandern und Schopfheim zu nennen. Das Oberrotliegend ist eine Wechselfolge von meist lockeren Fanglomeraten (gröbere Arkosen, Konglomeraten, Brekzien) und tonigen Stillwassersedimenten. Die Schüttungen kamen vom Süden, d. h. die Gerölle werden nach Süden hin gröber und die Tonlagen schwächer. Die Grundfarbe ist gegenüber dem Unterrotliegend durchweg rötlich, ein Zeichen des ariden Klimas. Infolge des unsortierten Materials der gröberen Sedimente deutete Sittig (1974) sie als Fanglomerate, entstanden im ariden Klima durch sintflutartige Regengüsse. Stellenweise sind auch Regengüsse, die mit vulkanischen Eruptionen einhergingen, anzunehmen (B. Battertfelsen bei Baden-Baden).

Sittig (1974) unterscheidet in der Baden-Badener Senke 4 Schüttungen (F1 bis F4), die mit Brekzien beginnen und in feinen Sand- und Tonsteinen (T1 bis T3) ausklingen. Die Tonsteinfolge 3 tritt nur stellenweise wie am Scheibenberg zwischen Michelbach und Sulzbach auf. Meist geht die Fanglomeratfolge F2 fließend in F 3 über. Das Obere Rotliegend hat in der Baden-Badener Senke eine Mächtigkeit von ca. 200 m.

Fanglomeratfolgen

Es sind überwiegend lockere ungeschichtete grobkörnige Arkosen, Brekzien bis Konglomerate mit toniger rötlicher Grundmasse. Auffällig sind schicht- bis fladenförmige, auch kreisrunde helle Entfärbungszonen. Die Fanglomeratfolgen 1 bis 3 bilden zusammen mit der Tonsteinfolge 1 im Allgemeinen eine sanfte Hügellandschaft und rundliche Felsformen. Die Fanglomeratfolgen können aber auch verkieselt wie bei Gaggenau eine Felsgalerie, oder Gesteinsklip-

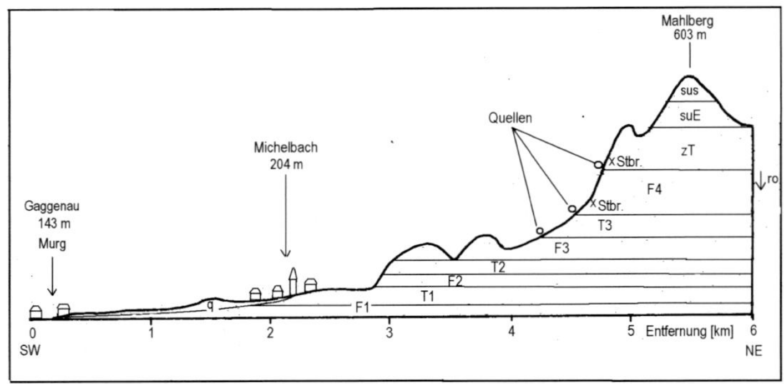

Abb 23. Schematisches Profil des Oberrotliegend auf der Route Gaggenau-Michelbach-Malberg. Nach eigenen Aufnahmen.

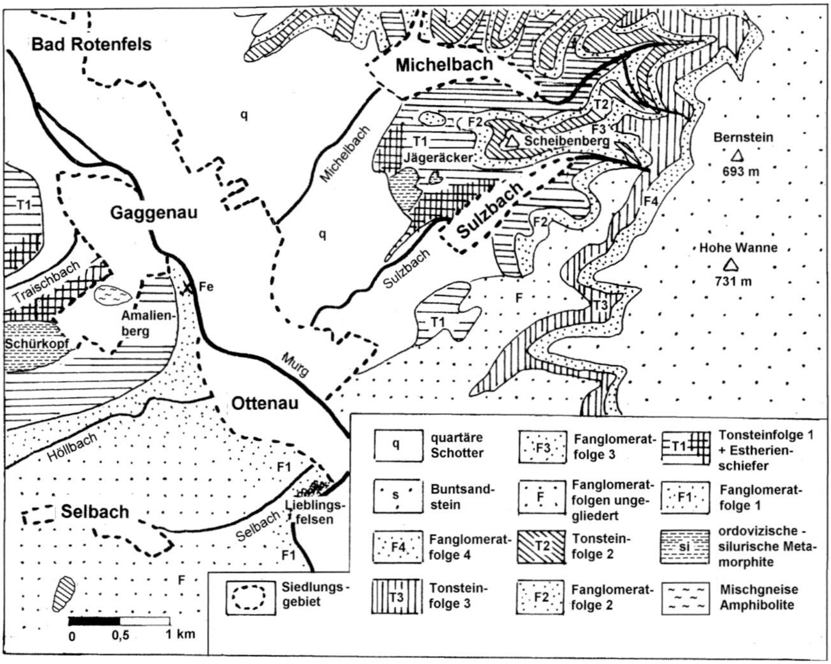

Abb. 24. Karte des Rotliegend um Gaggenau. Nach Sittig (1974).

pen wie bei Baden-Baden die Battertfelsen, bei Ebersteinburg den Verbrannten Fels und bei Bad Herrenalb den Falkenstein bilden (Farbbilder 20–23).

Tonsteinfolgen
Es sind 3 Horizonte aus rötlichen Ton- bis feinkörnigen Sandsteinen. Sie schließen die jeweiligen Fanglomeratfolgen ab. Während die Fanglomerate chaotische Ablagerungen von sintflutartigen Regengüssen sind, handelt es sich bei den Tonsteinfolgen um nach den Regenperioden übrig gebliebene Stillwassersedimente. Die Tonsteinfolge 1 im Traisbachtal enthält Estherien und Kohleschmitzen.

Die klastische Sedimentfolge des Oberrotliegend wird im Hangenden im Nord- und Mittelschwarzwald durch einen 3–6 m mächtigen Karneoldolomit abgeschlossen (Fundstellen von fleischroten Karneolen z. B.: Reinerzau oberhalb dem Gasthof Auerhahn; Schlossberg bei Schramberg).

Im Südschwarzwald kommt das Oberrotliegend vor allem in der Weitenauer Vorbergzone bzw. Schopfheimer Bucht vor und erreicht dort eine Mächtigkeit von 200 m. Nach Metz & Rein (1958) und Geyer & Gwinner (1991) wird das Oberrotliegend unterteilt in:

- Obere Abteilung (Arkosereiche Fazies)
  Rötlich-violette Arkosen mit Dolomitknauern (60–70 m)
- Mittlere Abteilung (Tonige Fazies)
  Tiefrote tonige, teilweise schwachkarbonatische Sandsteine (über 100 m)
- Untere Abteilung (Fanglomeratisch-grobklastische Fazies)
  rote bis violette Arkosen, Sandsteine und Geröllagen (bis 40 m).

Exkursionsaufschlüsse:
Gaggenau, Felsgalerie an der Murg: F1, III/8; Gaggenau, Traisbachtal: T1, III/7; Ottenau, Straßenaufschluss: F1, III/9; Hörden, Lieblingsfelsen, Prallhang an der Murg: F1, III/10); Loffenau, Hügellandschaft: F2/F3, III/11; Loffenau; Straßenaufschluss: F4, III/12; Michelbach, Steinbruch: F4, III/5; Michelbach, Straßenaufschluss: T3, III/6; Baden-Baden, Battertfelsen: F3, IV/4; Ebersteinburg, Verbrannter Fels: F3, IV/3; Ebersteinburg, Wolfsschlucht: F3, IV/2; Schramberg, Schlossberg: F4, XIII/1; Schopfheim: Oberrotliegend, XXI/1.

Die Tigersandsteinformation rechnete man früher zum Unteren Buntsandstein. Da der marine Zechstein in Heidelberg und der Tigersandstein im Schwarzwald unmittelbar über den Dolomit-/Karneolschichten des obersten Rotliegend aufsitzt, ist daraus zu schließen, dass die Tigersandsteinformation im Schwarzwald ein zeitliches Äquivalent des Zechsteins sein muss. Untermauert wird diese Ansicht durch Gammastrahlungsmessungen und magnetochronographische Untersuchungen am Zechstein und Tigersandstein (vgl. dazu auch Dachroth 1976). Seit den Beschlüssen der Nationalen Subkommission Perm/Trias 1993 stellt man die Tigersandsteinformation zum Randbereich des Zechsteinmeeres. Die Ablagerungen sind weitgehend terrestrisch. Es herrschte arides heißes Klima vor.

Die Tigersandsteinformation untergliedert sich wie folgt nach Eissele (1966):
- Weißer karbonatischer Quarzsandstein mit dunklen Fe, Mn-Flecken.
- Roter toniger Feinsandstein (Bröckelschiefer): Anreicherung von Muskovitplättchen an den Schichtflächen.
- Basiskonglomerat: hellgraue bis rötliche Quarzsandsteine; an der Basis Grobschüttungslagen aus dem Rotliegenden.

Die Bezeichnung „Tigersandstein" rührt von den dunklen Flecken her, die für ihn charakteristisch sind. Jedoch ist die Bezeichnung nicht ganz richtig, da Tiger dunkle Streifen auf ihrem Fell haben. Die dunklen Flecken entstanden durch Lösung von Mangan- und Eisenkarbonaten, Oxidierung und Ausscheidung von Hydroxiden und Oxiden. Die Bleichung des Tigersandsteins erfolgte wohl durch vorübergehende Ausspühlung von Eisenoxiden durch Wasser. Der Tigersandstein keilt im Mittelschwarzwald und der Bröckelschiefer im Nordschwarzwald aus.

Exkursionsaufschlüsse:
Kübelkopf oberhalb von Michelbach bei Gaggenau, Steinbruch: Tigersandstein,III/4; Wittichen, Geopfad: Tigersandstein/Buntsandstein, X/2, Station 4.
Aufschlüsse, nicht bei den Exkursionen berücksichtigt: Bad Herrenalb in Baugruben: Klassischer Tigersandstein; oberhalb Loffenau, ehem. Steinbruch: Tigersandstein.

3.2 Permischer Vulkanismus

Vereinzelte kleinere vulkanische Tätigkeiten begannen schon im Unterrotliegend in Gallenbach bei Baden-Baden, am Kesselberg zwischen Triberg und St. Georgen sowie auf der Ostseite des Schwarzwaldes in Unterkirnach bei Villingen.

Verstärkt kam es dann zwischen dem Unter- und Oberrotliegend dort, wo sich die Rotliegendsenken mit dem später entstehenden Oberrheingraben kreuzten, auf einer NNE-SSW-Achse zu Tuffablagerungen, denen ausgedehnte rhyolithische Decken-, Spalten- und Glutwolkenergüsse folgten. Zum Ausklang verkieselten hydrothermale Wässer den Quarzporphyrtuff vom Kesselberg und den Quarzporphyr vom Mooswald.

Die Quarzporphyre lieferten in zahlreichen Steinbrüchen auf Grund ihrer Härte und in Ottenhöfen bis heute begehrte Schotter für Straße und Bahn. Highlights für Sammler sind die im Quarzporphyr von Baden-Baden, von Lierbach und Schweighausen vorkommenden Achate.

Maus (1967) untersuchte die zwei markanten Deckenergüsse von Baden-Baden und dem Münstertal. Beide Vorkommen identifizierte er eindeutig als

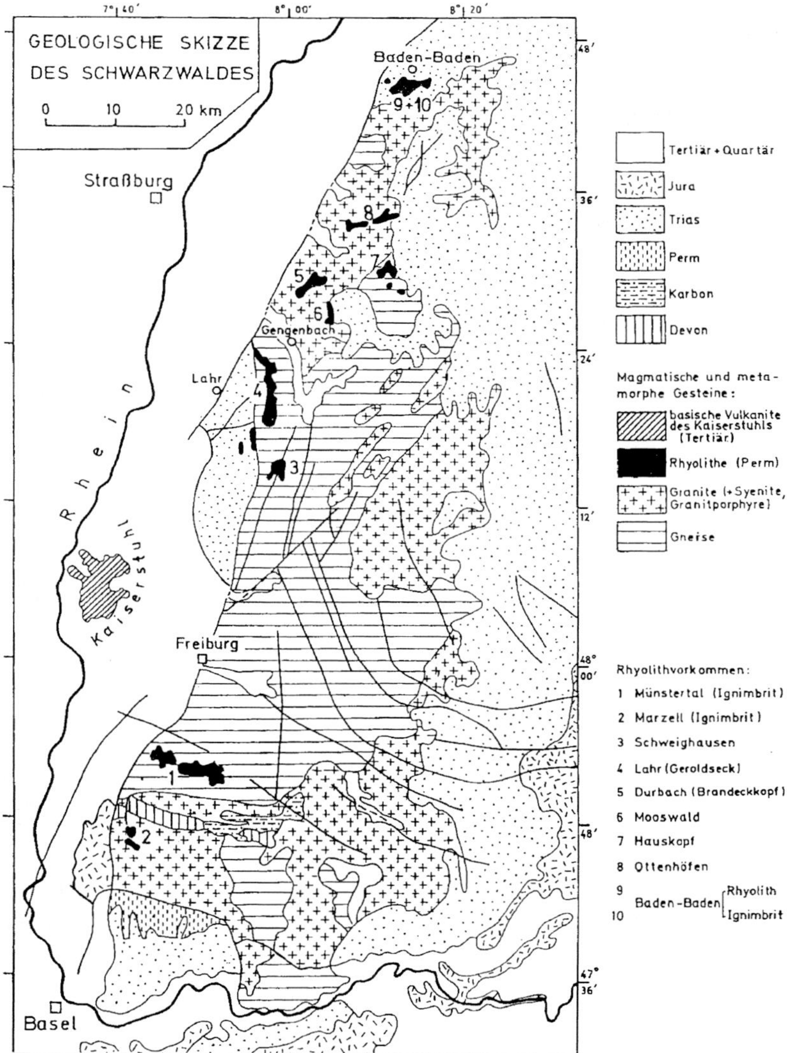

Abb. 25. Geologische Skizze des Schwarzwaldes mit permischen Vulkaniten. Aus Arikas (1986).

Ignimbrite, entstanden bei schneller Druckentlastung gasreicher Magmen. Man kann den Eruptionsvorgang mit dem schnellen Entkorken einer Sektflasche vergleichen.

Rhyolithe und Ignimbrite von Baden-Baden

Die bis zu 80 m hohe Steinbruchwand des Steinbruchs Peter nahe dem Golfplatz von Baden-Baden besteht aus drei übereinanderliegenden teilweise pyroklastischen Porphyrdecken. Die untere ist rotbraun, die mittlere hellgrau bis grünlich, die obere wieder rotbraun. Zeigen die pyroklastischen Porphyre flammenförmig eingeregelte dunkelgraue bis rotbraune Fladen (ehemalige Obsidian- und Lavafetzen), so handelt es sich um Ignimbrite (Farbbild 16). Auffällig sind Sanidineinsprenglinge, Zeugen eines Hochdrucks in den mittleren hellen Partien und Albiteinsprenglinge bei Druckentlastung in den oberen rotbraunen Partien des Ignimbrits. Abgebaut wurde vor allem die zentrale kompakte feinkörnige graugrüne Quarzporphyrmasse. Sie enthält Quarzeinsprenglinge und Pinit, ein durch Zersetzung von Cordierit entstandener Serizit. Arikas (1986) nimmt Pyroxen als Edukt für den Pinit an. Die Quarze zeigen gerundete Kanten und Ecken. Sonst kommen noch Einschlüsse von Gneis, Granit, Quarzit, Arkosen vor. Früher konnte man im Steinbruch schöne Achate finden.

Neben dem Ignimbrit/Rhyolith des Steinbruchs Peter existieren noch weitere rhyolitische Deckenergüsse im Gebiet von Lichtental, Geroldsau, Yburg südlich Baden-Baden und die Porphyrdecke um Gallenbach im Südwesten. Es handelt sich um rötliche bis helle dichte Gesteine mit korrodierten Quarzeinsprenglingen und zahlreichen Pinitpseudomorphosen. Sie werden deshalb auch als Pinitporphyr bezeichnet. Stratigraphisch ist der Deckenerguß Lichtental-Geroldsau-Yburg dem Oberrotliegend, der Porphyr von Gallenbach dem Unterrotliegend zuzuordnen.

Rhyolithe und Ignimbrite von Münstertal und Marzell

Bei dem Münstertaler Porphyr um den Scharfenstein und bei Marzell handelt es sich ebenfalls um Deckenergüsse von ignimbritischem Charakter. Der Münstertäler Rhyolith erreicht eine Mächtigkeit von 250 m. Er besitzt eine graugrüne Färbung und zeigt am Scharfenstein eine säulige Ausbildung, die vom Liegendkontakt ausgeht (Farbbild 15). Er ist unter den permischen Deckenporphyren der Einsprenglingsreichste (ca. 40%). Es sind korrodierte Quarze und Plagioklase, vornehmlich Kristallisate aus der Schmelze. Die Grundmasse ist sehr feinkörnig. Auffällig sind eingeregelte Fladen, die sich an Kristalle und Fremdeinschlüsse anschmiegen. Fremdeinschlüsse sind Gneise, Quarzporphyr, Granitporphyr, Lamprophyr, Gangquarz und Grauwacken. Ähnlich ausgebildet ist der Rhyolith von Marzell.

Die Rhyolithe von Schweighausen

Die Rhyolithe vom Hohen Geisberg, Lindenrain und Weissmoos sind meist bräunliche, seltener helle einsprenglingsarme Mandelporphyre mit Fließstruktur. Die überwiegend aus Quarz und Feldspat bestehende Grundmasse ist felsitisch. Als Einsprenglinge kommen Feldspat, Biotit, akzessorisch Apatit, Zirkon und Rutil vor. In den Mandeln bildeten sich Karneol und die blau bis rot gebänderten Achate, die zu den schönsten Achaten des Schwarzwaldes zählen (Farbbild 19).

Die Rhyolithe von Lahr

Sie kommen 8 km östlich von Lahr um die Ruine Hohengeroldseck vor und reichen bis nach Diersburg. Es sind einsprenglingsarme dunkle bis rötliche Gesteine. Einsprenglinge sind Quarz, Feldspat, Biotit, akzessorisch Apatit, Zirkon und Rutil. Der aufgelassene Steinbruch im Waldgebiet „Binzenbühl" bei Diersburg weist eine klassisch schöne Säulenstruktur auf (Farbbild 13).

Die Rhyolithe von Durbach

Die Rhyolithe östlich Durbach am Brandeckkopf bilden eine ausgedehnte Decke. Das Gestein besteht aus einer feinkörnigen Grundmasse und ist arm an Einsprenglingen (Quarz und seriziertem Plagioklas).

Der Rhyolith von Mooswald

Er wird infolge der parallelen, gebogenen und gefalteten Texturen als Zufuhrkanal angesehen. Er ist 6 km NE Gengenbach in einem ehemaligen Steinbruch aufgeschlossen. Die nachträgliche Verkieselung ist schon makroskopisch sichtbar.

Die Rhyolithe von Lierbach

Die Rhyolithe östlich und westlich des Lierbachs bilden eine zusammenhängende Decke (Lierbacher Porphyrdecke). Im Steinbruch vom Hauskopf fallen die nahezu senkrechte säulige Absonderung und das gehäufte Vorkommen von bis 20 cm großen Lithophysen (Chalcedonmandeln) auf. Er wird deshalb auch Lithophysenporphyr genannt. Der Rhyolith ist einsprenglingsfrei und besteht fast nur aus Feldspat und Quarz. Die Lierbach-Achate machten ihn bei Sammlern bekannt (Farbbilder 17 + 18).

Die Rhyolithe von Ottenhöfen

Es sind dichte braune, graugrüne bis graublaue feste splittrige Gesteine, die heute im Steinbruch WIBO Schotter- und Edelsplitwerke im Gottschlägtal wegen ihrer hohen Druckfestigkeit (4000–5000 kp/cm^2) für Straßen- und Bahnschotter abgebaut werden. Sie sind allgemein frei von Einsprenglingen. Auf Kluftflächen lassen sich bis 1 cm große blauschwarze Turmaline, teilweise als

Turmalinsonnen finden. Der Steinbruch gehört zum Karlsruher Grat, der heute eine beliebte Kletterroute darstellt. Er ist ein Musterbeispiel für eine Spalteneruption. Sie verläuft SW–NE, spitzwinklig dazu die plattige Absonderung des Rhyoliths (Farbbild 14).

Die Tuffe von Baiersbronn-Obertal
Im Bachbett des Buhlbachs stehen ziegelrote Tuffe an. Es sind permische Glasaschen und haben eine Mächtigkeit von 170 m. Die rote Farbe ist durch feinen Eisenglanz bedingt. Sie enthalten Einsprenglinge von permischen Rhyolithen und Gneisen und sind infolge ihrer Einsprenglinge einer späteren Eruptionsphase zuzuordnen.

Exkursionsaufschlüsse:
Baden-Baden, Leisberg, Steinbruch: Quarzporphyr 1; Baden-Baden, Steinbruch Peter: Ignimbrit, Tuff, IV/5; Baiersbronn-Obertal, Bachbett: Tuff, V/12; Ottenhöfen, Karlsruher Grat: Quarzporphyr, VI/1; Ottenhöfen, Gottschlägtal, Steinbruch WIBO: Quarzporphyr,VI/2; Hauskopf südl. Lierbach, Steinbruch: Lithophysenporphyr, VI/5; Burgruine Hohengeroldseck: Quarzporphyr, X/10; Schönberg, Steinbruch (heute Mülldeponie): Quarzporphyr, X/10; Schweighausen, oberer Geisberg: Mandelporphyr, X/13; Diersburg, im Binzenbühl, Steinbruch: Quarzporphyr, Säulenabscheidung, XI/3; Kesselberg, Hirzwald, Steinbruch (heute Mülldeponie): verkieselte permische Tuffbrekzie, 20; Münstertal, Scharfenstein: Quarzporphyr, Säulenabscheidung, XVI/3; Wutachtal: Quarzporphyrstock, Wanderweg XX, Etappe 3, Station 22.

Tabelle 6. Mittelwerte von Analysen an Rhyolithen und Ignimbriten vom Nordschwarzwald. Nach Aricas (1986). Hier auf die wesentlichsten Bestandteile beschränkt.

	Durbach	Mooswald	Hauskopf	Ottenhöfen	Baden-Baden
SiO_2 (Gew%)	74,2	79,0*	74,5	75,2	75,2
Al_2O_3	12,1	11,3	13,2	13,5	13,6
Fe_2O_3	2,4	0,4	0,8	1,0	0,9
MgO	0,6	0,1	0,1	0,3	0,8
CaO	0,1	0,2	0,1	0,1	0,2
Na_2O	1,0	0,2	0,7	1,0	0,6
K_2O	7,2	8,2	9,3	7,3	6,5
TiO_2	0,2	0	0	0	0
P_2O_5	0	0,1	0	0	0,1
Zr (ppm)	210	5	40	45	30
Ti	1070	60	150	140	95
Ba	420	85	100	170	65
Rb	460	1210	1020	700	580

*Rhyolith vom Mooswald nachträglich verkieselt.

Tabelle 7. Mittelwerte von Analysen an Rhyolithen und Ignimbriten vom Süd- und Mittelschwarzwald. Nach Arikas (1986). Hier auf die wesentlichsten Bestandteile beschränkt.

	Münstertal	**Marzell**	**Schweighausen**	**Lahr**
SiO_2 (Gew%)	67,7	67,3	67,8	69,5
Al_2O_3	14,9	14,7	14,8	14,9
Fe_2O_3	2,9	3,1	4,2	2,4
MgO	1,4	1,6	1,1	0,8
CaO	1,6	1,5	0,4	0,6
Na_2O	2,6	1,7	0,8	1,3
K_2O	5,0	5,4	7,8	7,6
TiO_2	0,6	0,6	0,8	0,5
P_2O_5	0,2	0,2	9,2	0,1
Zr (ppm)	230	230	480	610
Ti	3340	3430	4490	2900
Ba	910	1120	1070	1570
Rb	240	260	270	310

Arikas, K. (1986) untersuchte die permischen Rhyolithe geochemisch und stellte deutlich zwei Gruppen fest:
- Die SiO_2 armen Rhyolithe von Lahr, Schweighausen, Münstertal und Marzell im Süden.
- Die SiO_2 reichen Rhyolithe von Durbach, Mooswald, Hauskopf, Ottenhöfen, Baden-Baden im Norden.

Die Zr-, Ti-, Ba- und Rb-Gehalte als auch die Na-Gehalte liegen bei der südlichen Gruppe deutlich höher. Arikas (1986) schließt aus dem Chemismus der permischen Rhyolithe, dass sie keine Differentiationsprodukte primärer Magmen, sondern durch Anatexis unterer Krustenteile entstanden sind.

Lit.: Arikas (1986); Dachroth (1976); Eck (1892); Maus (1967); Metz & Rein (1958); Sittig (1974).

4 Mesozoisches Deckgebirge

4.1 Buntsandstein

Über das im ausgehenden Perm nahezu abgetragene variszische Gebirge mit seinen aufgefüllten Rotliegendsedimenten transgredierten anschließend die Sande und Konglomerate des Buntsandsteins. Er hat im Nordschwarzwald seine größte Verbreitung und Mächtigkeit. Zum Südschwarzwald hin nimmt die Verbreitung und Mächtigkeit ab. Dieses Gebiet lag auf der Süddeutschen Hauptschwelle, ein Ausläufer der Vindelizischen Landmasse, die im Süden das Germanische Becken umschloss.

Pforzheim	380 m
Freudenstadt	200 m
Schramberg	150 m
Schopfheimer Bucht	40 m
Wutachgebiet	30 m

Man stellt sich das Buntsandsteinbecken im Gebiet des Schwarzwaldes als Aufschüttungsmulde mit leichten Schwellen und Senken vor, die gegen den oberen Buntsandstein hin zunehmend flacher und eingeebnet wurde. Die Beckenachse verläuft NE. Die Schüttung kam von den Ardennen her. Wasser und Wind lagerten flächenhaft riesige Mengen von Sand und Geröll ab, deren Mächtigkeit laufend durch verstärkte Absenkung vergrößert wurde. Fossilien gibt es wenig. Als Pflanzen sind Nadelbäume, Palmfarne und Schachtelhalme zu nennen. Auf eine terrestrische Fauna weisen Fährten von dem Handtier *Chirotherium*, Funde von Panzerlurchen wie z. B. bei Kappel unweit Villingen, Lungenfische und Molukkenkrebse hin. Nur im Obersten Buntsandstein, dem Röt, finden sich Meeresmuscheln. Im Nordschwarzwald bei Durlach und Weiler im Pfinztal wurden im Plattensandstein in Ton-Feinsandlinsen Fische und Krebse gefunden. Auch birgt der Plattensandstein dort an einigen Stellen Pflanzenfossilien (vor allem *Voltzia heterophylla*). Das Klima war wüstenhaft trocken-heiß. Der Sand wurde vom Wind verblasen und Gerölle abgeschliffen (Windkanter). Nach längeren Trockenzeiten folgten kurze heftige Überflutungen, die mit gröberen Schüttungen begannen und mit der Ablagerung von feinklastischem Material endeten. Treten Wellenrippeln und Trockenrisse auf, dann stand das Gebiet längere Zeit unter Wasser. In den Abtragungsgebieten überwog die mechanische Verwitterung, denn die spärlich vorkommenden Feldspäte gelangten nur wenig zersetzt in das Becken. Quarzkörner sind fast der ausschließliche Bestandteil der Buntsandsteine, was auf einen größeren Transportweg hinweist. Die Sandkörner wurden mit einer dünnen Schicht Eisenoxid und -hydroxid überzogen, die dem Gestein eine rötliche Färbung geben. Das Eisen stammt u. a. durch die Verwitterung eisenhaltiger Mineralien. Die gelegentlich auftretenden Kugeln im Sandstein, die bis 10 cm erreichen, sind ehemalige kugelige Konkretionen von Braunspat (Ca, Mg, Fe, Mn)CO_3. Diese Horizonte werden als Kugelsandstein bezeichnet. Die Kugelfüllungen sind meist herausgewittert und hinterließen kugelige Hohlräume im Sandstein. Die stellenweise auftretenden dunklen Flecken sind Mangan- und Eisenreste ehemaliger Konkretionen von Braunspat, die bei der Verwitterung zurückblieben. Die in den Sandsteinen häufig vorkommenden Tongallen sind zu Scherben zerfallene Tone, wie sie beim Austrocknen von Schlammpfützen entstehen.

Die Flüsse im Schwarzwald schnitten sich tief in die Buntsandsteindecke ein. Der geröllfreie Bausandstein bildet hauptsächlich die Flanken der Täler, die Stirn das Hauptkonglomerat und die Hochebenen der Plattensandstein. Die Talhänge sind oft mit mächtigem Gehängeschutt und Blockmeeren bedeckt.

Auf den durchlässigen Sandsteinen bildeten sich podsolige Böden, die weithin mit Tannen bewachsen sind. Auf den Hochflächen existieren Rodungsinseln, auf denen Ackerbau betrieben wird. Der tonhaltige Plattensandstein ist weniger durchlässig und es bildeten sich oft staunasse Gleyböden.

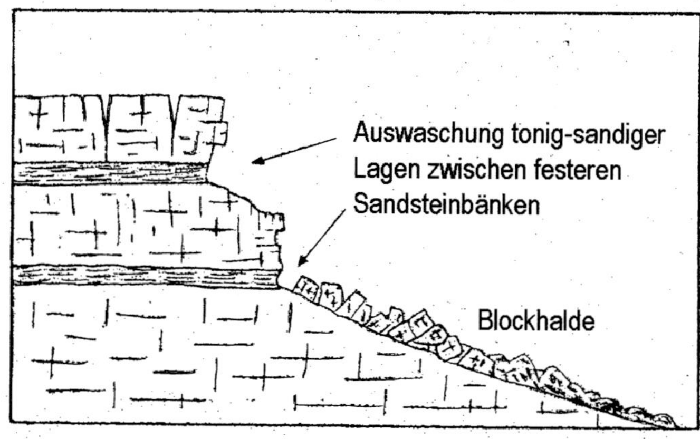

Abb. 26. Bildung von Blockmeeren. Aus Metz (1977).

Im Nordschwarzwald, wo die Buntsandsteinfolge vollständig ausgebildet ist, teilte Eck (1875) den Buntsandstein erstmals ein. Auf dieser Grundlage beruht auch heute noch die Gliederung. Jedoch beginnt der Buntsandstein seit der Entscheidung der nationalen Subkommission Perm/Trias (1993) erst ab dem Eck'schen Konglomerat, vgl. auch Lepper (1993). Da die alte Gliederung auch heute noch häufig in der Literatur und an geologischen Lehrpfaden zu finden ist, soll sie hier der neuen Gliederung gegenübergestellt werden.

Buntsandsteinprofile

nach Eck (1875) und Metz (1977)		seit 1993	
Rötton (sor) Plattensandstein (so)	Oberer Buntsandstein	Röt (sot) Plattensandstein (sos)	Oberer Buntsandstein
Karneoldolomit		Karneolhorizont	
Hauptkonglomerat (smc2) Mittlerer geröllfreier Buntsandstein oder Bausandstein (smb)	Mittlerer Buntsandstein oder Hauptbuntsandstein	Kristallsandstein (sms) Oberer Geröllhorizont (smg)	Mittlerer Buntsandstein
		Bausandstein (sus)	Unterer Buntsandstein
Eck'sches Konglomerat (smc1)		Unterer Geröllhorizont (suE)	
Tigersandstein (su)	Unterer Buntsandstein	Tigersandstein (zt)	Zechstein

4.1.1 Unterer Buntsandstein (su)

Unterer Geröllhorizont (Eck'sches Konglomerat)
(im Norden bis 50 m; im Süden 0 bis 15 m mächtig)

Der untere Geröllhorizont leitet den Unteren Buntsandstein ein. Er ist meist wenig verkittet und zerfällt leicht. Die Zusammensetzung ist mannigfaltiger als beim oberen Geröllhorizont. Die Quarzgeröllen sind hier wie dort am häufigsten. Daneben finden sich Granite, Gneise, Porphyre, Sandsteine und schwarze Kieselschiefer. Der Gerölldurchmesser nimmt von Süden (bis faustgroß) nach Norden ab, wo der untere Geröllhorizont mehr als grobkörniger lockerer, bröseliger Sandstein auftritt und Ähnlichkeit mit den Rotliegendsedimenten hat. Aufgeschlossen ist er vor allem in der Talsole des Nagoldtales. Nennenswert sind die Kugelhorizonte bei Schramberg, am Mehliskopf bei Hundseck und am Bernstein oberhalb Gaggenau-Sulzbach. Nach dem Konglomerat folgen fein bis grob geschichtete fluviatile Sedimente mit Schräg- und Kreuzschichtung, Strömungsmarken und limnische Sedimente mit bunter Feinschichtung, Rippelmarken, Netzleisten (fossile Trockenrisse) und Einlagerungen von Tongallen. Sehenswert ist dieser Bereich am Beutelstein bei Bad Liebenzell, in Bad Teinach am Bahnhof und am Vogelskopfweg in der Nähe des Ruhesteins an der Schwarzwaldhochstrasse aufgeschlossen. Die Erosion schuf unterhalb des hangenden festeren Bausandsteins Höhlen wie das „Große Loch" auf der Teufelsmühle oberhalb von Loffenau. In den Steinbrüchen Baiersbronn-Heselbach und im Groppertal nördlich Villingen liegt der untere Geröllhorizont direkt auf den Paragneisen. Aufgrund des Auftretens von Kieselschiefern, die im Schwarzwald nicht vorkommen, nimmt Metz (1977) als Liefergebiet das Vindelizische Massiv an (Farbbilder 24–28).

Exkursionsaufschlüsse:
Loffenau, großes Loch: Quelltrichter im su, 6; Gaggenau-Sulzbach, Bernstein: Kugelsandstein im su, 5; Bad Liebenzell, Beutelstein: Bunte Schichtung im su, VII/3; Bad Teinach, Bahnhof: su, VII/5; Schwarzwaldhochstraße, Ruhestein, Vogelskopfweg: stratigrafisch: Bausandstein, sedimentär eher Unterer Geröllhorizont, V/13; Baiersbronn-Heselbach: Auflagerung von su auf Paragneisanatexit, V/9; Schramberg, Schlossberg, Geopfad: Su, XIII/1; Villingen, Groppertal: Auflagerung von su auf Paragneis, XIII/10.

Unterer geröllfreier Buntsandstein (Bausandstein)
(im Norden bis 200 m mächtig; im Süden nicht vorhanden)

Zwischen dem Oberen und Unteren Geröllhorizont schiebt sich ein geröllfreier braunroter Sandstein, der sogenannte Bausandstein, früher im Schwarzwald ein beliebter Werkstein, der leicht zu bearbeiten war. Er zeigt im Nordschwarzwald die größte Mächtigkeit (Farbbild 29).

Der Bausandstein besteht meist aus mittelkörnigen monotonen Sandsteinen und bildet im Allgemeinen dicke Sandsteinbänke, die durch dünne Tonschichten voneinander getrennt sind. Die Klüftung ist sehr unregelmäßig. Der untere Bereich präsentiert sich stellenweise als Kugelsandstein. Schicht- und Kluftflächen sind oft mit ausgeschiedenen Brauneisen- und Manganüberzügen überzogen. Nach Süden keilt er gegen den Südschwarzwald hin aus. Am Schlossfelsen in Schramberg geht der untere Geröllhorizont direkt in den oberen – über, der Bausandstein fehlt. Hin und wieder wurden Wirbeltierreste gefunden. Da im Bausandstein fluviatile Strukturen fehlen, ist anzunehmen, dass er mehr ein Ablagerungsprodukt des Windes darstellt. Die Bausandsteine sind an den Talhängen oft von Geröllen des hangenden oberen Geröllhorizontes überdeckt. Aufgeschlossen ist der Bausandstein z. B. in der Talsohle des Enztales, im Gebiet Hornisgrinde an der Schwarzwaldhochstraße und in den nördlichen Schwarzwälder Vorbergen bei Lahr.

Exkursionsaufschlüsse:
Bad Herrenalb-Kullenmühle: Kluftung im Bausandstein, III/1; Neuenbürg, Abzweigung nach Waldrennach und Bahnhof: Bausandstein VIII/4; Eichelberg bei Gagge-

nau-Rotenfels: Bausandstein, Oberer Geröllhorizont, 3; Schwarzwaldhochstraße, Mummelsee: Karwand im Bausandstein, V/17; Lahr: Bausandsteinbruch in Betrieb. X/11.

4.1.2 Mittlerer Buntsandstein (sm)

Oberer Geröllhorizont (Hauptkonglomerat)
(im Norden bis 60 m; im Süden bis 10 m mächtig)

Der Mittlere Buntsandstein besteht vor allem aus dem Oberen Geröllhorizont, auch Hauptkonglomerat genannt. Er enthält bis 3 cm große weiße milchige Quarzgerölle, in der schwäbischen Mundart als Gaggele bezeichnet. Er präsentiert sich als eine Wechselfolge von fein- bis grobkörnigen rötlichen dick- bis feingebankten Sandsteinen mit Gerölleinschaltungen. Stellenweise auftretende Schräg- und Kreuzschichtung weisen auf fluviatile Ablagerungen hin. Die Strömung erfolgte von SW nach NE. Er ist verkieselt und bildet im oberen Teil der Talhänge Felskanzeln, Steilstufen und Blockmeere unterhalb der Steilstufen. Bekannte Felskanzeln: Beilfels bei Liebelsberg/Neubulach; Falkenstein bei Hirsau; Gimpelstein bei Calw. Eine eindrucksvolle Kreuzschichtung ist am Stubenfelsen oberhalb Kentheim zu sehen. Auf der Hochfläche der Hornisgrinde bildete sich auf dem wasserundurchlässigen Geröllhorizont ein Hochmoor.

Exkursionsaufschlüsse: Freudenstadt, Stadtstbr.: Oberer Geröllhorizont, geröllfrei (Kieselsandstein?), Baryt und Erze auf Klüftung, IX; Schwarzwaldhochstraße, Hornisgrinde: Hochmoor auf oberem Geröllhorizont, V/18; Kentheim, Stubenfelsen: Kreuzschichtung, VII/4; Schramberg, Schlossberg, Geopfad: Oberer Geröllhorizont auf unterem Geröllhorizont, XIII/1.

Kristallsandstein
(bis 20 m mächtig)

Das Hangende des oberen Geröllhorizonts besteht aus einem geröllfreien Sandstein. Dieser ist stark verkieselt und glitzert in der Sonne. Er wird deshalb auch Kristallsandstein genannt. In Dobel wurde er auf Grund seiner Härte zu Mühlsteinen verarbeitet.

Exkursionsaufschlüsse:
Dobel, Volzemer Stein: Kristallsandstein, Blockzerfall, VII/ 9; Ettlingen, Spinnerei, Kälberkopf, ehem. Steinbruch: Kieselsandstein, VII/10.

4.1.3 Oberer Buntsandstein (so)

Karneolhorizont
(0,5 bis 1 m mächtig)

Der Obere Buntsandstein beginnt mit einem geringmächtigen violetten Dolomit-Karneol-Horizont. Er stellt einen fossilen Bodenhorizont dar. Die fleischroten Karneole und Jaspise wie sie bei Baiersbonn (Elmehütte) und Freudenstadt (Jaspishütte) vorkommen, wurden früher zu Schmucksteinen geschliffen.

Aufschluss: Wutachtal: Felsanschnitt aus fossilem Boden mit Karneol unter Plattensandstein, Wanderweg XX, Etappe 2, Station 18.

Plattensandstein
(im Norden bis 40 m; im Süden 0 bis 15 m mächtig)

Die Hochfläche der gesamten Buntsandsteinfolge bildet der Plattensandstein. Er ist feinkörnig; Glimmer auf den Schichtflächen bewirken eine plattige Absonderung. Trockenrisse und Wellenrippeln zeugen von einer zeitweisen limnischen Wasserbedeckung. Drei Violette Horizonte weisen auf eine Unterbrechung der Sedimentation und Bodenbildung hin. Der Plattensandstein wurde wie der Bausandstein gerne als Werkstein für Bauten, Stufen, Platten und Umrahmungen verwendet (Farbbild 30).

Exkursionsaufschlüsse:
Grötzingen; Plattensandstein/Unterer Muschelkalk., I/3; Tiefenbronn/Mühlhausen: Plattensandstein/Unterer Muschelkalk, VII/2; Pforzheim-Eutingen im Eichwald: Plattensandstein mit 3 Violetten Horizonten, 10.
Außerhalb der Exkursionen: Hbf. Freudenstadt.

Röttone
(im Norden bis 10 m; im Süden bis 5 m mächtig)

Den Abschluss des oberen Buntsandstein bilden rote Röttone mit Dolomitbänkchen, Gipslinsen und Fossilresten, die auf marine Einflüsse hinweisen.

Exkursionsaufschluss:
Birkenfeld-Gräfenhausen, ehem. Stbr.: Plattensandstein, Röt, Unterer Muschelkalk, 7 (Farbbild 31).

4.1.4 Verbreitung der Buntsandsteinformationen

Die Sedimentation des Buntsandsteins erfolgte im Süd- und Nordschwarzwald verschiedenartig, was auf die Morphologie und Tektonik des Untergrunds zurückzuführen ist. Betrachtet man den schematischen Profilschnitt, so nimmt die Mächtigkeit des Buntsandsteins vom Vindelizischen Massiv im Süden nach Norden zum Germanischen Becken hin zu. Der feinkörnige Bausandstein keilt im Süden bei Schramberg aus. Dort liegen der Untere und Obere Geröllhorizont übereinander. Der untere Geröllhorizont beginnt auf der Höhe von Donaueschingen, hat seine größte Mächtigkeit im Schramberger Trog und legt sich dann nach Norden hin mit gleicher Mächtigkeit über den Untergrund. Danach beginnen sich der Offenburger- und Kraichgauer Trog zu senken; Bausandstein, Oberer Geröllhorizont und Kristallsandstein füllen die Tröge auf und ebnen weitgehend das Profil ein. Die limnischen Sande des Plattensandsteins und mehr noch die teilweise marinen Röttone überdecken dann das gesamte eingeebnete Profil des Schwarzwaldes. Nach Norden zum Germanischen Becken hin nehmen die Röttone an Mächtigkeit zu.

Lit.: Eck (1875); Geyer & Gwinner (1991); Lepper. (1993); Metz (1977); Ortlam (1971); Subkommission Perm-Trias (1993).

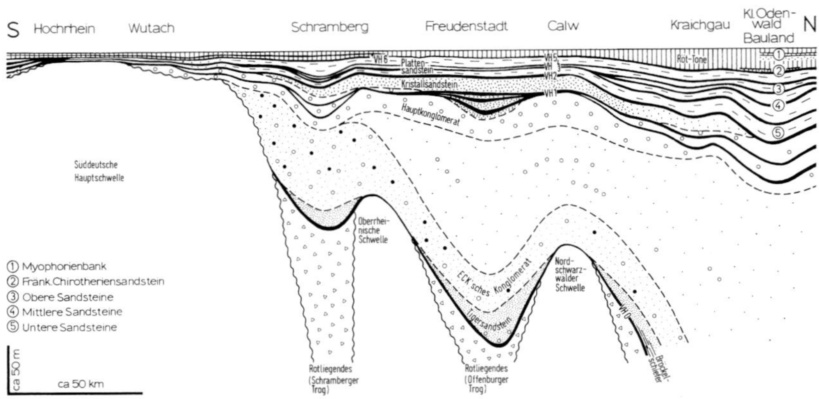

Abb. 27. Buntsandsteinprofil zwischen Hochrhein und Odenwald bzw. Bauland. Nach Ortlam (1971) aus Geyer & Gwinner (1991).

4.2 Muschelkalk

Während der Ablagerungen des Muschelkalks lag Südwestdeutschland im Bereich eines flachen Rand- und Binnenmeeres, das durch eine wechselnde schmale Verbindung mit dem südlich gelegenen Tethysozean verbunden war. Ein heutiger Vergleich wäre das Schwarze und Kaspische Meer. Die Ablagerungen bestehen aus Kalken, oolithischen Kalksteinen, Dolomiten und Mergeln. Im Mittleren Muschelkalk überwog die Verdunstung. Es schieden sich Dolomit, Anhydrit, Gips und Steinsalz ab. Während die Ablagerungen des Mittleren Muschelkalks gänzlich fossilleer sind, ist der untere, vor allem aber der obere Muschelkalk reich an Fossilien wie Muscheln, Terebrateln, Ammoniten (Ceratiten) und Seelilien. Sie treten gehäuft in einzelnen Bänken (Trochitenkalk, Muschelschill) zwischen fossilleeren Schichten auf. Man nimmt an, dass zu diesen Zeitpunkten die Lebensbedingungen sehr günstig waren.

Die Unterteilung des Muschelkalks erfolgt nach der Fazies in einen Unteren, Mittleren (salinar) und Oberen Muschelkalk. Eine weitere Unterteilung erfolgt durch Leithorizonte, charakterisiert durch bestimmte Fossilien. Die Gesteinsabfolgen des Muschelkalks lassen sich im Nordschwarzwald in der Gegend um Freudenstadt und Pforzheim und im Südschwarzwald im Wutachtal studieren.

Profil des Muschelkalks im Schwarzwald

Formation	Nordschwarzwald	Südschwarzwald
Oberer Muschelkalk mo oder Hauptmuschelkalk	Fränk.Grenzschichten Trigonodus-Dolomit mo3 4 Tonhorizonte Nodosuskalke mo2 Mauerkalke Trochitenkalke mo1	Trigonodus-Dolomit mo3 Knauerhorizonte 2–3 Dögginger Oolith Knauerhorizont 1 Plattenkalke mo2 Tonplattenkalk Trochitenkalke mo1 Marbacher Oolith Liegendoolith
Mittlerer Muschelkalk mm	Dolomite, Mergel, Zellenkalke	Dolomite und Gipslager
Unterer Muschelkalk mu	Orbicularis-Mergel mu3 Wellendolomit mu2 Liegender Dolomit mu1	Orbicularis-Mergel mu3 Wellenkalk mu2 Liegender Dolomit mu1

Der Muschelkalk umkleidet als Gürtel, der zum Süden hin schmaler wird, die Ostabdachung des Schwarzwaldes. Im Bonndorfer- und Freudenstädter Graben keilt er in die Buntsandsteindecke des Schwarzwaldes aus. Im Westen und

Südwesten des Schwarzwaldes ist er auf einzelne Vorbergschollen nördlich von Freiburg und am Dinkelberg beschränkt. Karstlandschaften mit Höhlen (Erdmannshöhle am Dinkelberg) und durch Salztektonik entstandene Landschaftsformen wie Dolinen (Neulingen), Erdfälle (Eisingen, Göschweiler, Rheinfelden), Klüfte und Kippung von Felsklötzen (Neckartal) sind für das Muschelkalkgebiet bezeichnend. Die Salztektonik entstand durch Auslaugung der Salinarformation durch Sickerwässer, die den darüber liegenden Hauptmuschelkalk zum Einsturz brachte.

4.2.1 Unterer Muschelkalk (mu) (bis 40 m)

Der erste Meereseinbruch des Tethysozeans erfolgte von Südosten über die Schlesische Pforte in das Germanische Becken. Damals waren ganz Deutschland und Teile der Nachbarländer überflutet. Im Gebiet des Schwarzwaldes muss eine tektonische Senke bestanden haben, die im Süden und Südosten durch das Vindelizische Massiv und im Westen durch die Ardennische Schwelle umgrenzt war. Der für den unteren Muschelkalk charakteristische Wellenkalk zeichnet sich durch scherbig zerbrochene Kalkplatten und Mergel, durchzogen von einzelnen harten Kalkbändern aus. Im oberen Teil bilden die Kalke Knollen, Flaserschichtung bis deutliche Falten. Eine eindeutige Erklärung dieser wellenartigen Ausbildung steht noch aus. Es stehen bewegtes Wasser im Flachwasserbereich und Sedimentrutschung auf dem Meeresboden zur Debatte. Man unterscheidet zwei Fazies: Im Kraichgau die kalkige Mosbacher Fazies, im Schwarzwald die dolomitische Freudenstädter Fazies. Im Enzkreis um Pforzheim verzahnen sich die beiden Faziestypen. Der untere Muschelkalk wird unterteilt in:

- Orbicularismergel (mu3) Sie enthalten eine rundliche Muschel, nach der die Mergelkalke bezeichnet werden.
- Wellenkalk/-dolomit (mu2) dolomitische Fazies im Nordschwarzwald, kalkige Fazies im Südschwarzwald; die Wellenkalkformation besteht aus Deckplatten, Steinbändern und Mergeln; nur der oberste Horizont zeigt die namensgebende Ausbildung.
- Liegende und Rauhe Dolomite (mu1) enthalten Gerölle, Sand und Glimmer mit gelegentlich Kupfererzen.

Exkursionsaufschlüsse:
Turmberg in Karlsruhe-Durlach: Wellendolomit I/1; Grötzingen Reithohle: Profil durch mu, I/4; Königsbach, Bahnhof: Profil mu, mm, mo, 8; Wutachschlucht: Wellenkalk, Orbicularismergel, Wanderung, XX, Etappe 2, Station 17.

4.2.2 Mittlerer Muschelkalk (mm) (bis 30 m)

Im Mittleren Muschelkalk werden die Folgen der Einschnürung deutlich. Eine stete Verdunstung erhöhte die Konzentration der verschiedenen Salze (Salinarformation). Der Mittlere Muschelkalk enthält deshalb kaum Fossilien. Es wurden nach der Löslichkeit nacheinander ausgefällt: Erst Dolomit, dann Gips und schließlich Steinsalz. Gips und Anhydrit des Mittleren Muschelkalks sind im Wutachtal und bei Oberndorf-Aistaig aufgeschlossen. Die Steinsalzlager treten über Tage nicht auf, da sie ausgeschwemmt wurden. Auch unter Tage wurden die salinaren Schichten ausgelaugt und verursachten Verstürzungen im Deckgebirge. Die restlichen aufgeschlossenen nichtsalinaren Ablagerungen bestehen im Norden des Schwarzwaldes um Pforzheim vom Liegenden zum Hangenden aus einer Folge von Dolomiten, Tonen, Dolomitmergeln, Zellenkalken und -dolomiten, kieseligen Dolomiten mit Hornsteinen und Tripel und abschließend gut gebankten mausgrauen bis gelben Dolomiten. Sogenannter „Tripel“ ist Kieselerde, die früher als Poliermittel für die Schmuckindustrie bei Pforzheim abgebaut wurde. Zellenkalke und -dolomite, auch Rauhwacken genannt, sind zellige poröse Gesteine. Sie entstanden durch Auslagung relativ löslicher Bestandteile wie Steinsalz, Gips und Anhydrit. Im Nordschwarzwald/ Kraichgau gibt es keine klassischen Aufschlüsse, mehr Wegböschungen und Lesesteine wie z. B. im Gebiet Pforzheim – Ispringen – Keltern, bei Kämpfelbach-Bilfingen oder am Hang über dem Bahnhof Königsbach. Bei Ellmendingen/Dietlingen nordwestlich Pforzheim findet man im Zellenkalk die bei Sammlern begehrten idiomorphen bituminösen Quarzkristalle (Pforzheimer Stinkquarze). Heute sind die Fundstellen weitgehend abgelesen. Im Südschwarzwald im Wutachtal ist der mittlere Muschelkalk mit Gipshorizont über Tage erhalten geblieben und bergmännisch abgebaut worden.

Exkursionsaufschlüsse:
Wutachtal: mm mit Gipshorizont, Wanderung XX, Etappe 2, Stationen 15 und 17.

4.2.3 Oberer Muschelkalk (mo) (bis 80 m)

Der Obere- oder Hauptmuschelkalk besteht aus Kalken, Mergeln, Schalentrümmerkalkbänken, Trochitenbänken, Terebratelbänken, Dolomiten und durchgehenden Tonhorizonten. Es sind Ablagerungen eines Randmeeres, das durch die Burgundische Pforte mit dem Ozean verbunden war. Der Salzgehalt des Meeres sank wieder auf den Normalwert. Meerestiere wanderten in das Becken und bildeten fossilreiche Bänke. Die Seelilie *Encrinus liliiformis* fand ideale Lebensbedingungen. Ihre zerfallenen Stielgliederelemente (Trochiten) bilden zahlreiche Trochitenbänke. Weiterhin wurde das Meer von Muscheln und Terebrateln bevölkert. Kleine Kopffüßer der Gattung Ceratites wanderten ein und machten eine lückenlose eigenständige Entwicklung vom breitrückigen (*nodosus*) zum scheibenförmigen Ammonit (*semipartitus*) durch.

Die Obere Muschelkalkformation teilt sich grob vom Liegenden zum Hangenden in Trochitenkalke (mo1), Nodosus-Kalke/Plattenkalke (mo2) und Trigonodus-Dolomite (mo3), die im Kraichgau in Semipartituskalke (mo3) übergehen, ein.

Der untere Hauptmuschelkalk (mo1) zeichnet sich durch Schalentrümmerbänke mit zahlreichen Muscheln und den Trochitenbänken aus. Vereinzelt treten auch Ceratiten (Ammoniten) auf. Die Bänke zeigen gelegentlich an ihrer Oberseite breite Seegangsrippeln, die man z. B. in der Wutachschlucht sehen kann. Im Südschwarzwald treten im mo1 zwei Oolithbänke, der Liegend- und Marbacher Oolith auf. Der Kalk besteht aus mm großen kugeligen Gebilden, die sich im Flachwasser durch schalige Ablagerungen um Sandkörner bildeten.

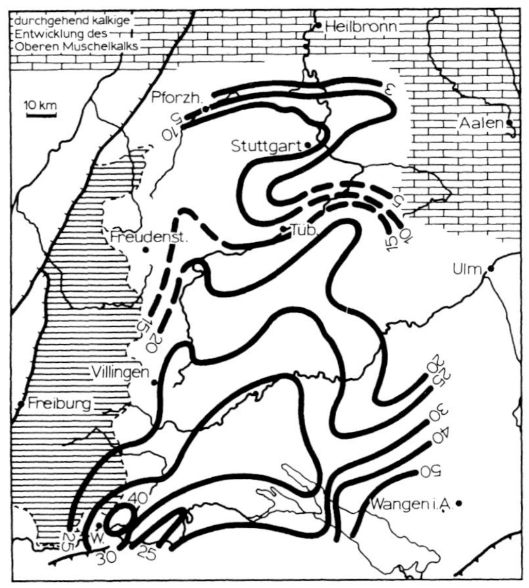

Abb. 28. Die Mächtigkeiten des Trigonodus-Dolomits. Nach Alesi (1984) aus Geyer & Gwinner (1991).

Darüber folgt der mittlere Hauptmuschelkalk (mo2), die Nodosuskalke im Nordschwarzwald, benannt nach den darin vorkommenden Ammoniten *Ceratites nodosus*. Sie bestehen aus wohl gebankten Mauerkalken und Mergeln. Im angewitterten Zustand sehen sie wie ein Mauerwerk aus. Sie schließen mit der Haupttterebratelbank ab. Im Südschwarzwald gehen die Mauerkalke in Tonplattenkalke über. Weiterhin ist im Nordschwarzwald der Mittlere Hauptmuschelkalk durch 4 Tonhorizonte gekennzeichnet. Im Südschwarzwald werden die Tonplatten vom Knauerhorizont 1 abgeschlossen. Die Gesteine sind im Allgemeinen fossilarm und repräsentieren den Zeitraum der größten Wassertiefe (Farbbild 33).

Den Hauptmuschelkalk mo3 bilden im Schwarzwald die Trigonodusdolomite. Sie werden nach der darin selten vorkommenden Muschel *Trigonodus* benannt. Sie nehmen in ihrer Mächtigkeit von Norden nach Süden stark zu. Im Südschwarzwald (Wutachschlucht) beginnt der Trigonodusdolomit mit dem Dögginger Oolith; 2 weitere Knauerhorizonte folgen. Die oberste Schicht von mo3 bilden im Enzgebiet an der Grenze zwischen Nordschwarzwald und Kraichgau die Fränkischen Grenzschichten mit dem auffälligen Bairdia-Ton.

Exkursionsaufschlüsse: Baden-Baden, Ochsenmatten: Oberer Muschelkalk mo2, II/5; Pforzheim-Eutingen, Schotterwerk am Obsthof: Trochitenkalk mo1, 11; Mühlacker-Enzberg, Schotterwerk der Fa. NSN: Profil mo1 bis mo3, 12; Wutachschlucht: Profil mo1 bis mo3, Wanderung XX, Etappe 2, Stationen 9–13; Villingen-Marbach: mo1, Typlokalität Marbacher Oolith, XIII/12; Grimmelshofen: Kalzitkristalle auf Klüften von mo, 24.
Weitere Steinbrüche, im Exkursionsteil nicht berücksichtigt, finden sich in Dornstetten bei Freudenstadt, in Nagold, bei Donaueschingen und am Schönberg bei Freiburg.

Lit.: Alesi (1984); Geyer & Gwinner (1991); Hebestreit (1999).

4.3 Keuper
(bis 60 m)

Im Keuper war der Südwesten Deutschlands überwiegend festländisch durch tropische sumpfige Flachwassergebiete und flache Senken geprägt, in die zeitweise das Meerwasser eindrang und Binnengewässer bildete, die beim Rückzug des Meeres wieder eindampften. Es gab aber auch Zeiten mit trocken-heißen Wüstengebieten, Flussläufen und Deltas. Überliefert sind aus dieser Zeit Sedimente aus Sandsteinen, Tonsteinen, Gips, Anhydrit mit dazwischen geschalteten Kalkbänken. Im Schwarzwald ist der Keuper nur in seinen Randgebieten Kraichgau, Neckartal und in tektonischen Gräben wie im Bonndorfer Graben und am Dinkelberg im äußersten Süden des Schwarzwaldes erhalten.

Der Keuper beginnt mit dem Lettenkeuper (ku), Sedimenten aus Brackwasserablagerungen in küstennahen Sumpfgebieten. Sie bestehen aus Sandsteinen, Tonsteinen, Mergeln und Dolomitbänken. Außerhalb des Schwarzwaldes wie im Kraichgau enthält der Sandstein gelegentlich verunreinigte Kohleflözchen (Letten), daher der Name.

Keuperprofil

Oberer Keuper	Rätsandstein ko
	Knollenmergel (km5)
	Stubensandstein (km4)
Mittlerer Keuper	Bunte Mergel (km3)
	Schilfsandstein (km2)
	Gipskeuper (km1)
Unterer Keuper	Lettenkeuper (ku)

Der Mittlere Keuper beginnt mit Meeresüberflutungen, die wieder eindampften. Die Ablagerungen der Gipskeuperformation sind Sedimente aus Tonsteinen, Mergelhorizonten, Sulfatsteinen wie Anhydrid und Gips (km1). Der Gipskeuper ist in der Wutachschlucht aufgeschlossen. Darauf folgt mehr oder weniger eine Wüstenlandschaft mit Flussläufen, die sich vom osteuropäischen Raum in den Südwesten ergossen. Das Sedimentgestein aus jener Wüstenlandschaft ist der feinkörnige gelbliche Schilfsandstein (km2), benannt nach den Schachtelhalmen, (*Equisetum arenaceum*) und den Palmfarnen (*Pterophyllum*), die die Flussläufe säumten. Er diente wie der Buntsandstein als beliebter Bausandstein. Darauf folgen rötlich grüne bis grauviolette Mergel, die „bunten Mergel" (km3), Ablagerungen aus marinem Flachwasser. Nach der Überflutung setzte wieder eine wüstenhafte Zeit mit Sanden ein, deren Liefergebiet das Vindelizische Massiv war, das sich in W-E-Richtung bis nach Böhmen erstreckte. Es sind gelbliche feinkörnige Arkosen aus Quarz und Feldspat. Die Sande wurden früher zum Bodenscheuern benutzt, daher der Name Stubensandstein. (km4) Der Keuper schließt mit roten und violetten Mergeln, den Knollenmergeln (km5) ab. Bei Trossingen wurden einige Plateosaurierskelette gefunden, die im Stadtmuseum Trossingen, im Löwentormuseum in Stuttgart und im geologisch-paläontologischen Institut in Tübingen ausgestellt sind. Die Knollenmergel stellen einen sehr unsicheren Baugrund dar, da Gefahr besteht, abzurutschen.

Den Oberen Keuper bildet der grau-weiße Rätsandstein (ko), Ablagerungen einer Meeresüberflutung mit Muscheln, Schnecken, Zähnen und Knochenresten von Reptilien, Sauriern und Fischen (Bonebed) sowie Farnen und Schachtelhalmen.

Exkursionsaufschlüsse:
Wutachschlucht, Wutachmühle: Gipskeuper, Wanderweg XX, Etappe 1, Station 6; Döggingen, Posthaus: Gipsbruch, 21.
Weitere bei den Exkursionen nicht berücksichtigte Aufschlüsse in der Umgebung des Schwarzwaldes: Kraichgau/Stromberg, Kl. Heuberg, Baar, Klettgau, Dinkelberg.

Lit.: Geyer & Gwinner (1991).

4.4 Jura (bis 400 m)

Während der Südwesten Deutschlands sich in der Keuperzeit überwiegend festländisch mit zeitweisen marinen Überflutungen darstellte, lag er während der Jurazeit vor 200 bis 140 Mio Jahren im flachen Schelfmeer der Tethys. Die Juraüberflutung gehört zu den größten marinen Transgressionen in der Erdgeschichte und ist vorbildlich im südwestdeutschen Schichtstufenland aufgeschlossen. Die Juragesteine bestehen aus einer Sedimentfolge, die sich durch ihre Farbe in den Schwarzen, Braunen und den Weißen Jura (Lias, Dogger, Malm) gliedert. Unterteilt werden die jeweiligen Juraformationen durch die vorherrschende Gesteinsart und den darin vorkommenden Leitfossilien, vor allem den Ammoniten. Die Unterteilung geht meist auf den Tübinger Juraforscher F. A. von Quenstedt zurück. Aufgeschlossen ist der Jura im Schwarzwald bis zum Malm im Wutachtal bzw. Bonndorfer Graben, in den sich ein Ausläufer des Schwäbischen Schichtstufenlandes schiebt. In den Vorbergen von Kandern-Müllheim, Freiburg und Ringsheim ist der Jura bis zum Dogger erhalten geblieben. Weißer Jura steht am Isteiner Klotz und an den Isteiner Schwellen an. Da der Malm in den Randgebieten des Oberrheingrabens (außer im äußersten Süden) als auch im Graben selbst fehlt, ist anzunehmen, dass die Schwarzwald-Vogesenschwelle während dem Oberen Jura in den oberen Bereichen nicht überflutet war, d. h. sich schon während der Malmsedimentation hob.

4.4.1 *Lias*

Der Lias α beginnt mit dunklen sandigen Tonsteinen und Kalkbänken, der Psilonotenbank, benannt nach dem Ammonit *Psiloceras*. Darüber folgen die Schlotheimienschichten, dunkle, sandige, zum Teil schiefrige Tone und Tonmergel, benannt nach den Ammoniten *Schlotheimia*. Den Abschluss der untersten Liasformation bilden dunkle Kalkstein- und Schillbänke mit dickwandigen Austern, der *Gryphaea* und großen Ammoniten, den *Arieten*. Die Austern wie die Schillbänke deuten auf einen Küstenbereich mit bewegtem Wasser hin. Der Lias β beginnt mit dunklen fossilarmen Tonsteinen und Kalkknollen, die mit der Obliqua-Bank abschließen. Die Lias γ und δ-Schichten bestehen aus einer Folge von Tonsteinen und Kalkbänken mit zahlreichen Belemniten, Brachiopoden und Ammoniten. Die Fossilien sind oft pyritisiert. Am hervorstechendsten ist der Lias ε mit seinen grauen Mergeln und Tonsteinen, bituminösen Kalken (Stinkkalken) und Ölschiefern, dem Posidonienschiefer. Eine stabile Wasserschichtung verhinderte den Zutritt von Sauerstoff am Meeresboden. Die schwarze Farbe des Gesteins geht weniger auf den Tongehalt als auf fein verteilten Schwefelkies zurück. Dieses Mineral entsteht unter Sauerstoffmangel durch eine Verbindung von Schwefel aus dem Eiweiß der absterbenden Lebewesen und dem Eisenanteil des Meeresbodens. Weltbekannt wurden die Saurierfunde am Fuß der Schwäbischen Alb in Dotternhausen und Holzmaden. Den Abschluss der Liasformation bilden am Dinkelberg und bei Freiburg dunkle Tonmergelsteine, die Jurensismergel mit zahlreichen schwefelkieshaltigen Ammoniten.

Exkursionsaufschlüsse:
Wutachtal, Aselfingen: Profil Lias, Wanderung XX, Etappe 1, Stationen 4 und 5.

Juraprofil

Malm Weißer Jura bis 150 m	β Oxfordium, o. α Oxfordium. u.	Wohlgebankte Kalke Weißjura-Mergel bzw.Impressa-Mergel
Dogger Brauner Jura bis 200 m	ζ Callovium ε Baj.-Bathonium δ Bajocium, o. γ Bajocium, u. β Aalenium, o. α Aalenium, u.	Macrocephalus-Oolith, Fe Obere Braunjuratone Stephanoceraten-Parkinsonien-Schichten Wedelsandsteinformation Ludwigienschichten, Murchisonaeoolith, Fe Opalinuston
Lias Schwarzer Jura bis 70 m	ζ Toarcium, o. ε Toarcium, u. δ Pliensbachium, o. γ Pliensbachium, u. β Sinemurium α Hettangium	Grammoceratenschichten Posidonienschiefer Schwarzjura-Tone Numismalis-Mergel Turneri-Tone Gryphaeen- oder Arietenkalke Schlotheimien-Schichten Psilonotentone

4.4.2 Dogger

Der Dogger α beginnt mit bis zu 100 m mächtigen Opalinustonen, Tonsteinen mit Mergel und Pyrit-Konkretionen. Er ist in der Landschaft durch Rutschhänge und Talausweitungen charakterisiert. 1966 erfolgte ein großer Erdrutsch der

Opalinustone am Eichberg bei Achdorf (Wutachtal), heute Eldorado für Fossiliensammler. Charakteristische Fossilien sind die feingerippten Ammoniten *Leioceras opalinum* und *Lytoceras*. Der Dogger β besteht im Wutachtal aus sandigen Tonsteinen, dem Ludwigienton, im Oberrheingebiet aus dem kalkig-mergeligen bis sandigen eisenhaltigen Murchisonaeoolith, aus dem bei Ringsheim und Freiburg Brauneisen gewonnen wurde. Feinsandige dunkle Tonsteine mit fächerförmigen Weidespuren von Meeresbewohnern (Wedelsandsteinformation) charakterisieren den Dogger γ. Der Dogger δ bis ζ ist durch eine Wechselfolge von oolithischen Kalkbänken, Kalkmergellagen und Tonsteinen charakterisiert. Östlich des Schwarzwaldes finden sich Obere Braunjuratone (Dogger ζ), die mit Eisenoolithbänken abschließen. Sie wurden in Blumberg bis 1942 abgebaut. Westlich des Schwarzwaldes sind es Kalkoolithe der Hauptrogen-Formation, Variansmergel und Callovientone.

Exkursionsaufschlüsse:
Blumberg: Doggererze, XX, Etappe 1, Station1; Blumberg, Schleifebächle: Dogger, Wasserfallschichten, XX, Etappe 1, Station 2; Achdorf, Eichberg, Bergrutsch: Dogger, Malm, XX, Etappe 1, Station 3; Freiburg, St. Georgen, ehem. Bergbau: Doggererze, XIV/2; Freiburg, Schönberg, ehemaliger Bergbau: Doggererze, XIV/5; Freiburg, Schönberg: Hauptrogenstein, XIV/6; Ringsheim, ehemaliger Bergbau: Doggererze, 27.

4.4.3 Malm

Während sich im Lias und Dogger mehr dunkle bis braune Mergel, Sande, Tone und Oolithe ablagerten, ist der Malm durch helle Kalke, Dolomite und Riffkalke gekennzeichnet. Am Ende des Doggers wurde auch die Vindelizische Schwelle überflutet. Es kam zu einer größeren Verbindung mit dem Tethys-Ozean, zu einer regen Sauerstoffzufuhr und einer Durchmischung des Wassers.

Der Malm (Oxfordium) präsentiert sich in der Schwäbischen Fazies im Bonndorfer Graben bei Blumberg in den Zeugenbergen Eich- und Buchberg. Sie erheben sich sargdeckelartig als Plateauberge aus der weichen Doggerlandschaft. Nach anfänglichen Mergeln, den Impressa-Mergeln (Malm α), folgen wohlgebankte Kalke (Malm β), die das Oxfordium im Gebiet Wutachtal/ Blumberg abschließen.

Im Südwesten des Schwarzwaldes kommt der Untere Malm im Dreieck Isteiner Klotz – Kandern – Schliengen vor. Das oberrheinische Oxfordium unterscheidet sich wesentlich von demjenigen des schwäbischen Schichtstufenlandes. Während die unteren Malmschichten in Schwaben Kalkablagerungen eines flachen offenen Schelfmeeres reich an Brachiopoden, Muscheln, Ammoniten und Belemniten sind, begegnen wir hier am Oberrhein hauptsächlich einer fossilen tropischen Korallenfazies nahe der Küste (Farbbild 35).

Das Oxfordium besteht am Oberrhein hauptsächlich aus drei Gesteinsformationen:

Sequanien Nerineenkalkformation (oxN)	Bankkalke 15–20 m Leitschicht 3 m
Rauracien Korallenkalkformation (oxKA)	Splitterkalke 20–25 m Korallenkalke ca. 40 m Thamnastreenmergel ca. 5 m
Oxfordien	Terrain à chailles bis 40 m

Die Terrain à chailles bilden tonige Mergel mit kieseligen grauen bis gelblichen Kieselknollen (Name kommt aus dem Berner Jura (Knollen = chailles). Die Thamnastreenmergel sind Mergel mit verkieselten Korallenstöcken. Die Korallenkalke bilden einen hellen massigen Kalk durchsetzt von Korallen, Brachiopoden und Seeigelstacheln. Die Splitterkalke sind grob gebankt, sehr hart und spröde, fossilarm, nur wenige Korallen, Horizont von Jaspisknollen. Die Leitschicht besteht aus Kalk und Mergeln, Muschelschill, abgerollten Korallen, „Mumien“ (konzentrisch schalige Knollen aus von Kalkalgen umwickelten Fossilresten) und Nerineen (Turmschnecken). Sie stellt einen fossilen Aufbereitungshorizont im Brandungsbereich dar. Die darüber liegenden Bankkalke sind an der Oberfläche zum Tertiär hin stark verkarstet. In der Jungsteinzeit wurden aus den Splitterkalken bei Kleinkems bergmännisch Feuersteine gewonnen, heute wird die Korallenkalkformation in Kleinkems und Efringen-Istein von der Fa. HeidelbergCement abgebaut.

Exkursionsaufschlüsse: Achdorf, Eichberg: Dogger/Malm, XX, Etappe 1, Station 3; Kleinkems: Korallenkalke, Splitterkalke, Jaspis, XIV/16; Efringen-Istein, Isteiner Klotz: Weißjurascholle, XIV/17; Efringen/Huttingen: Korallenkalke, Splitterkalke, XIV/18; Efringen-Istein, Isteiner Schwellen: Korallenkalkformation, Nerineenkalkformation, XIV/19.

Lit.: Geyer & Gwinner (1991); Hebestreit (1999); Schäfer & Wittmann (1999).

1. Blick vom Schauinsland auf das vom Feldberggletscher geformte Wilhelmer Tal mit Feldberg (1493 m) im Hintergrund.

2. BLZ um Schönau-Tunau. 1 Anatexite des Südschwalds; 2 Metagrauwacken; 3 andesitische Vulkanite; 4 rhyodazitische Vulkanite; 5 Grauwacken und Tonschiefer. EP XVIII, Höhenweg.

3. Fuß des Eulenfelsens: Forbachgranit mit drei orthogonal angeordneten Klüften. Forbach, Nordschwarzwald. EP V/2

4. Gipfel des Eulenfelsens: Beginnende Wollsackverwitterung im Forbachgranit. Forbach, Nordschwarzwald. EP V/2

5. Günterfelsen: Fortgeschrittene Wollsackverwitterung im Triberger Granit. Kamm des Brendgipfels, Mittelschwarzwald. EP 19

6. Strudeltopfgarten im Forbachgranit. Murgtal bei Langenbrand, Nordschwarzwald. EP V/1

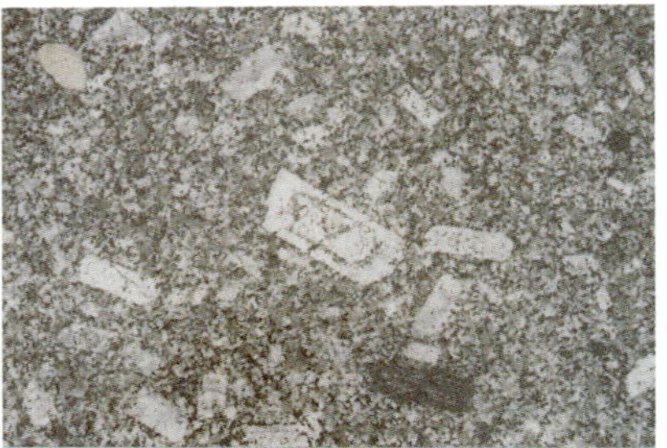

7. Kalifeldspatporphyroplasten und Fremdgesteinseinschluss im Oberkirchgranit. Angeschliffene Gesteinsplatte.

8. Stbr. der Fa. Fischer K.G.: Dreidimensionales Kluftsystem im Seebachgranit. Wolfsbrunnen, Seebach, Nordschwarzwald. EP V/15

9. Ehemal. Stbr. Heselbach: Diskordanz Paragneis / Rotliegend, Buntsandstein. Baiersbronn-Heselbach, Nordschwarzwald. EP V/9

10. Metatektischer Paragneis. Erzkastenrundweg, Schauinsland.

11. Migmatit. Erzkastenrundweg, Schauinsland, Südschwarzwald.

12. Stbr. Wickartsmühle: Cordieritgneisstock im Zentrum (grau), im Hangenden schräg einfallende bankige Kalksilikatfelsen (bräunlich). Rickenbach-Willaringen, Hotzenwald, Südschwarzwald. EP XIX/9

13. Ehemal. Stbr. im Binzenbühl: Beispielhafte konkave Säulenabscheidung einer Quarzporphyrdecke. Diersburg, Mittelschwarzwald. EP XI/3

14. Karlsruher Grat. Beispielhafte Spalteneruption von rhyolithischem Magma. Ottenhöfen, Nordschwarzwald. EP VI/1

15. Scharfenstein: Münstertäler Porphyrdecke mit Säulenabscheidung. Münstertal, Südschwarzwald. EP XVI/3

16. Ehemal. Stbr. Peter: Rhyolithischer Ignimbrit mit typischen Flammen. Baden-Baden. EP IV/5

17. Ehemal. Stbr. am Hauskopf: Lierbachkugel im Rhyolith. Lierbachtal, Oppenau, Nordschwarzwald. EP VI/5

18. Angeschliffene Lierbachkugel, 10x12 cm. Lierbachtal, Mittelschwarzwald.

19. Angeschliffene Achatmandel, 4x7 cm. Schweighausen, Schuttertal, Mittelschwarzwald.

20. Lieblingsfelsen: Oberrotliegend, Prallhang der Murg. Hörden, Nordschwarzwald. EP III/10

21. Oberrotliegendfanglomerat mit Entfärbungszonen. Ehemal. Stbr. an Straße Gaggenau-Michelbach – Moosbronn, Nordschwarzwald. EP III/5

22. Battertfelsen: Verkieseltes Oberrotliegendkonglomerat, Kletterfelsen. Felsgalerie oberhalb Baden-Baden, Nordschwarzwald. EP IV/4

23. Falkenstein: Verkieseltes Oberrotliegendfanglomerat, Kletterfelsen. Bad Herrenalb, Nordschwarzwald. EP III/2

24. Unterer Buntsandstein: limnische Rippelmarken. Vogelskopfweg, Schwarzwaldhochstraße, Nordschwarzwald. EP V/13

25. Mittlerer Buntsandstein: Netzleisten, fossile Trockenrisse eines ausgetrockneten Sees. Hornisgrinde, Nordschwarzwald. EP V/18

26. Unterer Buntsandstein (Unterer Geröllhorizont): fluviatile Kreuzschichtung. Vogelskopfweg, Nordschwarzwald. EP V/13

27. Unterer Buntsandstein: Kugelsandstein. Bernstein oberhalb Gaggenau-Sulzbach, Nordschwarzwald. EP 5

28. Unterer Buntsandstein: Feine Wechsellagerung von hellen und braunen Schichten. Beutelstein, unweit vom Bf. Bad Liebenzell, Nordschwarzwald. EP VII/3

29. Unterer Buntsandstein (Bausandstein): Abbau mittels Seilsägetechnik. Stbr. bei Lahr. EP X/11

30. Oberer Buntsandstein (Plattensandstein). Ehemal. Stbr. zw. Tiefenbronn und Mühlhausen, Würmtal. EP VII/2

31. Grenze Oberer Buntsandstein (Röt)/ Unterer Muschelkalk. Ehemal. Stbr. in Birkenfeld-Gräfenhausen. EP 7

32. Ausgelaugter Mittlerer Muschelkalk im Liegenden, widerstandsfähige Trochitenbank des Oberen Muchelkalks im Hangenden. Wutachschlucht, Südschwarzwald. EP XX/15

33. Oberer Muschelkalk: mauerartige Dolomitbänke der Tonplattenregion. Wutachschlucht, Südschwarzwald. EP XX/ 9-13

34. Bergrutsch am Westhang des Eichbergs: Im Hangenden wohlgebankte weiße Malmkalke, im Liegenden graue Mergel des Dogger. Achdorf, Wutachtal. EP XX/3

35. Isteiner Klotz: Weißjurascholle im südl. Oberrheingraben. Efringen-Istein. Südl. Rheintal unweit Basel. EP XIV/ 17

5 Oberrheingraben und tertiärer Vulkanismus

5.1 Oberrheingraben

Einer der hervorstechendsten geologischen Erscheinungen in Südwestdeutschland ist der Oberrheingraben. Von Frankfurt nach Basel durchschneidet er in NNE-Richtung als dreihundert km langes und 30–50 km breites Band den Kontinentalblock Mitteleuropas. Er ist Teil einer großen, vom westlichen Mittelmeergebiet über das Rhônetal, Rheintal und im Untergrund von Norddeutschland bis nach Oslo verlaufenden Bruchstruktur.

Die Grabentiefe misst bei Straßburg von der Rheintalsohle aus ca. 1800 m, vom Schwarzwaldkamm (Hornisgrinde) aus sind es ca. 3000 m Sprunghöhe. Der Oberrheingraben entstand durch ein Auseinanderdriften der Erdkruste in WNW-ESE-Richtung.

Schon Cloos (1939) versuchte dieses tektonische Phänomen zu erklären, indem er anhand von Tonexperimenten einen Grabenbruch im Scheitel durch Aufbeulen von unten erzeugte. Diese Theorie wurde durch Illies (1974) bestätigt. Geophysikalische Messungen ergaben einen Manteldiapir unterhalb des Kaiserstuhls. Er wird, wie auch die Alpenfaltung als eine Folgeerscheinung der kollidierenden Makroplatten Eurasia und Africa im mediterranen Raum angesehen. Die Moholinie liegt unter dem Kaiserstuhl in nur 24 km Tiefe, sonst verläuft sie auf dem Festland in 30–40 km Tiefe. Das Mohoprofil geringer Tiefe erstreckt sich rheinisch bis Mainz. Durch die Aufwölbung wurde auch die Kruste vor allem im Süden hochgehoben. In ihrem Scheitel brach sie im Eozän auseinander und bildete rechtsrheinisch den Schwarzwald und linksrheinisch die Vogesen. Nach geophysikalischen Messungen reicht der Bruch nicht bis in die Unterkruste, so dass an ein Auseinanderreißen der eurasischen Platte noch nicht zu denken ist.

Es erfolgte nicht nur ein Aufbruch einer breiten Spalte oder eines Rifts infolge einer Aufwölbung und Extension in WNW-ESE-Richtung, sondern der Druck in Richtung NNE durch die afrikanische Platte führte auch zu einer Scherung, die die westliche und die östliche Flanke des Grabenbruchs gegenseitig um 40–50 km verschob. Im Miozän kam es zu einem deutlichen Auseinanderdriften der starren Rahmenschollen. Die Grabensohle zerbrach in Hunderte von Einzelschollen. In den aktiven Grabenstörungen kam es zur Druckminderung und zum Aufstieg von Magmen, die den Grabenvulkanismus

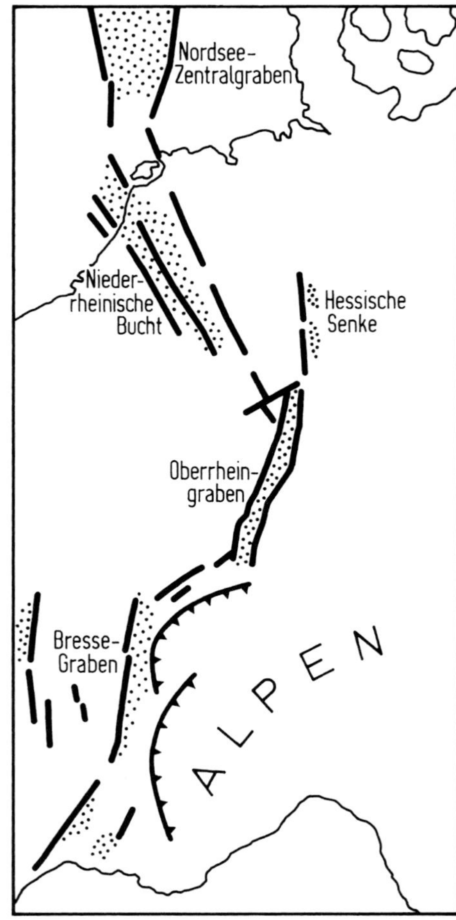

Abb. 29. Der Oberrheingraben als Teil einer Bruchzone, die vom Mittelmeer bis zur Nordsee reicht (Mittelmeer-Nordsee-Zone). Nach Pflug (1982) aus Geyer & Gwinner (1991).

des Kaiserstuhls auslösten. Im Pliozän, vor 5 Mio Jahren, als die Orogenese der Alpen ein letztes Mal kulminierte, setzte eine erneute tektonische Aktivität ein. Die Zerrbewegung dauert mit unterschiedlicher Intensität seit etwa 50 Mio Jahren bis heute an. In den letzten 5 Mio Jahren stiegen vor allem die Grabenflanken, die Vogesen und der Schwarzwald unter Aufkippung durch isostatischen Druck hoch. Die Hebung beträgt heute im Durchschnitt 0,1 bis 0,6 mm pro Jahr (Mälzer 1967).

Nach Illies (1965) war diese Bruchzone schon während der variszischen Orogenese angelegt. Deutlich erkennbar ist diese Störungszone im permischen

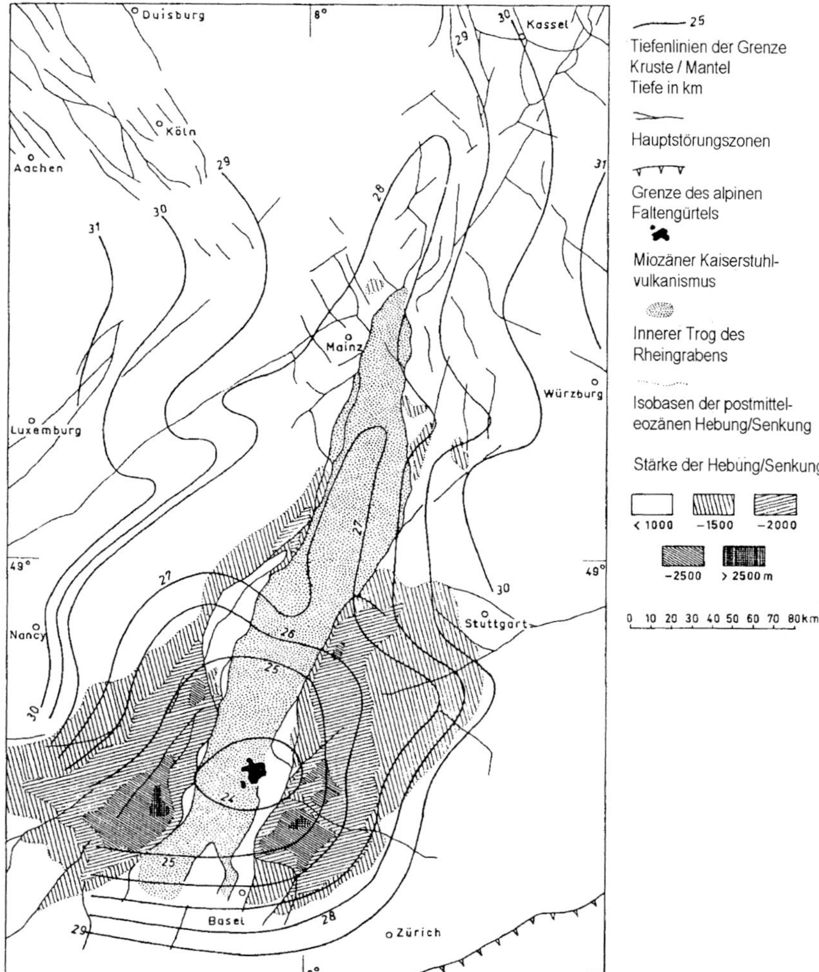

Abb. 30. Tiefenlinie der Moho. Aus Illies (1974) nach der Rhinegraben Research Group (1974) und Meissner & Vetter (1974). Legende ins Deutsche übertragen.

Vulkanismus, der entlang dieser Zone auftritt. Zusätzlich stellt sich die Frage, ob nicht der Schwarzwald und die Vogesen verschiedene Terrane waren, die während der variszischen Orogenese verschweißt wurden und an deren Nahtstelle im Tertiär die Lithosphäre auseinanderbrach.

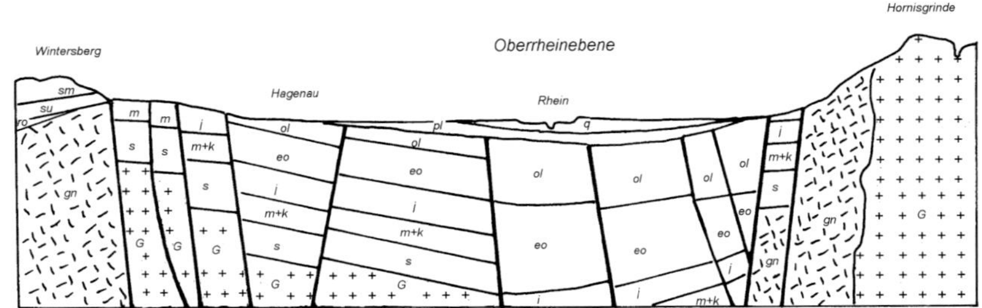

Abb. 31. Profil des nördl. Oberheingrabens. Nach dem Profil der Geol. Karte von Baden-Württemberg 1:500.000 des LGRB, Freiburg i. Br. (1998).

Die Tektonik des Grabenbruchs ist asymmetrisch angelegt. Die größte Hebung und Senkung erfolgte entlang der Schwarzwaldrandverwerfung.

Von den emporgehobenen Grabenschultern lösten sich auf der Vogesenseite wie auch im Schwarzwald, dort in einem Winkel von ca. 60° entlang der Schwarzwälder Randverwerfung antithetische Kippschollen. Links und rechts des Grabens bildeten sich entlang von Störungen zahlreiche hydrothermale Erzgänge mit Eisen-, Kupfer- und Silbererzen sowie Baryt und Fluorit als Gangmineralien.

Die hängengebliebenen Staffelschollen bilden die sogenannte Vorbergzone des Schwarzwaldes und der Vogesen. Sie sind auf der Schwarzwaldseite vor allem im südlichen Bereich sehr ausgeprägt. Beispiele sind der Isteiner Klotz, Kandern/Müllheimer- und Sulzburg/Staufener-Vorbergzone, die Schollen in der Freiburger Bucht und die Emmendinger/Lahrer-Vorbergzone mit dem ehemaligen Eisenerzabbau von Ringsheim. Nördlich davon gibt es nur kleine Schollen bei Durbach, Bühl und Baden-Baden. Die Vorberge sind im Allgemeinen mit Sedimenten bis zum Dogger bedeckt, der Isteiner Klotz besteht aus Malmkalken. Auf der Vogesenseite befindet sich der größte Vorbergblock westlich von Hagenau. Die Sedimentdecken der Schollen beweisen, dass bis zur Jurazeit (Dogger) große Teile des heutigen Schwarzwaldes vom Meer überflutet waren.

Die Weitenauer Vorberge und der Dinkelberg im Gebiet zwischen Kandern, Schopfheim, Lörrach und Bad Säckingen waren schon in der Permzeit vom variszischen Schwarzwaldsockel abgeschert und wurden während der jüngsten tertiären Hebung nicht berücksichtigt. Sie sind mit Rotliegendsedimenten, Buntsandstein, Muschelkalk und in Störungszonen mit Keuper bedeckt.

Im Tertiär füllte sich der Graben mit limnischen und brackischen Sedimenten auf. Die Gesamtmächtigkeiten der Sedimente erreichen bei Müllheim 2200 m, bei Straßburg 1800 m, bei Karlsruhe 2500 m und bei Heidelberg 2900 m.

Das Liegende des Grabenprofils bilden bohnerzführende Tone, Verwitterungsprodukte von Kalken abgesunkener Schollen während der Kreidezeit und des Tertiärs. Danach folgen zunächst Süßwassersedimente wie Mergel und Kalke. Im Obereozän drang von Süden her das Meer in den Graben und hinterließ die bis 400 m mächtigen grünlichen bis grauen Lymnäenmergel. Darüber folgen im nördlichen Grabenbereich die 950 m mächtigen bituminösen Pechelbronner Schichten mit Erdöllagerstätten, im südlichen Abschnitt bunte und streifige Mergel mit mächtigen Kalisalzlagern. Sie wurden auf der badischen Seite in Buggingen bis 1973, gegenüber im Elsass bei Pulversheim bis 2002 abgebaut. Im Mittel- bis Oberoligozän war der gesamte Oberrheingraben überflutet. Es bildete sich eine Meeresstraße vom Molassemeer im Alpenvorland über den Rheingraben bis zum norddeutschen Tertiärmeer. Die Ablagerungen dieses Meeres bilden die bis 500 m mächtige mergelige marine bis brackische Graue Schichtenfolge (Foraminiferenmergel, Fischschiefer, Meletta-Schichten, Cyrenenmergel), im Süden die Glimmersande der Elsässer Molasse. Danach ging im ausgehenden Oligozän und Untermiozän das Meer zurück. Anstelle der Meeresablagerungen treten im südlichen Oberheingraben bis 400 m mächtige Süßwasserschichten, im nördlichen Oberheingraben bei Karlsruhe bis ca. 1000 m mächtige bunte limnisch-brackische Mergel der Niederrröderner Schichten auf. Während des Miozäns erfolgte eine Hebung mit Abtragungen. Ab dem Pliozän erfolgte wieder eine starke Senkung. Es bildete sich der Urrhein. Er füllte sich im Oberrhein mit tertiärem fluviatilem Schottermaterial (Juranagelfluh) der Alpen. Im Pleistozän während der Eiszeit bildeten Schotter der Gletscherabflüsse die rheinischen Niederterrassen, in die der heutige Rhein sein Bett gräbt.

Schichtenprofil Oberrheingraben nach Rothe (2005)

	Norden Süden
Quartär	Schotter der Niederterrassen fluviatil der Gletscherabflüsse)
Pliozän	Schotter des Urrheins (fluviatil)
Miozän	Hebung und Abtragung Niederröderner Schichten Süßwasserschichten (brackisch) (limnisch)
Oligozän	Graue Schichtenfolge (marin bis brackisch) Meletta-Schichten, Cyrenenmergel Elsässer Molasse und Erdöl Pechelbronn Schichten bunte und streifige Erdöl Mergel und Kalisalze (marin)

Eozän	Lymnäenmergel (marin) Mergel und Kalke (limnisch)
Paläozän	Bohnerzformation (Verwitterung)

Auch heute ist der Oberrheingraben noch aktiv. Das geothermische Querprofil zeigt eine überdurchschnittliche Wärme, die an den Rändern des Grabens sehr stark ansteigt. An die Ränder sind deshalb bekannte Thermen wie die von Baden-Baden, Bad Krozingen, Badenweiler und Bad Bellingen gebunden. In Baden-Baden kommt das Wasser mit 69 °C aus der Erde. Die normale geothermische Tiefenstufe beträgt 1 °C Grad/33 m, in Soultz sous fôrets erreicht die Tiefenstufe 1 °C/8 m. Die Quelle Source des Hélions bei Pechelbronn stößt Mineralwasser mit einer Temperatur von 71 °C aus. Heute plant man im Oberrheingraben mit heißem Wasser Wohnungen zu heizen und Strom zu gewinnen, indem man Wasser in eine Erdtiefe von 2000–5000 m Tiefe pumpt und in Produktionsbrunnen 150–200 °C heiß an die Erdoberfläche fördert. Für eine ökonomisch und wirtschaftlich sinnvolle Kraftwerksleistung sind eine Wasserschüttung von mindestens 80 l/Sek und eine Wassertemperatur von mehr als 140 °C nötig. Die Karlsruher HotRock-Gruppe ist auf deutscher Seite und die Groupement d'exploitation minière de la chaleur im Elsass an geothermischen Projekten beteiligt. In Soultz-Kutzenhausen arbeitet bereits seit 1995 ein Geothermie-Kraftwerk, in Landau ging das erste deutsche rheinische Geothermie-Kraftwerk Mitte November 2007 ans Netz. Auf rechtsrheinischer Seite wurde 2008 der Grundstein für ein Geothermie-Projekt in Bruchsal gelegt.

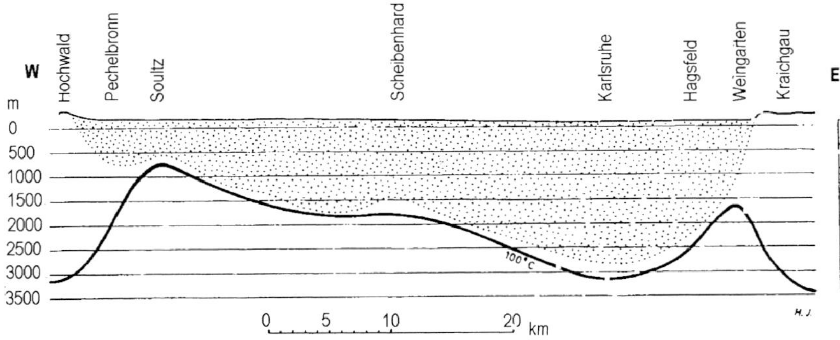

Abb. 32. Geothermisches Grabenprofil. Aus Illies (1965).

Auch zeigt sich im Rheingraben ein rege seismische Aktivität. Die Bebenstärke VI wurde auf der 12stelligen Mercalliskala mehrfach überschritten. Zentrum ist das Dreieck Rastatt-Karlsruhe-Kandel und das Gebiet um Schopfheim. Schadenbeben traten in Rastatt 1933 und in Karlsruhe 1948 auf. Das stärkste Beben, bei dem die ganze Stadt weitgehend zerstört wurde und 3000 Tote zu beklagen waren, fand 1356 in Basel statt. 2007 entstanden im Bereich von Basel von Geothermie-Projekten ausgelöste kleinere Beben bis zu einer Stärke von 3,4 auf der Richterskala.

Exkursionsaufschlüsse:
Badenweiler-Oberweiler: Schwarzwaldrandverwerfung, XIV/13; Badenweiler-Britzingen: Tertiäre Kalke, XIV/14; Freiburg, Stadtgarten: Infotafeln, XIV/1; Freiburg, St. Georgen: Doggererze, XIV/2; Freiburg, Schönberg: Tertiärkonglomerate, XIV/4; Freiburg, Schönberg: Doggererze, XIV/5; Freiburg, Schönberg: Hauptrogenstein, XIV/6; Ringsheim: Doggererze, 28.

Lit.: Cloos (1939); Illies (1965, 1974); Mälzer (1967); Meissner & Vetter (1974); Rhinegraben Research Group (1974); Rothe (2005), www.oberrheingraben.de.

5.2 Tertiärer Vulkanismus

5.2.1 Eozäner Vulkanismus

In der Gegend um Freiburg am Schönberg, am Tuniberg und bei Malek gibt es mehrere Vorkommen von ovalen bis rundlichen Tuffschloten mit einem Durchmesser bis mehreren hundert Metern und schmalen bis 1 m mächtigen Olivinnephelinitgängen. Im Salzbergwerk in Buggingen durchschlagen Basalte die Sedimente des Oberrheingrabens. K/Ar-Altersbestimmungen durch Lippolt, Todt & Horn (1974) ergaben Alterswerte, die dem Eozän entsprechen. Jene Schlote sind erste Magmen, die bei der Bildung des Oberrheingrabens an synklinalen Spalten emporstiegen. Bei weiterem Auseinanderdriften des Oberrheingrabens wurden diese Förderspalten wieder durch nachsinkende Schollen verstopft (Hüttner 1992).

Exkursionsaufschluss:
Freiburg, Schönbergsattel: Tuffbrekzie und Olivinmelilithit, XIV/3.

5.2.2 Miozäner Vulkanismus: Kaiserstuhl

Im Grabensystem Bodensee, Bonndorfer Graben, Freiburger Bucht bildeten sich im Gebiet des Hegaus und des Kaiserstuhls während des Tertiärs Vulkankegel. Im Oberrheingraben stiegen an der Schnittstelle herzynischer und rheinischer

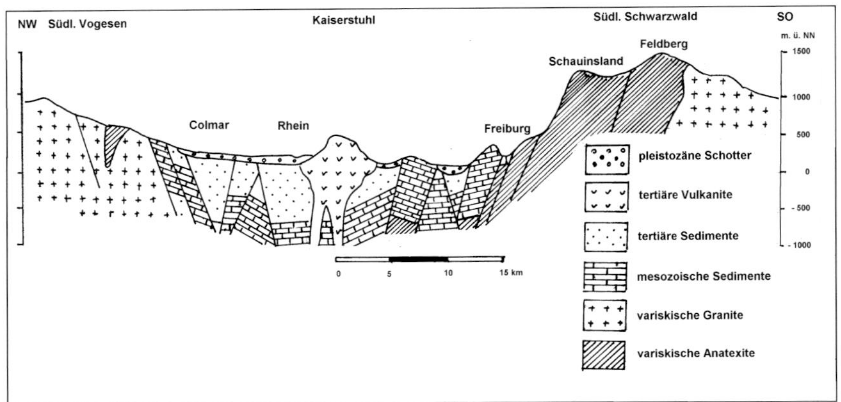

Abb. 33. Profil des südl. Oberrheingrabens mit Kaiserstuhl. Vereinfacht nach der Geologischen Schulkarte von Baden-Württemberg des LGRB, Freiburg i. Br. (1998).

Brüche, die die herabgesunkene Scholle des Kaiserstuhls in ein Schollenmosaik zerlegten, vor ca. 20 Mio Jahren (Miozän) phonolitische und tephritisch-essexitische Magmen auf und bildeten ein 100 km² großes Gebirge mehrerer Stratosvulkane aus Laven und Tuffen, vergleichbar mit dem heutigen Ätna, nur viel niedriger. Der Kaiserstuhl liegt unmittelbar über dem Scheitel eines diapirartigen Manteldomes auf einer N-S verlaufenden grabeninternen Verwerfung mit einer Sprunghöhe von 1000 m. Die Mohodiskontinuität, d. h. die Grenze Erdkruste/ Erdmantel liegt hier nur in 24 km Tiefe. Sonst liegt die Moho im Schnitt 30–40 km tief unter dem Festland, in den Alpen bis 60 km tief.

Wimmenauer (1977) unterscheidet beim Kaiserstuhl drei verschiedene geologische Baueinheiten:

- Den sedimentären Sockel aus Sedimenten des Oligozäns und Jura im östlichen Bereich. Er bildet den Untergrund der Effusivgesteine. Am Kontakt mit subvulkanischen Vulkaniten sind Gesteine des Oligozäns kontaktmetamorph verändert.
- Das subvulkanische Zentrum um Schelingen und Oberbergen mit seinen essexitischen und phonolitischen Intrusionen einschließlich den Karbonatiten im Zentrum.
- Den eigentlichen Kaiserstuhlvulkan mit seinen tephritischen Laven und Tuffen.

Mehr als drei Viertel des Kaiserstuhls ist von einer bis 30 m mächtigen Lössschicht überdeckt. Es ist äolischer Staub mit einer Korngröße zwischen 0,002 bis 0,063 mm (Silt), der während des Pleistozäns aus den glazialen Schottern

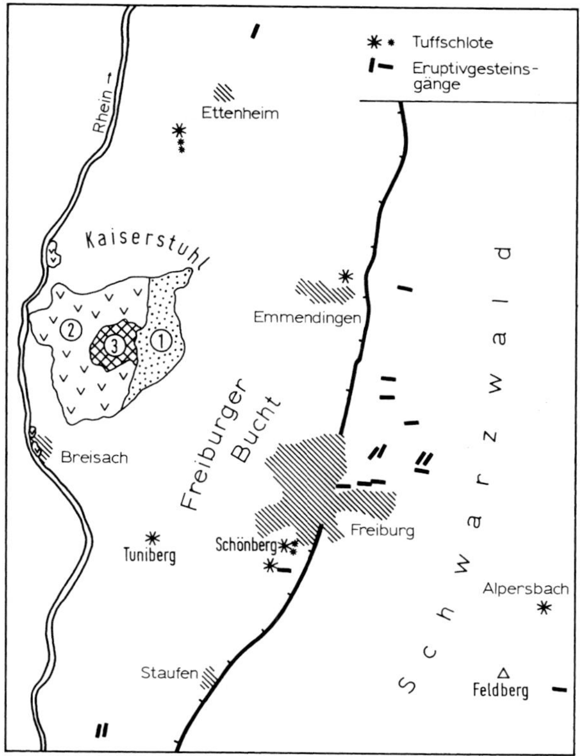

Abb. 34. Tuffschlote und Eruptivgesteinsgänge im und außerhalb dem Oberrheingraben und der Kaiserstuhlvulkan bei Freiburg i. Br. Aus Geyer & Gwinner (1991).

des Rheintals durch Südwestwinde ausgeblasen und vor allem auf der Leeseite des Kaiserstuhls abgelagert und leicht verfestigt wurde. Charakteristisch für diese Landschaften sind Weinbergterrassen und Hohlwege.

Die vulkanische Entwicklung kann nach Wimmenauer (1977) und Keller (1984) wie folgt zusammengefasst werden:

– Aufbau eines komplexen Tephritvulkans, dessen Laven und Tuffe die oligozänen Sedimente überlagern. Die ältesten Datierungen des Kaiserstuhlvulkanismus liegen nach Wagner (1976) bei 17 bis 18 Mio Jahren, also im Miozän. Der Tephritvulkanismus hielt während der gesamten magmatischen Tätigkeit des Kaiserstuhlvulkans an.
– Im Zentrum erstarrte in der Folge größerer Herde das tephritische Magma zu subvulkanischen körnigen Essexiten. Die Bildung zahlloser Gänge

schließt sich unmittelbar an. Heute ist das subvulkanische Zentrum durch Erosion freigelegt.
- Aufstieg von Phonolithen im östlichen und westlichen Kaiserstuhl.
- 1 km^2 große Karbonatitintrusion des Badbergs bei Schelingen. Durch Einschlüsse umgebender Essexite kann die Karbonatitintrusion als jünger eingestuft werden.
- Als jüngste Effusion mit seinen Limburgiten und Olivinnepheliniten wird der Limberg angesehen.

Der Kaiserstuhlvulkanismus mit seinen Alkalimagmen wie Olivinnepheliniten aus großer Tiefe, seinen Essexit- und Karbonatitintrusionen, den an ultrabasischen Einschlüssen reichen subvulkanischen Brekzien und dem Auftreten Seltener Erden ist ein typischer Grabenvulkanismus wie er auch im Ostafrikanischen Grabensystem vorkommt.

Für den Fachmann aber auch geologisch interessierten Laien wird der Kaiserstuhlvulkanismus durch den Phonolithsteinbruch Oberschaffhausen, die Tephritsteinbrüche um Achkarren, die Karbonatitsteinbrüche um Schelingen und einen wissenschaftlichen Naturlehrpfad am Limberg bei Sasbach erschlossen.

Lit.: Keller (1978, 1984); Kim (1985); Landesamt für Umweltschutz B-W (1987); Wagner (1976); Wimmenauer (1977a, b, 1996, 2003).

5.2.3 Miozäner Vulkanismus: Hegau

Als die Vulkantätigkeit am Kaiserstuhl schon fast abgeklungen war, stiegen im Hegau während der Hauptabsenkung des Bonndorfer Grabens vor ca. 14–7 Mio Jahren (Mittel- bis Obermiozän) basaltische (Hohenstoffeln, Hohenhö(e)wen, Hö(e)wenegg, Blaue Stein) und phonolithische Magmen (Hohentwiel, Hohenkrähen, Staufen) auf, die schon im Förderschlot erstarrten. Die herausgewitterten Schlotfüllungen heben sich heute als markante Hügel und Stöcke aus den weniger festen Molassesedimenten heraus. Es sind zu Nagelfluh verbackene Schotter und Konglomerate des alpinen Molassebeckens. Die von einem Tuffmantel umgebenen Schlotfüllungen und die senkrechten Säulenabscheidungen zeigen, dass die Magmen sehr oberflächennah erkalteten und die Vulkane, wie sie sich heute zeigen, dem damaligen Vulkanaufbau ähneln. Die Hegauvulkane liegen auf der herzynisch streichenden Störungszone Bonndorfer Graben – Bodenseegraben.

Eingehende Beschreibungen zur Geologie liegen in den Erläuterungen zur geolog. Karte 1:50.000 von Schreiner (1992) und Geyer (2003) vor. Die Petrographie wird in verschiedenen Arbeiten von Weiskirchner (1972, 1975), Engelhardt (1965) und Engelhardt & Weiskirchner (1963) und Keller (1984) abgehandelt.

Petrographisch unterscheidet man drei Hauptgesteinseinheiten:

Phonolithe

Phonolithische Intrusionen bilden die vulkanischen Kegelberge Mägdeberg, Hohenkrähen, Hohentwiel, Staufen und Gönnersbohl. Das Alter liegt nach Weiskirchner (1972) zwischen 7 und 9,5 Mio Jahren.

Olivinnephelinite

Die basaltischen Gesteine der Hegauberge Wartenberg, Hö(e)wenegg, Hohenhö(e)wen und Hohenstoffeln bestehen aus melilithhaltigen Olivinnepheliniten. Das Alter beläuft sich nach Weiskirchner (1972) auf 11,8 ± 0,6 Mio Jahre.

Deckentuffe

Als Deckentuffe werden schlotfüllende Pyroklastite als auch in Molassesedimente eingeschaltete Tuffdecken bezeichnet wie z. B. der Tuffmantel um

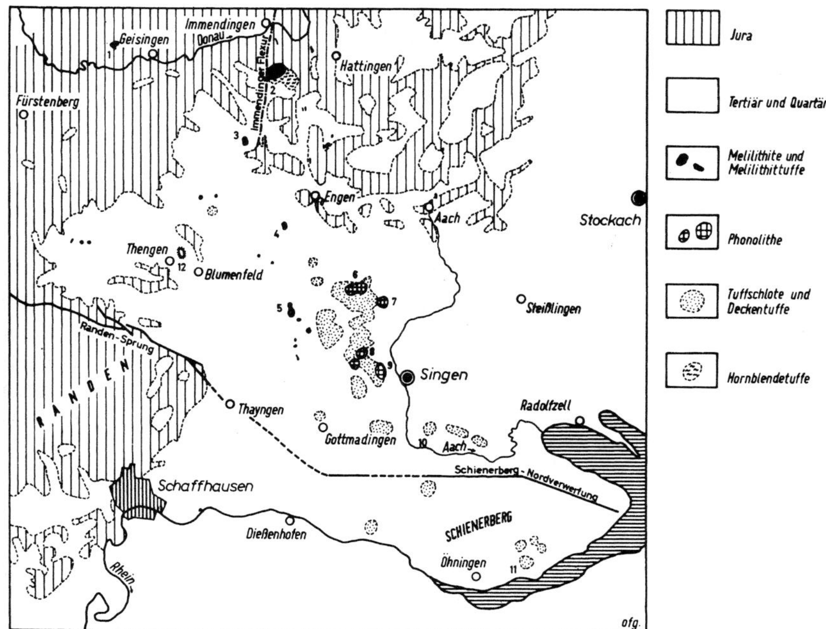

Abb. 35. Geologische Übersichtsskizze des Hegaus. Aus Geyer & Gwinner (1964). 1 = Wartenberg; 2 = Höwenegg; 3 = Neuhöwen; 4 = Hohenhöwen; 5 = Hohenstoffeln; 6 = Mägdeberg; 7 = Hohenkrähen; 8 = Staufen; 9 = Hohentwiel; 10 = Jungkernbühl; 11 = Wangener Schlot; 12 = Wannenberg.

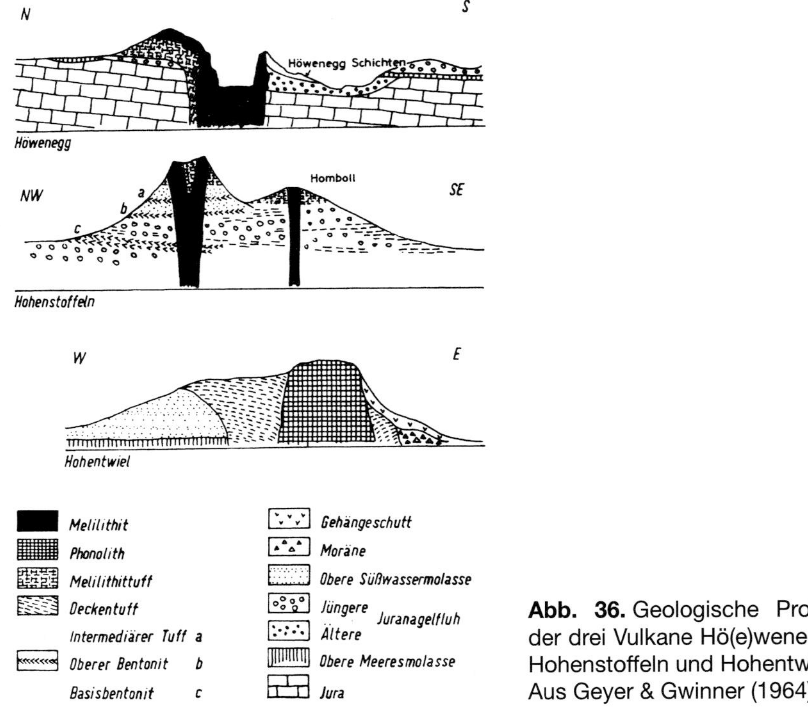

Abb. 36. Geologische Profile der drei Vulkane Hö(e)wenegg, Hohenstoffeln und Hohentwiel. Aus Geyer & Gwinner (1964).

den Hö(e)wenegg-Basaltschlot oder die Hornblendetuffe südöstlich des Hö(e)weneggschlotes. Im Kratersee des Hornblendetuffvulkans wurden Skelette einer reichen Säugetierfauna mit Urpferden (*Hipparion*), Antilopen (*Miotragocerus*), hornlosen Nashörnen (*Aceratherium*) u. a. geborgen, Das Alter der Deckentuffe liegt nach Schreiner (1992) bei 12–15 Mio Jahren, also im Miozän

Die zeitliche Abfolge der vulkanischen Phasen ergibt sich folgendermaßen:

Obermiozän	Phonolithe
	Olivinnephelinite
Untermiozän	
	Deckentuffe

Die „Basalte“ bzw. Olivinnephelinite stammen aus großer Tiefe wie die Nephelinite im Kaiserstuhl. Die Magmakammer der Phonolithe ist durch ihren saureren Charakter in höheren Stockwerken anzusiedeln. Man nimmt an, dass durch Druck der alpinen Bewegung Spalten aufbrachen, durch die das Magma an die Oberfläche dringen konnte.

Aufschlüsse:
Blumberg, Randen: Blauer Stein, Melilith-Nephelinit, 22.

Lit.: Engelhardt (1965); Engelhardt & Weiskirchner (1963); Geyer (2003); Keller (1984); Schreiner (1992); Weiskirchner (1972, 1975).

6 Pleistozäne Vereisung des Schwarzwaldes

Anfang des Quartärs im Pleistozän fiel die Temperatur, so belegen es Untersuchungen an Tiefseesedimenten, stark ab. Es folgten abwechselnd Kalt- und Warmzeiten. Im Bereich des Schwarzwaldes lässt sich stratigraphisch nur die Riss- und Würmeiszeit vor 200.000 bis 12.000 Jahren feststellen. Damals wich die Temperatur etwa 4 bis 5 °C von der jetzigen mittleren Erdmitteltemperatur nach unten ab. Es konnte sich dreimal so viel Eis gegenüber heute bilden. Vor 18.000 Jahren lag der Meeresspiegel um 135 m tiefer. Der Golfstrom war sehr abgeschwächt, die Nordsee verschwand fast ganz. Bei uns in Mitteleuropa sank die Jahrestemperatur um 8 bis 10 °C ab. Im Tiefland herrschte subpolares Klima. In den kurzen Sommern stieg das Thermometer bis auf ca. 10 °C, im Januar war die mittlere Temperatur minus 20 °C. Auf den Höhenlagen ab 1000 m gab es über das Jahr Dauerfrost mit Gletschern. Zum Vergleich: Heute beträgt die mittlere Jahrestemperatur in Karlsruhe im Rheintal 10,0 °C, in Freudenstadt auf 800 m 7,0 bis 7,5 °C, auf dem Feldberg 3,2 °C. Die Flora entsprach der heutigen Tundra in Nordsibirien, in der Mammut, Moschusochse, Höhlenbär, Wollnashorn und Schneehase zu Hause waren. In jener Zeit lebte der Steinzeitmensch des Alt- bis Jungpaläolithikums.

Die Ursachen für die periodisch auftretenden Kalt- und Warmzeiten sind noch in der Diskussion. In Frage kommen nach Milanković (1941) die Änderung der Form der elliptischen Erdumlaufbahn um die Sonne mit einer Periode von 100.000 Jahren, die Änderung der Neigung der Erdachse mit einer Periode von etwa 40.000 Jahren und die damit verbundenen Schwankungen der Intensität der Sonneneinstrahlung, dann die Schwankungen der Gehalte an Treibhausgasen wie Kohlendioxyd und Methan, die Verschiebung ozeanischer Zirkulationssysteme, Änderung der Land/Meerverteilung und die Wechselwirkungen zwischen den Eiskörpern und dem Regionalklima. Sicher ist die Klimaveränderung nicht nur auf einen der aufgeführten Faktoren zurückzuführen, sondern es wirkten mehrere zusammen.

Während man im Schwarzwald die Ausbreitung der Eismassen der Würmeiszeit an den Jungmoränen deutlich ablesen kann, sind die Altmoränen der Risseiszeit schwieriger zu erkennen, da sie von Ablagerungen der Würmeiszeit überprägt sind. An größeren Findlingen bzw. erratischen Blöcken, früher auch als Kultsteine angesehen, konnte man die Spuren des Risseises rekonstruieren. Die Ausdehnung des Risseises übertraf die Würmvereisung.

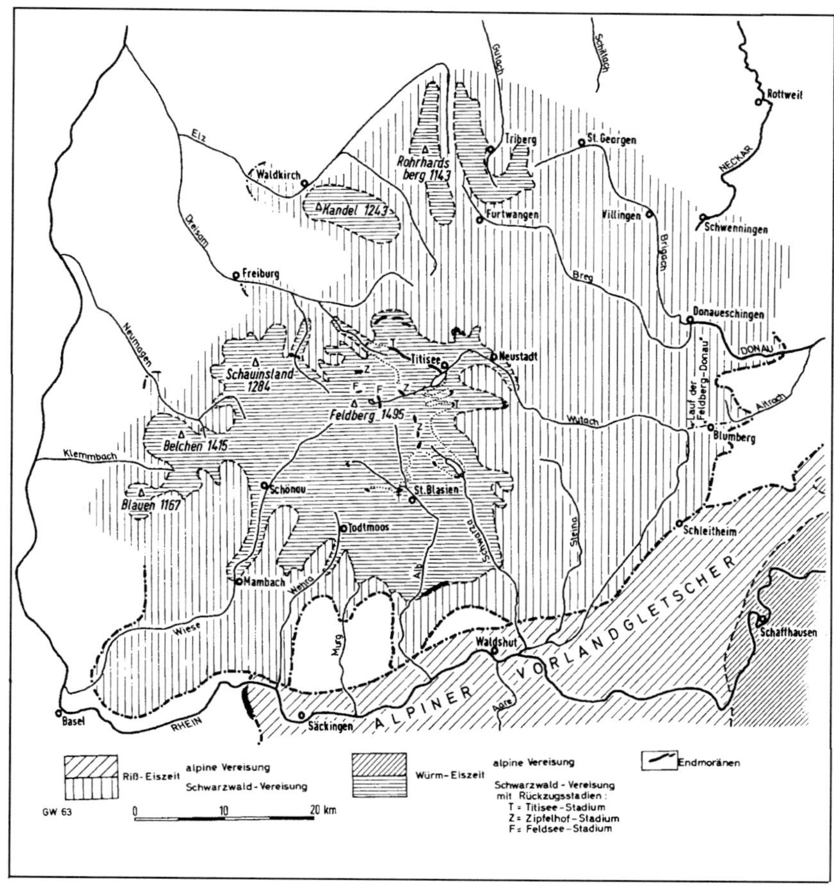

Abb. 37. Vergletscherung im Südschwarzwaldes. Nach Pfannenstiel & Rahm (1963) aus Geyer & Gwinner (1964).

Der Hochschwarzwald war in eine zusammenhängende Eisdecke von ca. 700 km² gehüllt. Die runden Kuppen des Feldbergs und des Belchens zeugen heute noch von der damaligen Deckenvereisung. Die Mächtigkeit war auf den Höhen 50 m, in den Tälern 300 m. Gletscherzungen erreichten während der Würmeiszeit in den Tälern Wiese, Wehra und Alb eine Länge bis 25 km vom Eiszentrum Feldberg entfernt und entsprachen dem heutigen Aletschgletscher in den Alpen. Man spricht vom Feldberggletscher, Albtalgletscher und Wiesetalgletscher. In anderen Tälern des Südschwarzwaldes erreichten die Gletscher bis 5 km. Eine Talspinne von sieben Tälern entstand bei Präg durch den Zusammenfluss mehrerer Gletscherzungen. Eine Verbindung zwischen dem Aaregletscher der Alpen und den Gletschern des Schwarzwaldes bestand während der Risseiszeit im südlichen Hotzenwald und Klettgau (Pfannenstiel & Rahm 1963).

Während der Würmeiszeit gab es keine Verbindung der beiden Eiskomplexe. Im Mittel- und Nordschwarzwald gab es nur kleine Hängegletscher auf den höchsten Erhebungen wie Rohrhardsberg, Kandel, Brend, Hornisgrinde und Schliffkopf.

Zeugen der Vergletscherung sind zahlreiche Kare und Karseen wie der Mummelsee, Wildsee, Glaswaldsee und der Biberkessel unterhalb der Hornisgrinde im Nordschwarzwald sowie der Feldsee und die Kare im St. Wilhelmer Tal nordwestlich des Feldberges im Südschwarzwald. Sie sind im Nordschwarzwald meist nach NE gerichtet, was mit dem NE-Abfall der Schwarzwaldscholle und der geringen Wämestrahlung in dieser Richtung zu tun hat. Noch heute sind die Kare Nebel- und Schneelöcher. Nach Metz (Metz &

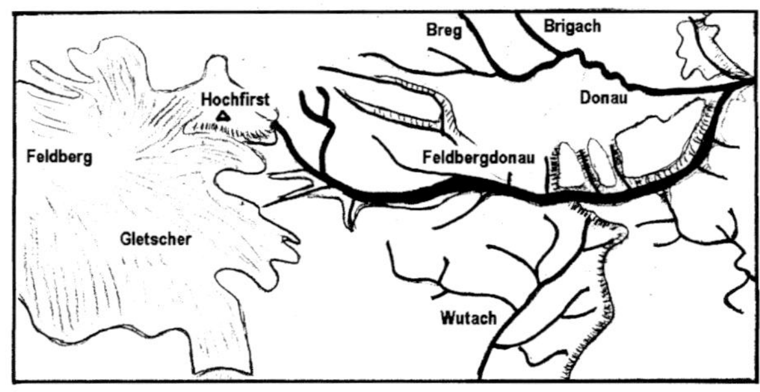

vor 25.000 Jahren

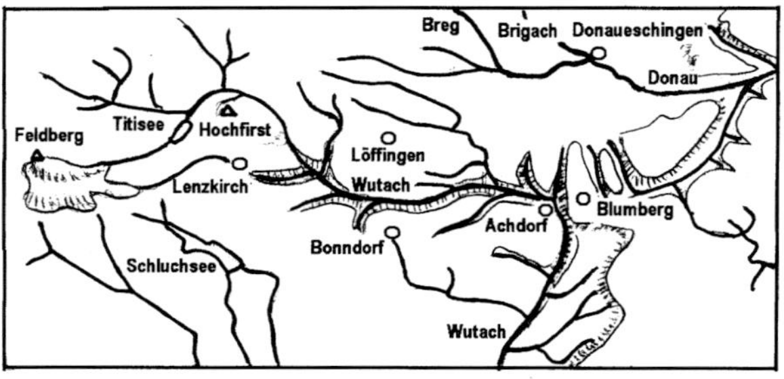

Heutiger Verlauf

Abb. 38. Entwicklung der Wutach. Nach einer Informationstafel des LGRB, Freiburg i. Br., in der Wutachschlucht.

Rein1958; Metz 1977) gibt es im Nordschwarzwald 129 Kare, im Südschwarzwald sind es 20 Kare. Das liegt daran, dass im Nordschwarzwald der Buntsandsteinuntergrund weicher für einen Gletscherschliff war; außerdem gab es dort Kappenvereisungen, die Kare heraushobelten. Im Südschwarzwald dagegen besteht der Untergrund aus Gneisanatexiten und es handelte sich dort um eine ausgedehnte Plateauvereisung. Typische Zungenbeckenseen, die hinter Endmoränen beim Abschmelzen des Eises aufgestaut wurden, sind der Titisee und Schluchsee. Durch Gletscher geformte Trogtäler sind zum Beispiel das Zastler-, St. Wilhelmer- und Wiesental, sowie das Tal der Menzenschwander Alb. Eine größere Grundmoränenlandschaft besteht im Gebiet um den Feldberg – Titisee – Schluchsee. Verlandeten die Zungenbeckenseen, so kam es zur Bildung von Mooren wie bei Neustadt und Hinterzarten. Rundhöcker mit Gletscherschliffen sind im Wiesental bei Schönau und bei der Zastler Hütte unterhalb des Feldbergs anzutreffen, klassische Endmoränenwälle finden sich im Tal der Menzenschwander Alb und erratische Blöcke bei Grafenhausen südöstlich des Schluchsees. Glazifluviale Schotterterrassen, Hochterrassen der Risseiszeit aber vor allem Niederterrassen der Würmeiszeit sind am besten im Rhein-, Höllen- und Wutachtal erhalten. Im Rheintal erreichen die Schottermassen in Senkungsgebieten bis über 250 m, in Schwellenbereichen wie am Isteiner Klotz nur 20 m. Durch diese Schottermassen suchte der Rhein in Mäandern seinen Weg. Zwischen Germersheim und Speyer sind die Mäander des Altrheins am besten erhalten. Während der ersten Hälfte des 19. Jh. wurde der Rhein aus wirtschaftlichen Gründen für die Schifffahrt aber auch zur Landgewinnung für Siedlungen von Gottfried Tulla begradigt. Reißende Gletscherflüsse zum Rheintal hin fraßen tiefe Schluchten in das Gestein wie im Höllental am Ende der Freiburger Bucht oder im Wutachtal. Felsenmeere entstanden durch das Zusammenwirken von Frostverwitterung und Bodenfließen. Durch den Spaltenfrost wurden Granit und Buntsandstein in große Blöcke zerlegt. Die Granitblöcke verwitterten weiter zu „Wollsäcken“, die vielfach am Ort blieben, während die Buntsandsteinblöcke durch Bodenfließen hangabwärts verfrachtet wurden. Bodenfließen entsteht auf tief gefrorenem Untergrund. Oberflächlich wird der Boden in den Sommermonaten aufgetaut. Das Wasser kann in den tiefgefrorenen Untergrund nicht einsickern. Es entsteht ein wasserübersättigter Bodenbrei, der schon bei geringen Neigungen abwärts fließt. Feinsand wurde aus den vegetationslosen Schotterdeltas und Terrassen ausgeblasen und im Vorland des Schwarzwaldes, im Kraichgau und am Kaiserstuhl als Löss bis zu einer Mächtigkeit von 20 m (örtlich am Kaiserstuhl bis 60 m) abgelagert. Gröbere Flugsande bildeten wie in Sandweier bei Baden-Baden und Sandhausen bei Heidelberg bis zu 20 m hohe Dünen (Farbbilder 1, 37–40, 42).

Ab dem Miozän erfolgte eine stete Verlagerung der Flussläufe Rhein und Donau und des Neckars, die nach dem Ende der Würmeiszeit ihren Abschluss fand. Im ausgehenden Obermiozän bildete sich die Urdonau, die entlang der ehemaligen Klifflinie des damaligen Molassebeckens SW-NE verlief. Ihr Quellgebiet war das Wallis, aus dem die Aaredonau floss, die dann in die Urdonau überging. Die Urdonau war das Sammelbecken der nach Norden fließenden Flüsse aus den Alpen und der nach Süden fließenden Flüsse aus der Schwäbischen Alb. Während des Pliozäns wurde die Aare in den Oberrheingraben abgelenkt. Der Ursprung der Donau verlagerte sich in das Feldberggebiet. Man spricht von einer Feldbergdonau, die mit dem Lauf des heutigen Wutachtals bis Blumberg identisch ist. Dies belegen zahlreiche Schotterterrassen im Wutachtal. Die Feldbergdonau wurde während der Würmeiszeit durch die Wutach, die ein größeres Gefälle hatte, bei Blumberg angezapft und in den Rhein abgelenkt. Das Quellgebiet der Donau verlagerte sich in den Raum Donaueschingen. Der Rhein arbeitete sich während der Würmeiszeit bis zum Bodensee vor, in den bei Bregenz der Alpenrhein fließt. Das schwäbische Schichtstufenland wurde vom Obermiozän bis Mitte des Pliozäns durch die Urlone, die ihren Ursprung im Gebiet Horb-Freudenstadt hatte, geformt. Ab dem Oberpliozän verband sich die Urlone mit dem Flusslauf des Neckars, der dann das schwäbische Schichtstufenland, wie wir es heute antreffen, schuf.

Exkursionspunkte (glaziale Formen):
Karlsruhe, Grötzingen: Löss, Hohlweg, I/2; Wildsee: Karsee, V/14; Mummelsee: Karsee, V/17; Hornisgrinde, Biberkessel: offenes Kar, V/18; Höllental, Himmelreich: Schotterterrassen, XV/2; Hinterzarten: Hochmoor, XV/5; Titisee: Zungenbeckensee, XV/6; Menzenschwander Albtal, Endmoränen, U-Tal, XV/10; Feldberg: Rundkuppe, XV/11; Feldsee: Karsee, XV/12; Feldberg, Zastler Hütte: Rundhöcker, 26; Schönau: Gletscherschliff, Rundhöcker, XVII/9; Schönau, Michelrütte: Gletscherschliff, Findling, XVIII; Wutachschlucht: Infotafeln zur Verlaufsänderung der Donau/Wutach, XX.

Lit.: Geyer & Gwinner (1964, 1991); Hebestreit (1999); Metz & Rein (1958); Metz (1977); Milanković (1941); Pfannenstiel & Rahm (1963).

7 Hydrologie, Erosion, Bodenbildung und Schadstoffbelastung

7.1 Quellen und Flüsse

Der Schwarzwald wie die Alpen gehören zu den niederschlagsreichsten Gebieten Mitteleuropas. Die häufigsten Niederschläge fallen in den Luvlagen des Schwarzwaldes. Im Nordschwarzwald sind es die Gebiete Schliffkopf – Ruhestein – Hornisgrinde, im Mittelschwarzwald der Kandel, im Südschwarzwald Schauinsland, Feldberg, Belchen. Hier werden 1800 bis 2100 mm Niederschlag im Jahr gemessen. Im Nordschwarzwald gehen größere Niederschlagsmengen als im Südschwarzwald nieder. Nach Trenkle (1984) steht der Nordschwarzwald weniger als der Südschwarzwald im Windschatten der Vogesen, die schon einen Teil der Niederschläge der von Westen kommenden Tiefs abfangen. Die Teile des Mittelschwarzwaldes sind relativ niederschlagsarm.

Durch die hohen Niederschläge und durch den wasserundurchlässigen Untergrund hat sich das Flussnetz im Schwarzwald stark entwickelt. Die Flussdichte (km Flusslänge je km^2 Fläche) beläuft sich im Murgtal bei Baiersbronn auf 5. Im Vergleich dazu beträgt die Flussdichte auf der durchlässigen Albhochfläche nur 0,03 (Wundt 1953). Im Nordschwarzwald sind es hauptsächlich die Flüsse Nagold, Würm, Enz, Alb, Murg und Acher; im Mittelschwarzwald die Kinzig, Rench, Elz, Gutach, Breg, Brigach und der Neckar; im Südschwarzwald die Dreisam, Wiese, Wehra, Murg, Alb, Schwarza, Schlücht, Steina und Wutach.

Der Wasserhaushalt drückt sich in folgender Formel aus:
Niederschlag (N) = Abfluss (A) + Verdunstung (V)

Beim Abfluss unterscheidet man einen oberirdischen und unterirdischen Abfluss. Für den Abfluss sind die Vegetation, das Gefälle, die Speicherfähigkeit des Bodens und die Durchlässigkeit des felsigen Untergrunds von Bedeutung.

Bei der Verdunstung unterscheidet man zwischen einer direkten Oberflächenverdunstung vom Boden und der Pflanzenoberfläche und einer indirekten Verdunstung durch Transpiration der Pflanzen.

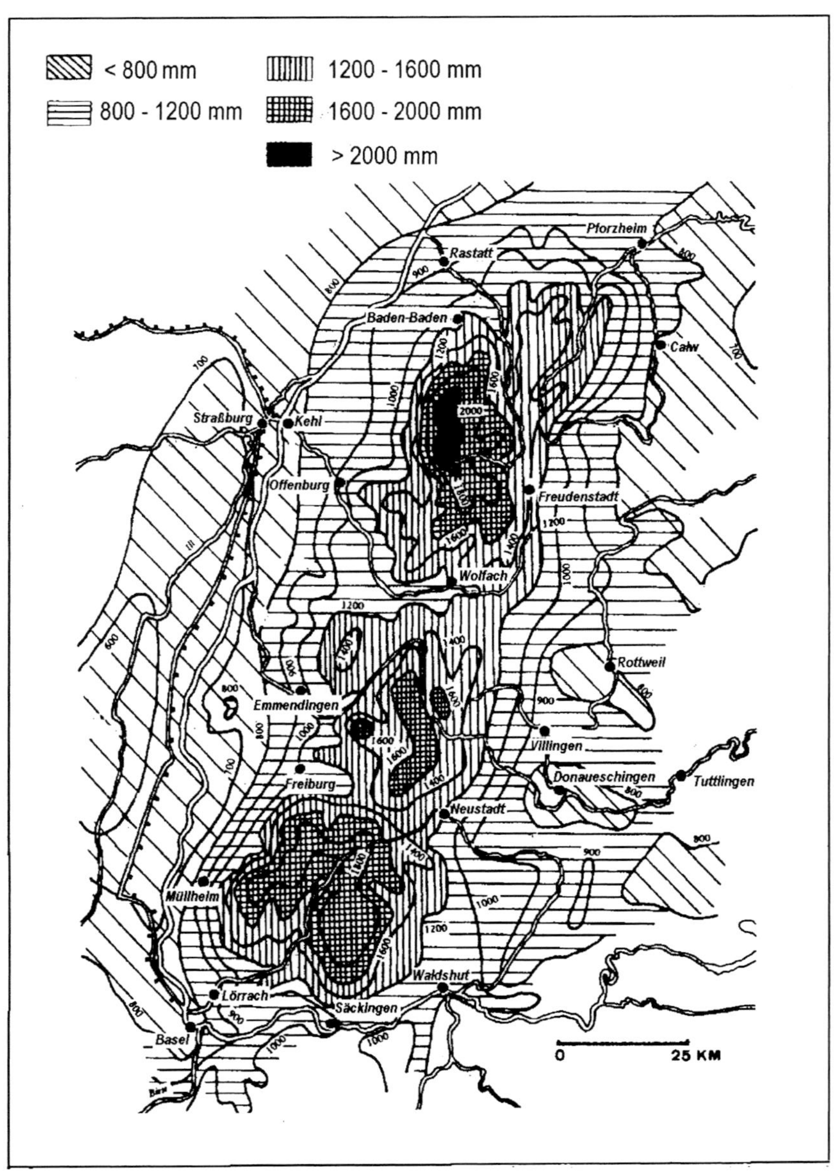

Abb. 39. Durchschnittliche Niederschlagsmengen (1931–1960). Aus Trenkle & von Rudloff (1981).

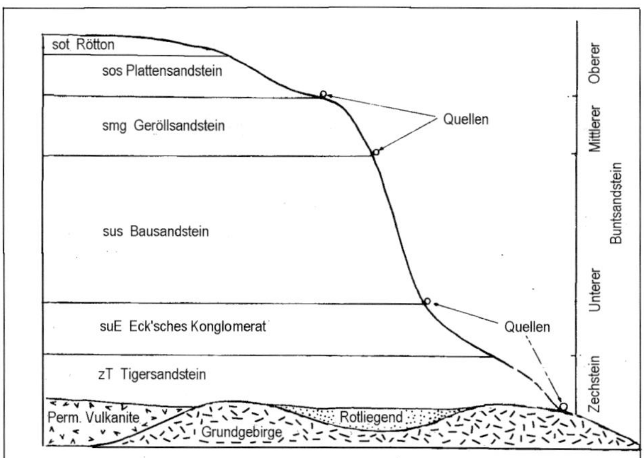

Abb. 40. Der Buntsandstein und seine Quellhorizonte. Nach Metz (1977). Buntsandsteinformation wurde nach dem neuesten Stand gegliedert.

Werden die Wasserleiter durch ein Tal angeschnitten, so tritt das Wasser als Schicht-, Schutt- oder Kluftquelle hervor.

Lit.: Trenkle (1984); Trenkle & Rudloff (1981); Wundt (1953).

7.2 Thermal- und Mineralquellen

Neben den im vorigen Kapitel genannten Quellarten gibt es auch noch Tiefenwässer. Sie bilden die Mineralquellen und Thermen. Von einer Mineralquelle spricht man, wenn das Wasser mehr als 1gr/l Mineralstoffe enthält. Mineralstoffe sind Kalzium, Magnesium, Eisen, Mangan, Jod, Chlorid und Sulfat. Gelöste Gase sind Kohlendioxid, Schwefelwasserstoff und Radon. Von Thermen spricht man, wenn die Temperatur des Wassers über 20 °C liegt. Die Thermen sind nach den Erläuterungen der Karte „Mineral-, Heil- und Thermalwässer" (2002) auf Grund der hohen Reliefunterschiede an granitischen Untergrund gebunden, die Mineralwässer und Säuerlinge im Schwarzwald an Gneise. Die Zirkulationstiefe der Thermen liegt bei 2000 bis 4000 m.

Termalquellen treten vor allem dort auf, wo die normale geothermische Tiefenstufe von 1 Grad/33 m weit höher liegt. Das ist an der Schwarzwaldrandverwerfung der Fall. Hier liegt die geothermische Tiefenstufe bei ca. 1 Grad/20 m. Hat die Therme weniger als 1 gr/l Mineralgehalt, so spricht man von Akratothermen wie z. B. in Baden-Baden. Thermalwässer führen meist mehr als 100 mg/l Kieselsäure und andere Mineralien mit sich. Das führt bei

Abkühlung zur Ausscheidung von Baryt, zur Vererzung, Bleichung und Verkieselung der anrainenden Gesteine. Beispiele sind die verkieselten Oberrotliegend Battertklippen über der Therme von Baden-Baden oder der Falkenstein über der Therme von Bad Herrenalb.

Das Alter der Thermalquellen im Nordschwarzwald errechnet sich nach Bestimmungen des C^{13}- und C^{14} -Gehaltes auf 7.500 bis 35.000 Jahre. K. Bender (1996) gibt für die Thermen in Bad Herrenalb das pleistozäne Alter von 35.000 Jahren, für Baden Baden ein Alter von 26.500 Jahren, für Bad Rotenfels das nacheiszeitliche Alter von 7.500 und 11.000 Jahren und für Bad Liebenzell von 8.200 Jahren an.

Der Schwarzwald ist von zahlreichen tektonischen Brüchen durchzogen, durch die mineralreiche Wässer aufsteigen können. Woher kommt der Mineralreichtum in den Wässern? Schon Plinius der Ältere (23–79 n. Chr.) und der Arzt Galenos (2. Jh. n. Chr.) erkannten, dass der Charakter eines Wassers durch die von ihm auf dem unterirdischen Weg durchflossenen Gesteine bestimmt wird. Das Grundwasser dringt auf Spalten entlang von Verwerfungen in große Tiefe, erwärmt sich und löst Mineralien aus dem umgebenden Gestein.

Das Na stammt aus Na-haltigen Plagioklasen (Albit), das Ca aus Ca-haltigem Plagioklas (Anorthit), das Mg aus Biotit, das K aus Orthoklas, das Chlorid aus Steinsalz und Biotit, das Sulfat aus Gips und Baryt, das Hydrogenkarbonat durch Auflösung von Karbonaten unter Beteiligung von Kohlensäure, das SiO_2 aus silikatischen Mineralien und Quarz.

Die Wässer sind auf Grund des Gehaltes der Isotopen Deuterium ^2H und Sauerstoff ^{18}O meteorischen Ursprungs, das heißt sie stammen von normalen kalten Oberflächenwässern. Diese fließen in porösem Gestein in Richtung des Schichtfallens und steigen durch hydrostatischen Druck der Wassersäule von der tiefsten Sohle wieder nach oben. Das unterirdische Wasser kann dabei beträchtliche Entfernungen zurücklegen. Beispiel sind die Cannstadter Quellen im schwäbischen Schichtstufenland. Das Fließen der Tiefenwässer kann auch durch unterschiedliche Konzentration salinar gespeister Wässer erfolgen. Das hochkonzentrierte Wasser unterwandert das spezifisch leichtere Wasser. Ein solcher Solestrom kann nach Carlé (1975) tief in ein salzfreies Gebirge vordringen, also vom Hochdruckgebiet eines Salinars in ein Tiefdruckgebiet eines salzlosen Gebirgsrumpfs. Diese Möglichkeit kann man sich beim Schwarzwald vorstellen. Er ist im Westen im Oberrheingraben von tertiären salzhaltigen Sedimenten umgeben, im Osten von Muschelkalk und Keuper, die reich an Anhydrit, Gips und Steinsalz sind. Von konzentrierten Solen wandert das Wasser durch zahlreiche Kluftsysteme in den Schwarzwald.

Man unterscheidet dabei:

- Chloridwässer
- Sulfatwässer
- Hydrogenkarbonatwässer

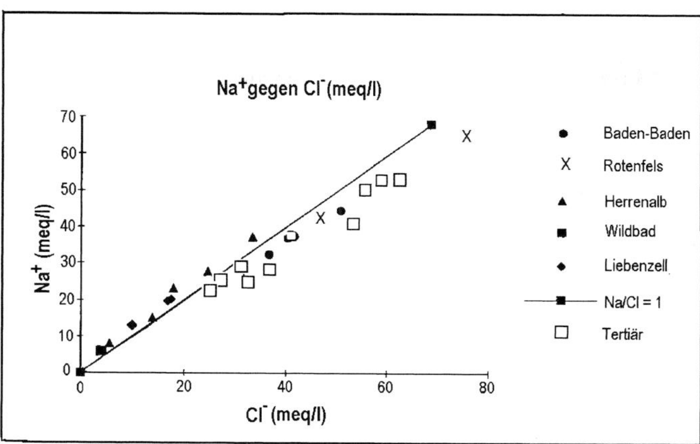

Abb. 41. Relation zwischen Na und Cl in Thermalwässern aus dem Nordschwarzwald und dem Rheintal. Aus Bender (1995).

Auffällig ist die Abnahme der NaCl-Konzentration mit der Entfernung vom Rheintal und auch die Relation Na/Cl unter 1 bei Bad Rotenfels, Baden-Baden und tertiären Thermalwässern des Rheintals.

Solen, die an die Steinsalzlager des Mittleren Muschelkalks gebunden sind, gibt es in Rottweil (Solemuseum) und in Bad Dürrheim (Solebad).

Radon- und radiumhaltige Wässer entstehen, wenn zirkulierende Wässer auf uranhaltige Gesteine treffen. Das ist im Baden-Badener Becken mit seinen oberkarbonischen uranhaltigen Sedimenten sowie im Gebiet der Menzenschwander Uranlagerstätte der Fall. Eine Radiumquelle gibt es bei Zell im Harmersbachtal.

Schwefelhaltige Quellen gibt es im Schwarzwald kaum, ausgenommen einer kleinen Schwefelquelle im Suggental. Diese ist auf feinverteilten Pyrit, Markasit und andere Sulfide in der Ruschelzone der Suggentäler Störung zurückzuführen. Im Allgemeinen sind die Schwefelquellen in Baden-Württemberg an bitumöse und pyrithaltige Tonsteine und Mergel, wie sie in den Schiefern des Lias ε oder im Tertiär in den Pechelbronner Schichten vorkommen, gebunden. Schwefelhaltige Quellen gibt es im Oberrheingraben in Bad Schönborn auf einer abgesunkenen Scholle mit Lias ε und auf der französischen Seite bei Pechelbronn (Source des Hélions) sowie am Albtrauf.

Schwefelwasserstoff entsteht in Verbindung mit organischen Substanzen nach der Formel:

$$Ca + SO_4 + CH_4 = CaS + CO_2 + 2\,H_2O$$
$$CaS + H_2O + CO_2 = CaCO_3 + H_2S$$

oder aus sulfidischen Erzen:

$$2\,FeS_2 + 2H_2O + 3O_2 = 2FeSO_4 + 2H_2S$$

Säuerlinge sind meist an vulkanische Zentren gebunden. Der CO_2-Austritt ist eine postvulkanische Erscheinung. Musterbeispiel ist im Schwäbischen Schichtstufenland die Filsprovinz in der Randzone um den Vulkanherd Uracher Alb. Im entfernteren Sinne sind wohl auch die Säuerlinge im Neckar-Eyach-Gebiet dazuzurechnen. Im Magma entsteht CO_2 nach folgender Formel:

$$CaCO_3 + SiO_2 = CaSiO_3 + CO_2$$

Löst sich das CO_2 in den Zirkulationswässern, so kommt es zur Bildung von Säuerlingen.

Die Säuerlinge im Schwarzwald dagegen sind nicht an Vulkane gebunden. Sie treten in zentralen Talbereichen entlang von Störungszonen (Bad Peterstal-Griesbach, Bad Rippoldsau, Bad Teinach) auf. Die Störungen führen zu Tiefenherden, aus denen CO_2 durch Klüfte aufsteigt.

Thermal und Heilquellen nach Carlé (1975) – Eine Auswahl
Nordschwarzwald
- Bad Herrenalb/32,5 °C/Na-Ca-Cl-SO_4 Therme
- Bad Liebenzell/24,8 °C/Na-Cl-HCO_3 Therme
- Bad Wildbad/39,4 °C/Akrato-Therme
- Bad Teinach/7 °C/Na-Ca-HCO_3 Säuerling

Mittelschwarzwald
- Bad Rippoldsau-Schapbach/Ca-Na-HCO_3 Säuerling
- Bad Peterstal-Griesbach/Na-Ca-HCO_3 Säuerling

Südschwarzwald
- Menzenschwand/9,3 °C/Radon-Wasser

Oberrheingraben
- Bad Rotenfels/20,9 °C/Na-Cl-Therme
- Baden-Baden/44,4–68,8 °C/Akrato Therme, Murquelle: Radon-Wasser
- Bad Bellingen/40,7 °C/Na-Ca-Cl-Therme
- Badenweiler/26,4 °C/Akrato Therme
- Bad Krozingen/Fe-haltiger Na-Ca-SO_4-HCO_3-Cl-Thermalsäuerling

Tabelle 8. Analysen mg/kg. Nach Carlé (1975). Hier auf die wesentlichsten Bestandteile beschränkt.

	Bad Imnau	Bad Griesbach Badquelle	Bad Teinach Hirschquelle	Bad Krozingen
Na	15069	153	298	1430
K	630	8	35	195
Mg	2991	33	55	219
Ca	1103	330	300	651
Fe	267	11	1	21
Cl	27905	19	44	992
SO_4	7370	541	111	2442
HCO_3	2562	899	1824	2074
CO_2	2024	1574	2192	1340

Bad Säckingen/29,6 °C/Na-Cl-Therme
Pechelbronn Les Hélions II/70 °C/Ca-Na-K-S-Therme*
Ostabdachung des Schwarzwaldes
Bad Dürrheim/12,4 °C/Sole
Bad Imnau/Fe-haltiger Mg-Sol-Säuerling

* nicht bei Carlé aufgeführt

Exkursionspunkte (Thermal- und Mineralquellen):
Bad Herrenalb: Mineral- und Thermalquelle, III/3; Baden-Baden: Thermalquelle, IV/1; Bad Liebenzell: Thermal- und Mineralquelle, VII/3; Bad Teinach: Mineralquelle, VII/5; Bad Wildbad: Thermal- und Mineralquelle, VII/8; Bad Krozingen: Mineral- und Thermalquelle, XIV/7; Badenweiler: Akrato-Thermalquelle, XIV/9; Bad Bellingen: Mineral- und Thermalquelle, XIV/15.

Lit.: Carlé (1975); Mineral-, Heil- und Thermalwässer LGRB (2002); Bender (1995).

7.3 Erosion und Verkarstung

In den Kalksteinen der Nord- und Ostabdachung des Schwarzwaldes, am Dinkelberg und im Hotzenwald kommt es durch CO_2-haltiges Wasser zur Auflösung bzw. Verkarstung des Muschel- und Jurakalks, mitunter auch zur Höhlenbildung.

$$CaCO_3 + H^+ + HCO_3 = Ca^{++} + 2HCO_3$$

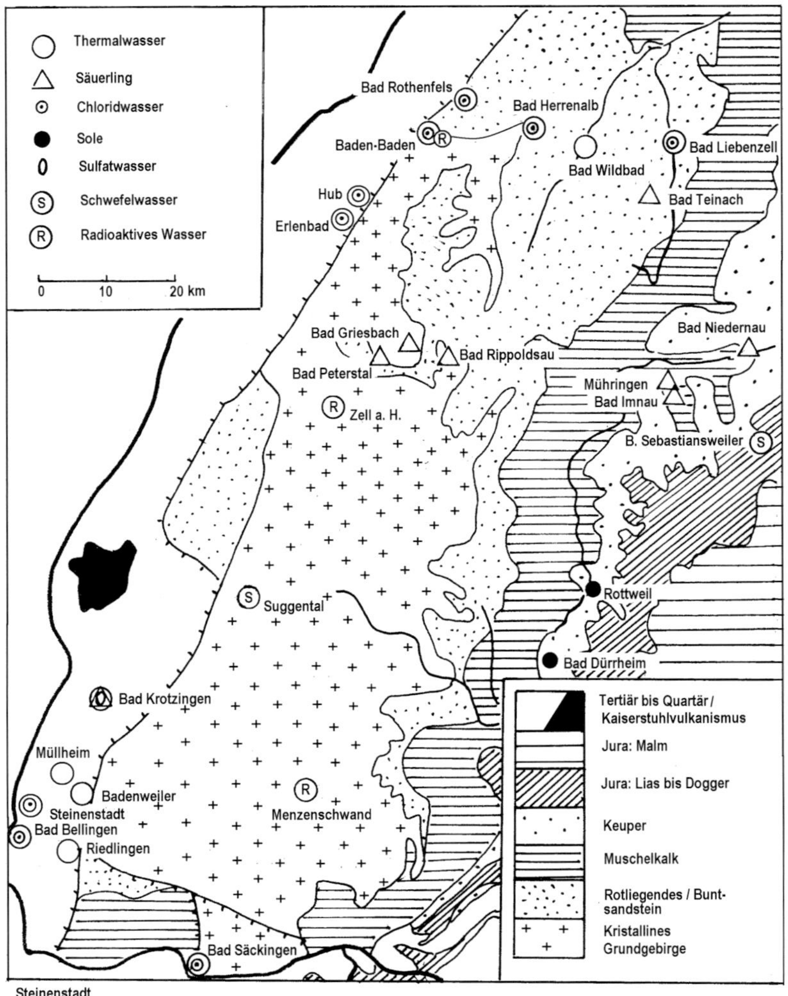

Abb. 42. Die Mineral- und Thermalwässer im und um den Schwarzwald. Im Wesentlichen nach Carlé.

Beispielhaft sind im Hotzenwald die beiden Wasser führenden Schauhöhlen, die 2185 m lange (360 m begehbar) Erdmannshöhle im Muschelkalk bei Hasel und die 1500 m lange (600 m begehbar) Tschamberhöhle bei Rheinfelden. Verdunstet das $Ca(HCO_3)_2$-haltige Wasser, so scheidet sich Kalzit und Aragonit aus und es wachsen von unten nach oben Stalagmiten und von der Decke Stalaktiten, wachsen sie zusammen, so nennt man sie Säulen. Durchschnittliches Wachstum 1cm/Jahr. Bei Immendingen kommt es zur Donauversickerung in unterirdische Karsthöhlen. Das Wasser tritt ca. 13 km südöstlich bei Aach in der ergiebigsten Karstquelle Deutschlands (8600 l/s), dem Aachtopf, wieder zutage. Da die Aach in den Bodensee abfließt, wird die obere Donau bei Vollversickerung zum Nebenfluss des Rheins (Farbbilder 46 + 47).

Durch das Wasser werden Anhydrit und Steinsalz aus dem mittleren Muschelkalk gelöst. Die darüberliegenden Schichten brechen ein. Es entstehen Dolinen wie im Kreis Freudenstadt der bodenlose See bei Empfingen, im Kraichgau die Neulinger Platte Kieselbronn – Neulingen mit über 200 Dolinen, die Katharinentaler Senke und die Erdfälle Eisinger Loch bei Pforzheim, die Erdfälle um Fluorn südlich von Alpirsbach, im Wutachgebiet der Erdfall Rosshag und umgebende Dolinen bei Löffingen, im Hotzenwald die Dolinenlandschaft bei Hasel, im Gebiet des Dinkelbergs nördlich Riedmatt die Dolinen Moosloch und Teufelsloch. Im Südschwarzwald ist das aktive Dolinenfeld Buckleten mit seinem sporadisch entstehenden und wieder verschwindenden See (zuletzt 1980) bei Bonndorf und der periodisch auftretende Eichener See bei Schopfheim bekannt.

Auch kommt es durch Auflösung und Wiederausfällung des Kalks zur Sinter- und Tuffbildung. Schöne Beispiele sind die Kalktuffbildungen in der Wutachschlucht, NW Dießen bei Horb und im Rohrbachtal zwischen Lembach und Weizen nördlich Stühlingen.

Exkursionspunkte (Karsterscheinungen):
Schopfheim-Eichen: Eichener See, XXI/2; Hasel: Erdmannshöhle, Tropfsteinhöhle, XXI/3; Rheinfelden-Riedmatt: Tschamberhöhle, Wasserhöhle, XXI/5; Rheinfelden-Riedmatt: Doline Teufelsloch, XXI/4; Göschweiler: Doline Rosshag, 25; Dettensee: Doline, 14; Eisingen b. Pforzheim: Doline Eisinger Loch, 9; Horb-Dießen: Kalktuff, 13; Wutachschlucht: Kalktuffbildungen, XX, Etappe 2, Station 14; Rohrbachtal: Kalktuff, 23.

7.4 Böden

Die oberste Verwitterungsschicht der Erdkruste bilden die Böden. Die Bodenverhältnisse hängen von den Klimabedingungen, dem Relief der Oberfläche bzw. den Abflussmöglichkeiten des Niederschlags, dem Gesteinsuntergrund, der Durchlässigkeit des Bodens sowie des Muttergesteins und der Vegetation ab.

Der Boden wird in folgende Horizonte unterteilt:
A-Horizont (Auslaugungshorizont, Oberboden, humose Bodenkrume)
B-Horizont (Ausfällungshorizont, Unterboden)
C-Horizont (Ausgangs- oder Muttergestein)

Auf den Höhen des Schwarzwaldes auf Buntsandstein und kristallinem Grundgebirge überwiegen mittel- bis flachgründige Braun- und Parabraunerden. In Hanglagen wird die Bodenbildung durch Abtragung beeinträchtigt und kommt nicht zur vollen Entwicklung. Es sind flachgründige steinige Böden, die unter einer humosen Bodenkrume oft unmittelbar in das Muttergestein übergehen (AC-Böden). Solche auch als Ranker bezeichnete Böden sind oft an den Schwarzwaldhängen anzutreffen. In den niederschlagsreichen Hochgebieten des Nordschwarzwaldes wie Hornisgrinde und Schliffkopf sind rostfarbene Nasspodsole und Torf anzutreffen. In den Talauen und Senken des Westabfalls des Schwarzwaldes wurden Lockermassen angehäuft, es bildeten sich Schwemm- oder Gleyböden. Auf der Ostabdachung des Schwarzwaldes bildeten sich über Kalk als Muttergestein steinige Verwitterungslehme (Rendzinen) die teilweise Bohnerz enthalten. Oft werden die Äcker von Bauern entsteint und mit Steinmauern umgeben. In den Vorbergen des Schwarzwaldes, im Kraichgau und Kaiserstuhl kam es während der Eiszeit zu mächtigen Lössablagerungen, die die fruchtbarsten Böden bilden.

Mechanische und chemische Verwitterung gehen Hand in Hand. Wird das Gesteinsmaterial sehr zerkleinert, kann die chemische Verwitterung einsetzen. Sie hängt vom pH-Wert des Wassers und dem Chemismus des zu lösenden Gesteinsmaterials ab. Mit zunehmendem pH-Wert nimmt die chemische Verwitterung ab, bei Kalken ist sie sehr groß, bei sauren Gesteinen wie Graniten entsprechend klein. Die Humifizierung und die biotische Aktivität sind bei neutralem pH am größten. Die chemische Verwitterung beruht vor allem auf

---

Abb. 43. Bodenkarte Schwarzwald. Stark vereinfacht nach Müller et al. (1965) aus Dierßen & Dierßen (1984).
1.= Podsole, Nasspodsole, Hochmoore, Torf. 2 = flachgründige Braunerden, kristallines Grundgebirge und Moränen. 3 = mittelgründige Braun- und Parabraunerden, Ranker, kristallines Grundgebirge, Unterer und Mittlerer Buntsandstein. 4 = vorwiegend Parabraunerden, sandiger Lehm, Lehm, Lösslehm, Oberer Buntsandstein. 5 = Braunerden und Parabraunerden, vorwiegend auf Lehm und lehmigem Ton; Kalkverwitterungslehme; Löss auf Terrassenschottern (Hoch- und Oberrhein). 6 = Rendzinen, Pararendzinen, Lehm, Muschelkalk, Keuper, Jurakalke. 7 = Parabraunerden und Gleye auf Lehm, Geschiebemergel und Molasse; vorwiegend Jungmöränengebiet. 8 = Pelosole und Peudogleye vorwiegend auf Lehm und Ton; tonige bis mergelige Keupersedimente und Lias-Mergel und Schiefer. 9 = Aueböden, Gleye, Niedermoore ± kalkreiche Auelehme der Flussauen und Bachtäler.

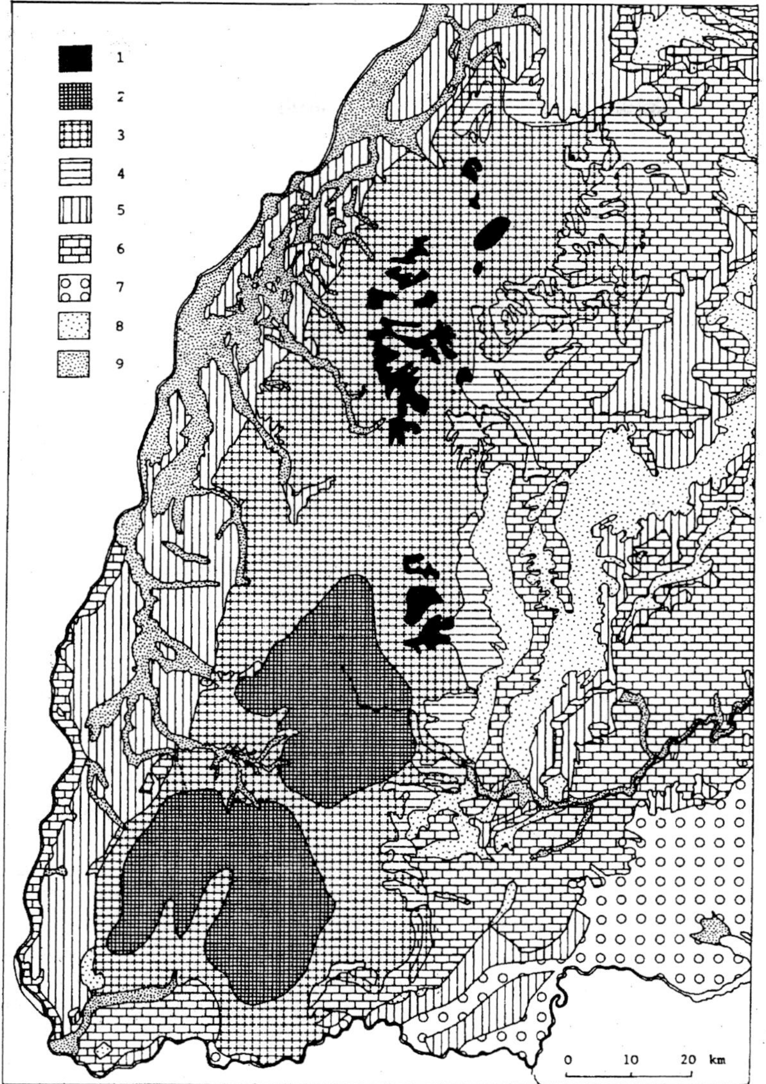
1
2
3
4
5
6
7
8
9
0 10 20 km

der Zerstörung und Umwandlung der Silikate wie Feldspäte, Glimmer, der Mg- und Ca-Karbonate und Eisenoxide. Die Alkalien der Feldspäte, Glimmer, Kalke und Dolomite gehen in der genannten Reihenfolge als Kationen leichter in Lösung. Die Schichtsilikate Glimmer wandeln sich direkt in Tonminerale um. Der Plattensandstein enthält relativ viel Muskovit und liefert bei der Verwitterung Tonminerale. Die Hochflächen des Oberen Buntsandsteins werden deshalb oft als Agrarland genutzt. Silizium geht als Sol und Gel in Lösung und wird als Siliziumdioxid durch Verdunstung und Ansäuern einer alkalischen Lösung wieder ausgeschieden. Das Aluminium bleibt im System H_2O-Al_2O_3 in saurer Lösung pH < 4 sowie in basischer Lösung pH >9 gelöst, fällt jedoch am Neutralpunkt aus. Eisenoxide verwittern zu einem FeOOH-Sol. Verdunstet das Wasser, so geht es in Hämatit (Fe_2O_3) über und bildet rostfarbene bis rote Erde oder färbt Sandsteine wie den Buntsandstein rötlich.

Lit.: Dierßen & Dierßen (1984).

7.5 Schadstoffbelastung

Waren früher Kohlensäure und Humussäuren die wesentlichen Säuren, die auf die Ausgangsgesteine bzw. -minerale einwirkten, so kommen heute in verstärktem Maße Schwefel- und Salpetersäure hinzu. Sie entstehen durch Schadstoffemission und -immission.

Schadstoffemission
Schwefeldioxid entsteht durch Verbrennung von Schwefel. Er verbindet sich mit Luftfeuchtigkeit zu schwefliger Säure (H_2SO_3), die rasch zu Schwefelsäure (H_2SO_4) heraufoxidiert wird. Für die SO_2-Emission sind vor allem die Kraftwerke und Fernheizwerke, die Industrie und Haushalte verantwortlich. Hohe Schornsteine der Fabriken schützen die unmittelbare Umgebung vor Schadstoffen, sorgen jedoch für eine weitere Verbreitung der Schadstoffe.

Stickoxide entstehen hauptsächlich durch Reaktion von Stickstoff mit Sauerstoff bei höheren Temperaturen wie in Motoren von Autos oder in den Abgasen der Flugzeuge. Mit Luftfeuchtigkeit verbindet es sich zu Salpetersäure (H_2NO_3)

Kohlendioxid wird hauptsächlich von Stein- und Braunkohlekraftwerken, Autos und der Industrie ausgestoßen. Da CO_2 hauptsächlich zu den Absorbern der langwelligen Wärmestrahlen gehört, die die von der Sonne erwärmte Erde reflektiert, kommt es zur Erwärmung und zur Veränderung des Klimas mit allen auftretenden Begleiterscheinungen: Heiße trockene Sommer, schneearme Winter, Störung des normalen Wasserkreislaufs, verstärkte Erosion bei Wolkenbrüchen, Kahlschlag bei Orkanen, Vermehrung von Schädlingen.

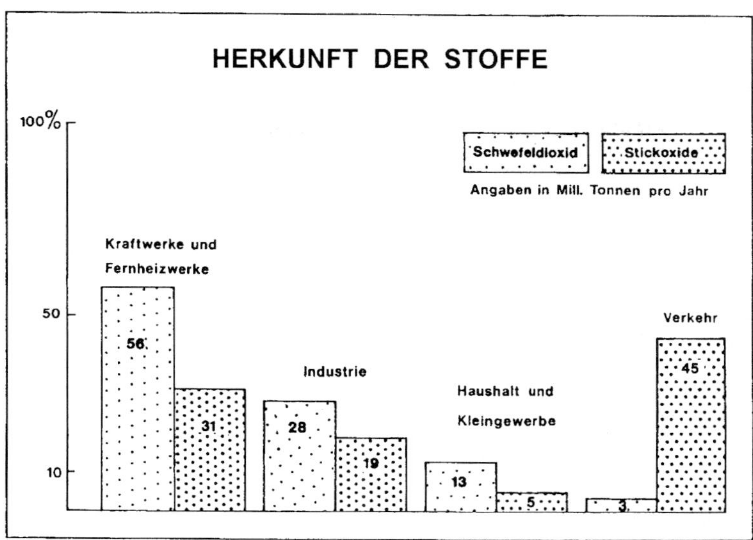

Abb. 44. Schadstoffemissionen. Mit einer kleinen Veränderung nach Trunkó & Gail (1984).

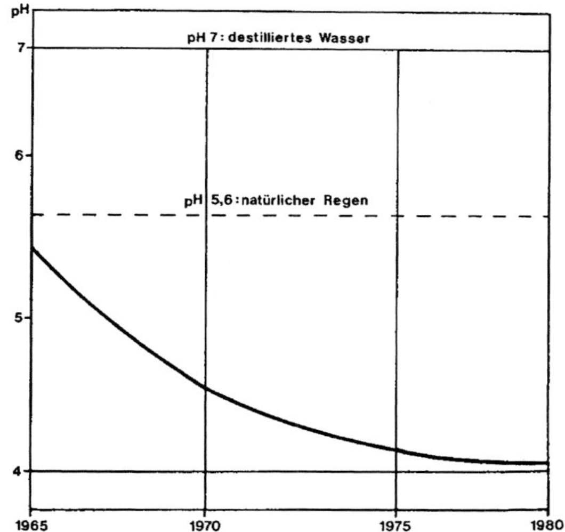

Abb. 45. Versauerung des Regens. Aus Trunkó & Gail (1984).

Schadstoffimmission

Seit Mitte der 60er-Jahre bis 1980 ist der pH-Wert des Regens von 5,4 auf nahezu 4 gefallen, d. h. er ist saurer geworden.

Trifft der saure Regen auf den Boden, so kommt es zu chemischen Reaktionen mit den darin vorkommenden Kationen. Schwefel- und Salpetersäure waschen Ca, Mg, Al und Ka aus dem Boden aus. Sind die Kationenpuffer gesättigt und ist die Säure im Überschuss, so wird das Wasser im Boden zunehmend saurer.

Der Versauerungsgrad der Quellen kann nach Quadflieg (1990) mit dem molaren Verhältnis $(Ca+Mg)/(NO_3+SO_4)$ beschrieben werden. Dieses Verhältnis lässt Versauerungstendenzen früher erkennen als der pH-Wert. Liegt es niedriger als 1,5, so beginnt eine Versauerung des Wassers.

Hinderer (1995) ermittelte die schon eingetretene und zukünftige Versauerung der Quellen im Nordschwarzwald durch das Computerprogramm Magic (Model of Acidification of Groundwater in Catchments). Er kommt zu folgendem Ergebnis:

Die Quellen am Westrand des Schwarzwaldes sind am frühesten einer Versauerung des Wassers ausgesetzt. Die Luvseite ist hier am ehesten den sauren Niederschlägen der westlichen Tiefs und somit der Schadstoffimmission ausgesetzt. Genauso verhält es sich mit der Schwermetallanreicherung von Blei und Cadmium.

Aber nicht nur durch saure Niederschläge sammeln sich Schwermetalle im Boden an, auch durch die Auswaschung von Halden in den alten Bergbaurevieren wurden sulfidische Schwermetalle freigesetzt und gelangten in Bäche und Sedimente der Niederungen. Dort lassen sich Anreicherungen von Kupfer, Zink und Cadmium nachweisen.

Hand in Hand mit der sauren Niederschlagsmenge schreitet das Waldsterben im Schwarzwald voran. Am meisten betroffen sind die Kammlagen wie Hornisgrinde, Mummelsee, Ruhestein, Wildsee, Schliffkopf. Sie sind auch bevorzugte Nebelgebiete. Tannen und Fichten kämmen aus dem Nebel die Feuchtigkeit und damit Säuren heraus, die Nadeln können nicht mehr atmen. Hier ist die Einwirkung der Schadstoffe am aggressivsten. Das Schadensniveau des Waldes hat trotz der seit 1997 gesunkenen Luft- und Bodenbelastung wieder zugenommen. Maßgeblich beteiligt an der Wiederzunahme der Waldschäden waren der Sturm Lothar 1999, der extrem trockene Jahrhundertsommer 2003 und ist der ständige Temperaturanstieg durch CO_2-Abgase. In den letzten 50 Jahren betrug der mittlere Temperaturanstieg in weiten Gebieten des Schwarzwaldes bis zu 3 °C. Mit über 45 % (2006) deutlich geschädigter Bäume gehören Baden-Württemberg und vor allem der Schwarzwald zu den Regionen mit den höchsten Waldschäden in Deutschland. Bundesweit waren 2006 28 % der Bäume geschädigt. Besonders betroffen sind Nadelbäume wie Fichten und Tannen. Auch schon für den Laien leicht erkennbares Musterbeispiel für Waldschäden ist das Gebiet Ruhestein – Wildsee – Mummelsee. Hier ist der Wald teilweise total abgestorben.

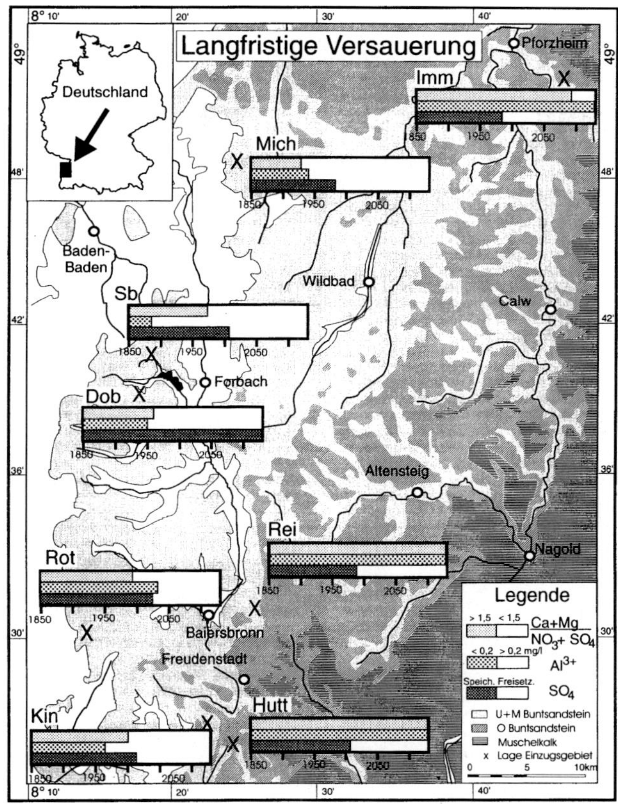

Abb. 46. Langfristige Versauerung der Quellen des Nordschwarzwaldes. Aus Hinderer (1995).

Neben dem sauren Regen ist auch maßgeblich das Ozon für das Waldsterben verantwortlich. Es entsteht vor allem unter Einwirkung des ultravioletten Sonnenlichtes. NO_2 zerfällt in NO und O, Sauerstoff wird dabei zu O_3 hochoxidiert. Je mehr Stickoxide durch Verkehr und Industrie produziert werden, desto mehr Ozon entsteht an Sonnentagen. Ozon ist für Menschen, Tiere und Pflanzen schädlich.

Schwefel- und Salpetersäure schwemmen im Boden das für Pflanzen wichtige Ca und Mg aus. Akuter Kalziummangel beeinträchtigt die Zellgewebe der Wurzeln so, dass sie nicht mehr Wasser in die oberen Stockwerke des Baumes pumpen können. Magnesiummangel wirkt ebenfalls destabilisierend auf die

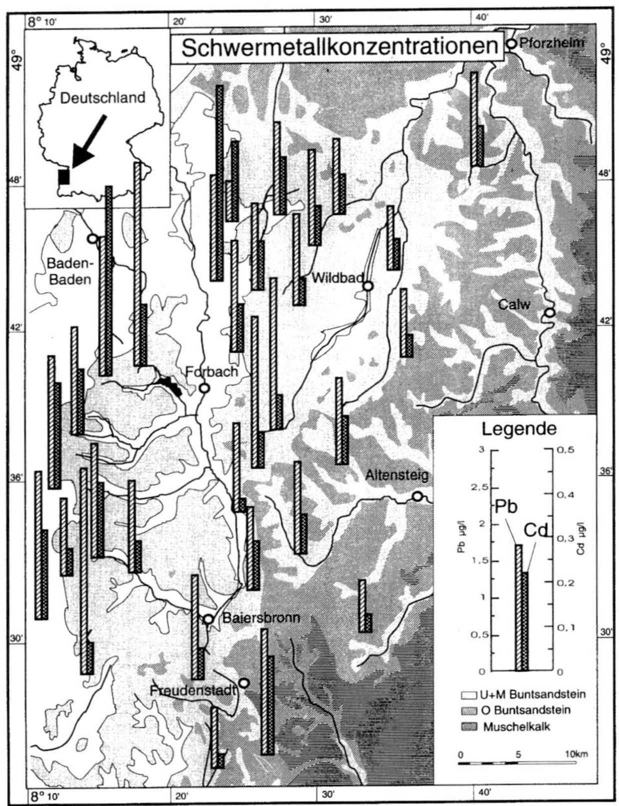

Abb. 47. Verteilung von Pb- und Cd-Konzentraten im Wasser der Buntsandsteinquellen. Nach Jechalik (1991) aus Hinderer (1995).

Enzymsysteme, die für den Aufbau der Zellen notwendig sind. Die Versauerung der Waldböden bedingt auch eine Zerstörung der Humusstoffe und Tonminerale. Sie werden in ihrer Kristallstruktur aufgelöst und schädigendes Aluminium wird für Pflanzen und Tiere freigesetzt. Die Funktion der Humusstoffe und Tonminerale als Wasser- und Nährstoffspeicher schwindet. Außerdem werden durch erhöhte Säuregehalte die Wurzelhaare und der für viele Bäume lebensnotwendige Pilzmantel zerstört.

Lit.: Hinderer (1995); Jechalik (1991); Quadflieg (1989); Trunkó & Gail (1984).

8 Bergbau im Schwarzwald und Umgebung

8.1 Lagerstätten

Der Schwarzwald ist nicht nur durch seinen Waldreichtum bekannt, der heute leider sehr geschädigt und krank ist, sondern ist auch reich an verschiedenartigen mineralischen Rohstoffen, die seit Jahrtausenden genutzt werden. Eisen, Silber, Blei, Zink, Kupfer und Kobalt wurden bis ins 19. Jahrhundert abgebaut; heute sind es Baryt, Fluorit, Granit, Gneis und Quarzporphyr. Im Rheintal wurden Kalisalze, Erdöl und in geringen Mengen Waschgold gewonnen.

Nach der Entstehung unterscheidet man folgende Lagerstätten:

8.1.1 Magmatische Lagerstätten

Vorkommen von Nickelmagnetkies bei Todtmoos und Horbach im Südschwarzwald. Beispiel: Der Hoffnungsstollen. Die Erze sind an eingeschuppte Metabasite im Gneis gebunden. Ein Abbau erfolgte bis Mitte des 20. Jahrhunderts. Die Mineralisation: Nickelhaltiger Magnetkies, Kupfer- und Schwefelkies.

Vorkommen von Niobmineralien wie Koppit und Perowskit im Karbonatit des Kaiserstuhls. Es erfolgten Abbauversuche während des Zweiten Weltkriegs.

8.1.2 Pegmatitische und pneumatolytische Lagerstätten

Spuren von Zinnstein im Granit von Hornberg-Niederwasser im Triberger Granit, Mittelschwarzwald.

Vorkommen von Wolframit im Pegmatit am Rossgrabeneck bei Bergach im Kinzigtal.

Alle beide Vorkommen sind zu gering für einen Abbau.

8.1.3 Hydrothermale Lagerstätten

Die hydrothermalen Lagerstätten sind der häufigste Typ im Schwarzwald. Sie füllen als Mineralgänge die Spalten im Grundgebirge und im Deckgebirge aus. Die Gangarten sind Baryt, Fluorit und Quarz. Die Erze sind vor allem silberhaltiger Bleiglanz, silberhaltiges Fahlerz, Kupferkies, Zinkblende, Eisenspat, Silber und Pechblende; in der Oxidationszone der Gänge kommen Brauneisen, Cerussit, Azurit, Malachit und Uranglimmer vor. Diese Gänge wurden seit dem Mittelalter mehr oder weniger rentabel abgebaut. Heute baut man nur noch in der Grube Clara silberhaltiges Fahlerz (Silberspat) und die Gangarten Fluorit und Baryt ab (Farbbilder 65–67).

Entstehung

Die hydrothermalen Gänge setzen im Granit und Gneis auf und setzen sich vor allem im Nordschwarzwald im Buntsandstein fort. Das Alter der Mineralgänge reicht zurück bis in spätvariszische Zeit. Viele Gänge sind auf das Tertiär zurückzuführen, in dem die Alpenfaltung, Drehung der afrikanischen Platte, Hebung des oberrheinischen Schildes, der Oberrheingrabenbruch und die Hebung der Schwarzwaldscholle als Folge zu Spannungen und Verwerfungen führte, an denen die erzhaltigen Wässer aufstiegen. Das Streichen der Erzgänge ist die Synthese des Stressfeldes, das einerseits durch die variszische Konvergenz nach NNW und dem extensionalen Stressfeld W-E des Oberrheingrabens bestimmt wird. Die Mineralgänge fallen sehr steil ein und

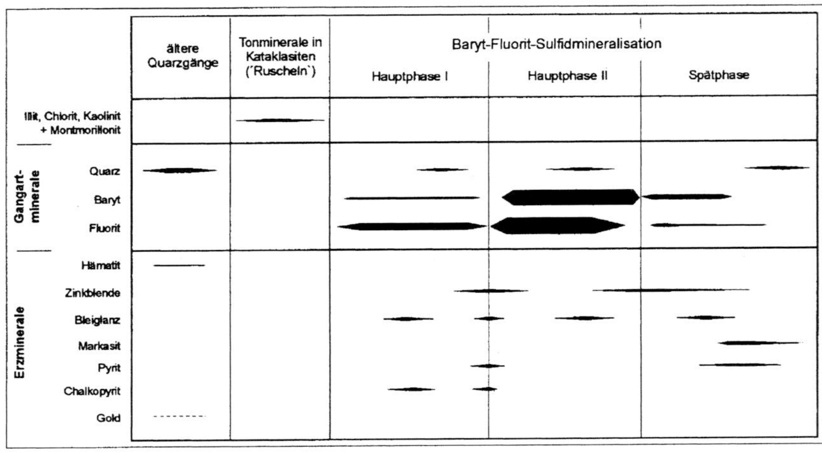

Abb. 48. Die Mineralisationsphasen der Grube Segen Gottes. Aus Luz (2003).

streichen im Nord- und Mittelschwarzwald NW-SE bis NNW-SSE, im Südschwarzwald und in der Nähe des Oberrheingrabens N-S. Die öffnungsmechanische Bewegung der Klüfte ist meist mehrphasig. Nach Werner und Franzke (1994) lassen sich bei der Hydrothermalaktivität im Allgemeinen 3 Hauptphasen unterscheiden:

- Spatvariszische Phase vor 300 Millionen Jahren: Extensionsvorgänge nach der Kollision verschiedener Mikrokontinente und der Bildung von Mitteleuropa. Bildung von Ruschelzonen und Silifizierung des Störungssystems. Bildung von Hornsteinen und Quarzgängen; Ausscheidung von Pyrit, Hämatit und Uran.
- jurassische bis kretazische Phase zwischen 190 und 80 Millionen Jahren: Extensionsvorgänge und Öffnung des Atlantiks.
  Mineralisationsphase I: Ausscheidung von Fluorit, Quarz und sulfidischen Erzen wie Bleiglanz, Pyrit, Chalkopyrit, Fahlerz
  Mineralisationsphase II: Ausscheidung von Baryt und Fluorit mit sulfidischen Erzen.
- tertiäre Phase zwischen 40 und 20 Millionen Jahren. Extensionsvorgänge durch Drehbewegung der afrikanischen Platte entgegen dem Urzeigersinn und Öffnung des Oberrheingrabens.
  Bildung von Gangtrümern, Brekziierung des Störungssystems, Entstehung des Quarzriffs bei Badenweiler. Ausscheidung von Quarz, Fluorit, Baryt und Sulfiderzen wie Pyrit, Markasit, Bleiglanz, Zinkblende und Siderit.
  In der Oxidationszone Ausscheidung von Azurit, Malachit, Brauneisen und Psilomelan.

Anhand mikrothermometrischer Untersuchungen an Flüssigkeitseinschlüssen in den Kristallen Fluorit, Baryt und Quarz im Bergbaurevier „Freiamt Sexau“ wurde die frühere Vorstellung der Bildung der Hydrothermallagerstätten durch ausschließlich aszendente Wässer revidiert. Vielmehr handelt es sich nach Lüders (1994) um salinare Wässer, die durch Extensionstektonik in entstandene Erdspalten in die Tiefe sickerten, sich aufheizten, Mineralien des Grundgebirges auflösten, hochstiegen und bei fallender Temperatur Minerale wieder ausschieden. Reagierten sie mit Oberflächenwässern, so entstanden Sekundärmineralien wie Eisenhydroxide oder Kupferkarbonate.

Untersuchungen der Verteilung von Seltenen Erden in Fluoritkristallen mehrerer Bergwerke im Schwarzwald durch Möller et al. (1982) haben gezeigt, dass die Fluorionen nicht magmatischen Ursprungs sind, sondern durch hydrothermale Wässer aus dem Kristallin gelöst wurden. Jedoch erklärt dies nicht die großen Konzentrationen an F-Ionen im Gangmaterial, die in dieser Menge im Granit und Gneis des Grundgebirges gar nicht vorhanden sind. Anhand von Seltenenerdenverteilungsmustern, in denen die schwereren Seltenen Erden rechts von Eu (s. Abb. 49) gegenüber den leichten überwiegen, konnte

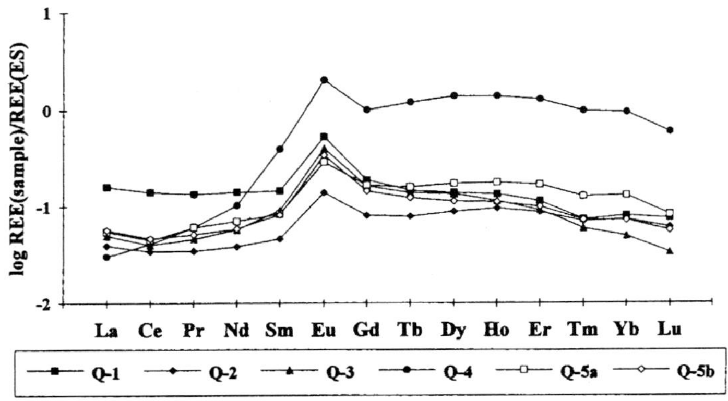

Abb. 49. SEE-Verteilungsmuster von Fluoriten aus dem Badenweiler Quarzriff. Aus Lüders (1994).

Lüders (1994) eine Umlagerung von Fluorit interpretieren, d.h. es müssen schon in spätvariszischer Zeit magmatische hydrothermale Fluoritgänge vorhanden gewesen sein, die in der kretazischen bis tertiären Phase ausgelaugt und wieder abgeschieden wurden.

Die Bildung der Baryt- und Sulfidmineralisation geht nach Lüders (1994) und Werner (1994) auf die Mischung zweier Lösungssysteme zurück: Na-, Ca- und Cl-reiche Lösungen aus dem permomesozoischen Sedimentbecken des Oberrheingrabens sickern über extensionale Bruchzonen in die kristalline Basis, lösen dort bei über 250 °C Barium- und Metallionen, steigen als metall- und bariumhaltige $CaCl_2$-NaCl reiche Alterationslösungen über Störungen im Grundgebirge und evtl. bis ins Deckgebirge auf und gelangen in den Mischungsbereich mit kühlen sulfatreichen und kohlenwasserstoffführenden Formationswässern und sauerstoffreichen Oberflächenwässern. Durch Abkühlung und chemische Reaktionen fallen Baryt (Grund- und Deckgebirge) und sulfidische Erze wie Bleiglanz, Pyrit, Markasit und Kupferkies (Grundgebirge) aus. Da Barium sehr wenig in kristallinen Gesteinen vorkommt, ist eine Lösung von Bariumionen aus schon vorhandenen variszischen hydrothermalen Barytgängen nicht auszuschließen. Als Quellen des Eisens der Siderit bildenden Lösungen kommen mesozoische Schichten wie die Doggererze in Frage.

Umfangreiche Untersuchungen haben gezeigt, dass meteorische Wässer (Oberflächenwasser), metamorphe Wässer und magmatische Wässer charakteristische Werte von Deuterium und $^{16}O/^{18}O$ haben. Daraus geht deutlich hervor, dass zumindest die tertiären hydrothermalen Lagerstätten

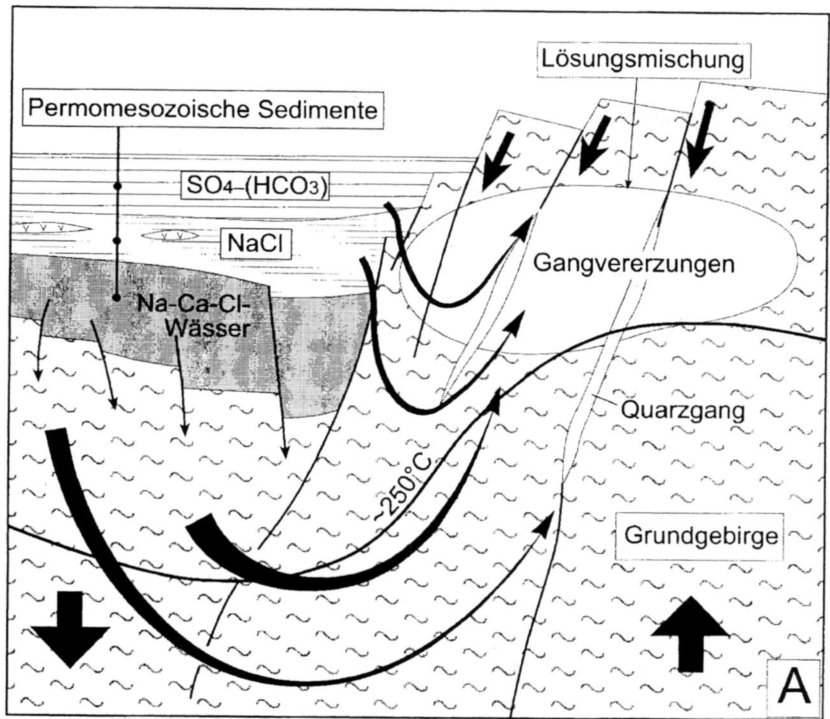

Abb. 50. Entstehung der Hydrothermalgänge in Mitteleuropa. Nach einem Modell von Behr & Gerler (1987) aus Werner et al. (2002).

im Schwarzwald durch Ausfällung von meteorischem Wasser entstanden sind.

Untersuchungen an Erzflüssigkeiten, vgl. dazu Markl & Sönke (2004), haben ergeben, dass die verschiedenen Mineralparagenesen sich bei unterschiedlichen Temperaturen gebildet haben:

- Ba-F-Pb-Cu-Gänge zwischen 130–170 °C
- edle Quarzgänge zwischen 200–250 °C
- U-Bi-Co-Ni-Ag-Gänge zwischen 250–300 °C

Klassifikation der Hydrothermalgänge

Nach den Erzen, der Gangart und dem Nebengestein unterscheidet man folgende Hydrothermalgänge:

a) Grundgebirge meist Paragneisanatexite aber auch Granit
   - Baryt-Gänge mit Eisen-Manganerzen
     Grube Rappenloch bei Eisenbach, Barytgrube Otto bei Schottenhöfen, Gremmelsbach bei Triberg.
   - Baryt-Kalzit-Gang mit Silbererzen:
     Grube Wenzel bei Oberwolfach.
   - Baryt-Quarz-Gänge mit Blei-Silber-Kupfererzen:
     Suggental, Glottertal.
   - Baryt-Quarz-Gänge mit Blei-Silber-Zink- und Kupfererzen:
     Gruben bei Weiler, Prinzbach und Reichenbach, Erzrevier Freiamt bei Freiburg.
   - Baryt-Fluorit-Quarz-Gänge mit Kobalt-Silber-Uran-Wismut-Arsenerzen:
     Bergbaurevier: Wittichen – Reinerzau (Gruben Sophia, Schmiedestollen, Neuglück, Dreikönigsstern).
   - Baryt-Fluorit-Quarz-Gänge mit Uranerzen:
     Uranlagerstätte Brunhilde, Menzenschwand.
   - Fluorit-Baryt-Quarz-Gänge mit Blei-Silber-Kupfererzen:
     Grube Erzengel Gabriel im Einbachtal bei Hausach, Revier Bad Rippoldsau, Grube Clara bei Oberwolfach; Grube Friedrich-Christian bei Wildschapbach; Grube Segen Gottes bei Haslach-Schnellingen.
   - Fluorit-Baryt-Quarz-Gänge mit Blei-Silber-Zink-Kupfererzen:
     Münstertal: Grube Teufelsgrund; Revier Todtnau-Wieden: Grube Anton, Finstergrund, Tannenboden; Grube Gottesehre bei Urberg.
   - Quarz-Baryt-Dolomit-Kalzit-Gänge mit Blei-Silber-Zinkerzen:
     Schauinsland.
   - Quarz-Baryt-Fluorit-Gänge mit Blei-Silber-Zinkerzen: Revier Badenweiler.
   - Quarzgänge mit Antimon-Silbererzen und Pyrit:
     Sulzburg, St. Ulrich, Grube Ludwig bei Hausach (mit Spuren von Gold).

b) Deckgebirge
   Im Buntsandstein unterscheidet man folgende Hydrothermalgänge:
   - Baryt-Quarz-Kupfer-Silber-Wismuterz-Gänge:
     Bergbaurevier: Neubulach; Baiersbronn – Freudenstadt – Hallwangen.
   - Baryt-Quarz-Eisenerz-Gänge:
     Eisenerzrevier Neuenbürg, Würmtal und Freudenstadt.
   - Fluorit-Quarz-(Baryt)-Gang:
     Grube Käfersteige bei Tiefenbronn/Würmtal.

Treten in einem Gebiet gehäuft Lagerstätten auf, dann spricht man von Bergbaurevieren. Die wichtigsten damaligen Bergbaureviere waren:

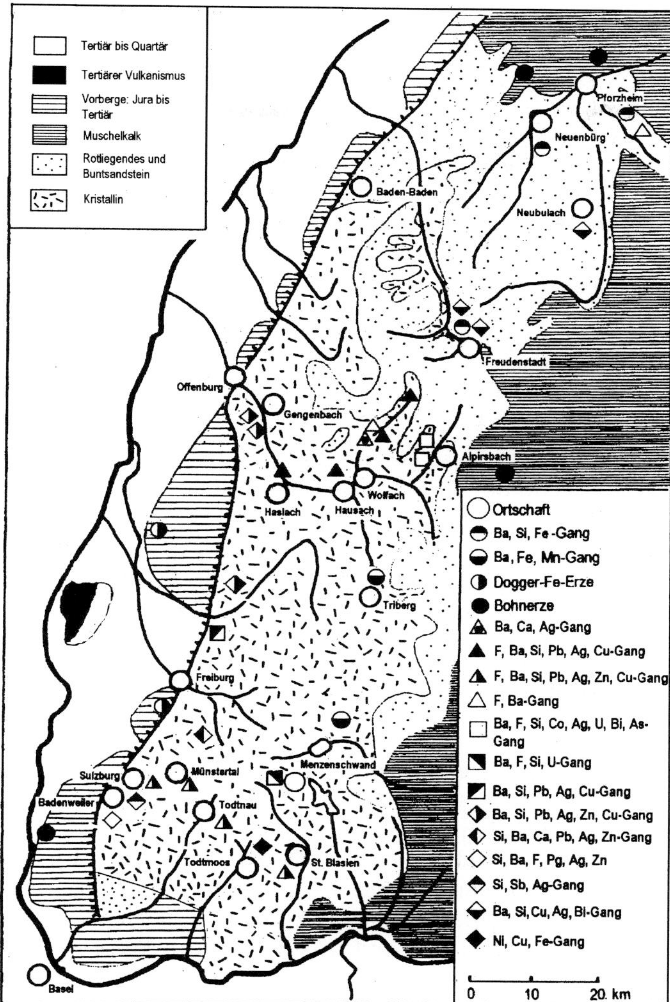

Abb. 51. Erzlagerstätten im Schwarzwald.

- Eisenbergbau um Neuenbürg.
- Kupfer-Silber-Wismutbergbau um Neubulach.
- Silberbergbau um Haslach-Hausach.
- Blei-Silber-Kupferbergbau um Wolfach – Schapbach – Rippoldsau, im 20. Jh. Fluss- und Schwerspatbergbau.

- Silber-Kobaltbergbau um Wittichen-Reinerzau.
- Silber-Kupfer-Eisenbergbau um Freudenstadt.
- Blei-Silber-Kupferbergbau um Prinzbach.
- Blei-Silber-Kupferbergbau im Freiamt Sexau.
- Blei-Silber-Zinkbergbau Schauinsland.
- Blei-Silber-Kupferbergbau Münstertal, im 20. Jahrhundert Flussspatbergbau.
- Blei-Silberbergbau um Badenweiler.
- Blei-Silber-Kupfer-Kobalt-Antimonbergbau um Sulzburg.
- Eisen-Mangan-Bergbau um Eisenbach.
- Blei-Silberbergbau um St. Blasien, im 20. Jahrhundert Flussspatbergbau.

Exkursionspunkte (magmatische und hydrothermale Lagerstätten):
Würmtal, Burg Liebeneck: Brauneisenerz-Lagerstätte, VII/1; Neubulach, Mineralienmuseum, Schaubergwerk: Kupfer/Silber, VII/6; Neuenbürg, Schaubergwerk: Brauneisenerz, VIII/2 + VIII/3; Freudenstadt, Schaubergwerk: Barytgang mit Brauneisenerz; Bergwerke mit Fahlerz, Kupferkies, IX; Freudenstadt/Baiersbronn, Christophs- und Friedrichstal Hüttenwerke, IX; Wittichen, Bergbau: Silber, Kobalt, X/2; Hausach-Dorf, Bergbaumuseum und -pfad, X/4; Haslach-Schnellingen, Schaubergwerk: Fluorit, Baryt, Bleiglanz, Zinkblende, Kupferkies, Silber; Biberach, Bergbau (Pingen) des Reviers Prinzbach, X/9; Wolfach-Kirnbach, Grube Clara, Bergbau, Halde: Flussspat, Baryt, Fahlerz, XII/2; Oberwolfach, Mineralienmuseum, XII/1; Badenweiler, Bergbau im Quarzriff: Quarz, Galenit, Zinkblende, XIV/10; Kropbach, Münstertal, Bergbau: Blei, Zink, Silber, XVI/1; Münstertal, Bergbau, Schaubergwerk: Blei, Zink, Silber, Flussspat, XVI/2; Todtmoos, Schaubergwerk: Ni-haltiger Magnetkies, XIX/6.

8.1.4 Sedimentäre Lagerstätten

Kohlerevier Diersburg-Berghaupten
Ein 50 bis 400 m breiter und 2,5 km langer Kohleflöz im Gneis. Es handelt sich um eine aschenreiche Anthrazitkohle. Sie ist tektonisch stark beansprucht und enthält nur undeutliche Pflanzenreste. Der Kohleabbau dauerte von 1753 bis 1911. Zwischen 1900 und 1910 wurden 24.365 Tonnen Kohle gewonnen. Der Abbau wurde wegen der Unwirtschaftlichkeit, der Verschuppung des Steinkohlenflözes und des brüchigen Nebengesteins (Gneisanatexite) eingestellt.

Kohlerevier Baden-Baden
Im Baden-Badener Rebland bei Varnhagen gab es kleine Steinkohlevorkommen. Die vorkommenden gut erhaltenen Pflanzenreste lassen auf das Oberkarbon (Oberstefan) schließen. Die Abbauversuche reichten von Mitte des 18. Jh. bis Mitte des 19. Jh. 1792 erreichte der Abbau mit 222 t Steinkohle den höchsten Stand.

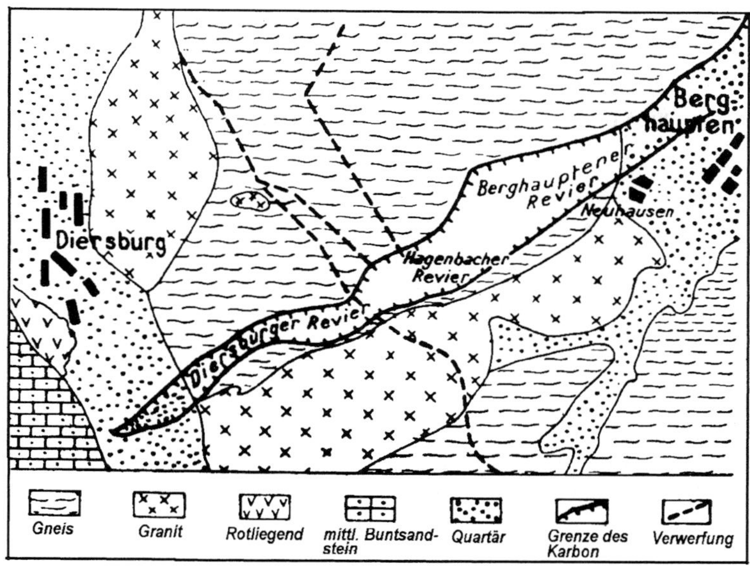

Abb. 52. Karte des Kohleflözes bei Diersburg im M 1:33.000. Aus Henglein (1924) nach Ziervogel.

Uranbergbau in Baden-Baden

Bei Müllenbach zwischen Lichtental und Gernsbach wurde 1954 der Kirchheimer Versuchsstollen angelegt. Er erschließt in karbonischen Sandsteinen, Arkosen und Tonschiefern sedimentär abgelagerte Pechblende und Coffinit. Der Abbau der Vorräte erwies sich als unrentabel.

Kalibergbau bei Buggingen

Kalisalzlagerstätten in den oligozänen Pechelbronn Schichten im Oberheingraben. Die Bildung der Salzlagerstätten wird im Allgemeinen durch die Barrentheorie erklärt, nur dass es sich bei der Bildung der Kalisalzlager im Oberrheingraben nicht um ein arides, sondern vielmehr um ein feuchtheißes Klima handelte. Die Lagerstätte hat eine Mächtigkeit von 4 m, eine Länge von 10 km, eine Breite von 4–5 km und wird von zwei Basaltschloten durchschlagen. Sie liegt 700 bis 1200 m tief unter der Erdoberfläche. Die Kalilager liegen in einer mehrere hundert m dicken Schicht aus Tonen, Mergeln, Anhydrit und Steinsalz. Das Kalilager selbst besteht aus Sylvinit, einem Gemisch im Durchschnitt aus ca. 25 % Kaliumchlorid, 65 % Natriumchlorid und 10 % Ton. Der Kaligehalt liegt zwischen 23 bis 29 %. Rechtsrheinischer Abbau von 1927 bis

1973 in Buggingen, linksrheinisch in Mülhausen bis 1992. Das Streckennetz in Buggingen betrug in den 60er-Jahren 25 km, die tiefste Abbaustelle 1100 m. 1966 erzielte die Grube 744.340 t Rohsalz.

Gipsabbau

Gipslagerstätten treten im Keuper und mittleren Muschelkalk vor allem in den sedimentären Randgebieten des südlichen Schwarzwaldes auf. Ehemalige Lagerstätten im mittleren Muschelkalk sind in der Wutachschlucht (Dietfurter Mühle), bei Wehr, Tiengen und Oberndorf-Aissteig anzutreffen. Gipslager im Keuper gibt es bei Döggingen, Unadingen, an der Wutachmühle bei Ewattingen, bei Badenweiler-Sehringen und am Dinkelberg.

Kieselerde und -knollenlagerstätten

In der Jungsteinzeit Abbau von Jaspisknollen in den Splitterkalken am und rund um den Isteiner Klotz im Gebiet Efringen-Istein-Kleinkems zur Herstellung von Feuersteinwerkzeugen.

Früher Abbau von Kieselerde bzw. von Tripel im mittleren Muschelkalk rund um Pforzheim als Schleifmittel für die Schmuckindustrie.

Abbau von Doggererzen

Abbau von jurassischen Eisenoolithen bei Ringsheim, Freiburg und Blumberg. Eisenoolithe befinden sich in den Eisensandsteinen der Murchisonae-Oolith-Formation im Dogger (Ringsheim und Freiburg) sowie in den Macrocephalus-oolithen (Blumberg). Eisenoolithe bildeten sich im marinen Flachwasserbereich in weniger als 2 m tiefem Wasser um das damalige Hochgebiet Schwarzwald. Die größte Eisenoolithlagerstätte bildete sich in der Bucht der Vogesenschwelle und dem rheinisch-ardennischen Festland bei Metz. Das Eisen wurde aus dem Festlandsbereich durch Verwitterung mobilisiert und durch Flüsse in das Meer verfrachtet. Eisenhydroxide setzten sich an kleinen Sandkörnern und Fossilresten ab und bildeten in der Brandung kleine runde Körner. Abbaustellen in der Schwarzwälder Vorbergzone im Tage- und Untertagebau bei Ringsheim (bis 1969), Untertagebau in Freiburg-St. Georgen (1937–1942) und bei Blumberg im 18. Jahrhundert und 1935–1942. Der Bergbau der Doggererze wurde nach dem Verlust der lothringischen Minette und vor allem während des Zweiten Weltkriegs für die Rüstungsindustrie gefördert. Das Eisen wurde im Schwarzwald abgebaut und im Ruhr- und Saargebiet verhüttet.

Bohnerzlagerstätten

Bohnerze sind Konkretionen von Eisen in lehmigen und tonigen Schichten, dem Bohnerzlehm, der sich in Mulden und Schlotten von Kalkgestein durch lateritische Verwitterung in subtropisch-humidem Klima während des Tertiärs bildete. Dabei wurden Kalksteine aufgelöst und illitischer Ton in Kaolinit um-

Tabelle 9. Chemische Analyse von Bohnerz, Bohnerzlehm und Kalkstein (Liptingen, Hegau). Aus Schreiner (1992) nach Eichler (1961): Erläuterungen zu Blatt Hegau und westlicher Bodensee.

	Bohnerze	Bohnerzlehm	Kalkstein
Fe_2O_3 %	55,3	21,0	21,3
Al_2O_3	15,3	26,3	17,8
SiO_2	11,3	34,4	60,9
MnO_2	0,6	0,5	–

gewandelt, Kieselsäure weggeführt, während sich Tonerde anreicherte und Eisenoxide sich zu kugeligen Konkretionen zusammenballten. Sie erreichen meist Erbsen- bis Walnussgröße, in seltenen Fällen auch Kopfgröße, haben einen schaligen konzentrischen Aufbau mit einem braunen tonigen Mantel und einem Kern aus Eisenhydroxid. Die Oberfläche ist glänzend, der Bruch matt blauschwarz. Der Fe-gehalt liegt im Allgemeinen zwischen 25 und 30 %, der Mangangehalt zwischen 0,1 und 0,6 %.

Bohnerzgebiete sind im Markgräfler Land die Gebiete um Auggern, Schliengen und Kandern. Auf der NE bis SE-Seite des Schwarzwaldes findet man Bohnerz um Pforzheim (Nordschwarzwald), bei Fluorn (Mittelschwarzwald) und Liptingen (Hegau). Die Bohnerze wurden schon seit der Keltenzeit gesammelt und zu Roheisen verarbeitet.

Goldseifen im Oberrhein

Im Rheintal finden sich Goldflitter in den pleistozänen eiszeitlichen Schottern der Niederterrassen. Günstige Orte der Bildung von goldhaltigen Kiesbänken sind zahlreiche Inseln und flache Uferstellen, Abzweigungen von Flussschlingen und stille Buchten. Hier reicherten sich Goldflitter am Kopf der Kiesbänke an und bildeten etwa 20 cm mächtige sichelförmige Säume. Das Rheingold stammt aus Quarzgängen im Napfgebiet zwischen Bern und Luzern, von wo es durch die Aare in den Rhein gespült wurde. Der Gehalt betrug 0,25–0,45 gr/Tonne. Während der Begradigung des Rheins zwischen 1804 und 1834, als riesige Mengen Sand und Geröll bewegt wurden, waren in 37 badischen Ortschaften ca. 400 Goldwäscher tätig, die im Jahr 8,3 kg Gold, pro Kopf jährlich 21 gr gewannen. Den goldhaltigen Sand spülte man über leinenbespannte Bretter. Die schweren Goldflitter blieben am Tuch hängen. Die Tücher wurden in Wannen ausgewaschen und das Gold angereichert, dann mit Quecksilber zu einem Amalgan aufbereitet, aus dem man das reine Gold gewann. Nach der Rheinregulierung und den billigeren Goldimporten aus den USA und Australien wurde Mitte des 19. Jahrhunderts die Goldgewinnung am Rhein eingestellt. In der Inflationszeit in den 20er-Jahren erinnerte man sich an die goldenen

Abb. 53. Karlsruher Notgeld 1923. Aus Lepper (1980).

Zeiten am Rhein (siehe Abb. 53: „Gold des Rheines münzten einst die Väter hier; Enkel drucken heute Nullen auf Papier.")

Letzter Goldprofi ist Manfred Common aus Karlsruhe. Im Kieswerk Holcim Kies und Beton GmbH im pfälzischen Rheinzabern unweit von Karlsruhe werden durch ein besonderes Flotationsverfahren Goldseifen aus Rheinsanden gewonnen. Ausbeute/Jahr: Einige kg Gold. Die dortige Goldgewinnung ist bundesweit einzigartig. Sonst gehört das Goldsuchen zu den Hobbys oder ist Touristenattraktion. Näheres über Gold und Goldsuchen unter www.goldsucher.de.

Exkursionspunkte, Sedimentäre Lagerstätten:
Kleinkems: Kalkwerk und jungsteinzeitliches Feuersteinbergwerk, XIV/14; Efringen-Kirchen: Museum mit Jaspisknollen und rekonstr. Bergwerk, XIV/14; Berghaupten, Gasthof Bergwerksstube: Kohlebergbau, XI/1; Diersburg, Hagenbachtal: Kohlebergbau, XI/2; Freiburg-St. Georgen: Doggererzbergbau, XIV/2; Freiburg, Schönberg: Doggererzbergbau, XIV/5; Ringsheim: Doggererzabbau, 28.
Buggingen: Kalibergbau, Bergbaumuseum, XIV/8; Blumberg: Doggererzabbau, XX, Etappe 1, Station 1; Wutachmühle, Ewattingen: Gipsabbau im Gipskeuper, XX, Etappe 1, Station 6; Wutachschlucht, ehemal. Dietfurt: Gipsabbau im mittl. Muschelkalk, XX, Etappe 2, Stat. 17; Döggingen: Gipsabbau im Gipskeuper, 21.

8.1.5 Verwerfungslagerstätten

Durch die tiefe Absenkung der Sedimentfüllungen mit organischen Bestandteilen in den oligozänen Pechelbronner Schichten und Lymnäen-Mergeln (Muttergesteine) konnte durch Wärme Erdgas und Erdöl entstehen. Erdöl entsteht bei Erwärmung von 60°–120 °C, bei 150 °C und mehr kommt es zum Cracken bzw. Abspalten der langkettigen Molekühle des Erdöls in die Kompo-

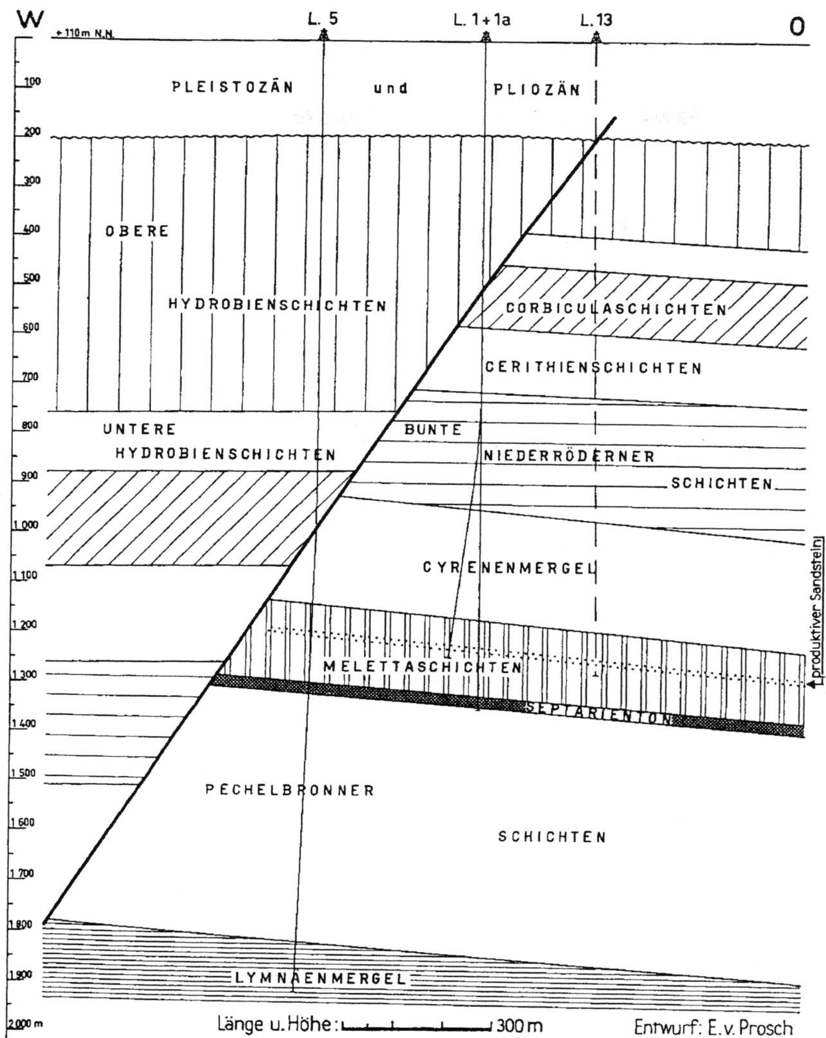

Abb. 54. Tektonik des Erdölfeldes Leopoldshafen, Oberrhein. Aus LGRB, B-W (1962).

nenten Methan, Äthan, Propan und Butan. Es bildet sich Erdgas. Erdöl reicherte sich in den selbigen Schichten an, stieg aber auch wegen seiner geringeren Dichte (0,85–0,89 g/cm³) gegenüber Wasser (1 g/cm³) an tektonischen Verwerfungen auf und breiteten sich in den sandigen und porösen Melettaschichten und Cyrenenmergel (Speichergesteine) von Kippschollen aus. Die Erdöllagerstätten gehören somit zu den Verwerfungslagerstätten. Die Erdgase stiegen noch höher und reicherten sich in miozänen Sedimenten ab.

Gefördert wurde Erdöl schon seit 1920, vor allem aber in den 1950er- bis 1970er-Jahren in den Gebieten rechtsrheinisch um Weingarten, Forst, Karlsruhe-Leopoldshafen und linksrheinisch um Landau in der Pfalz.In Pechelbronn im Elsass befindet sich seit dem 15. Jahrhundert (erste geschichtliche Erwähnung 1498) die älteste Erdölförderung Europas. Während des Zweiten Weltkrieges wurde dort Erdöl mit über 600 Schlegelpumpen und in acht Schächten gefördert. Das gewonnene Erdöl wurde an Ort und Stelle durch eine Raffinerie verarbeitet. 1944 wurde die Anlage weitgehend zerstört. Überhaupt waren die Erdöllagerstätten auf der linksrheinischen Seite im Elsass und in der Pfalz ergiebiger als diejenigen auf der rechtsrheinischen Seite, was auf die asymmetrische tektonische Struktur des Rheintalgrabens zurückzuführen ist. Erdgas wurde vor allem in Hagenbach gefördert.

In Leopoldshafen förderte man z. B. 1961 in einer Teufe von 1200 m 13.300 Tonnen Erdöl, im Jahr 1979 nur noch 3.000 Tonnen. In den 60er und 70er Jahren wurden die meisten Erdölpumpen wegen Versiegen der Quellen eingestellt. Auch war die Erdölförderung gegenüber der Förderung in anderen Gebieten und Ländern unrentabel. Heute sind nur noch vereinzelte sogenannte Schlegelpumpen, im Volksmund „Pferdeköpfe" genannt, im Gebiet um Landau z. B. im Stadtteil Queichheim tätig. Sie arbeiten mit neuester Anwendungstechnik von Ölfeldchemikalien durch die BASF (Ludwigshafen), die eine Steigerung der Erdölausbeutung von 20 auf 30 % erlaubt. Die Pumpen werden von der Firma Wintershall mit Sitz in Kassel betrieben.

Seit der extremen Erhöhung der Benzinpreise im Jahr 2008 arbeiten auf nordelsässischer Seite wieder Schlegelpumpen bei Scheibenhard, am Schelmenberg bei Oberlauterbach und in Eschau südlich Straßburg. Das hier gewonnene Öl (1 % der Jahresproduktion Frankreichs) wird in der Raffinerie in Reichstett weiter verarbeitet.

Lit.: Agricola 16. Jh.; Baumgärtl & Burow (2003); Bliedtner (1986); Boigk (1981); Dreier (2000); Franzke & Werner (1994); Gruber & Kirgus (2009); Henglein (1924); Huck (1984,1986); Lepper (1980); LGRB (1962); Lorenz & Schmauder (2003); Lüders (1994); Markl (2005); Markl & Sönke (2004); Maus & Renk (1981); Meier (1982); Metz (1977); Möller et al. (1982); Schlohmann (1987); Seeger (1963); Steen (2004); Storch (1994); Walenta (1987); Weise (2001); Werner & Dennert (2004); Werner et al. (2002); www.oberrheingraben.de.

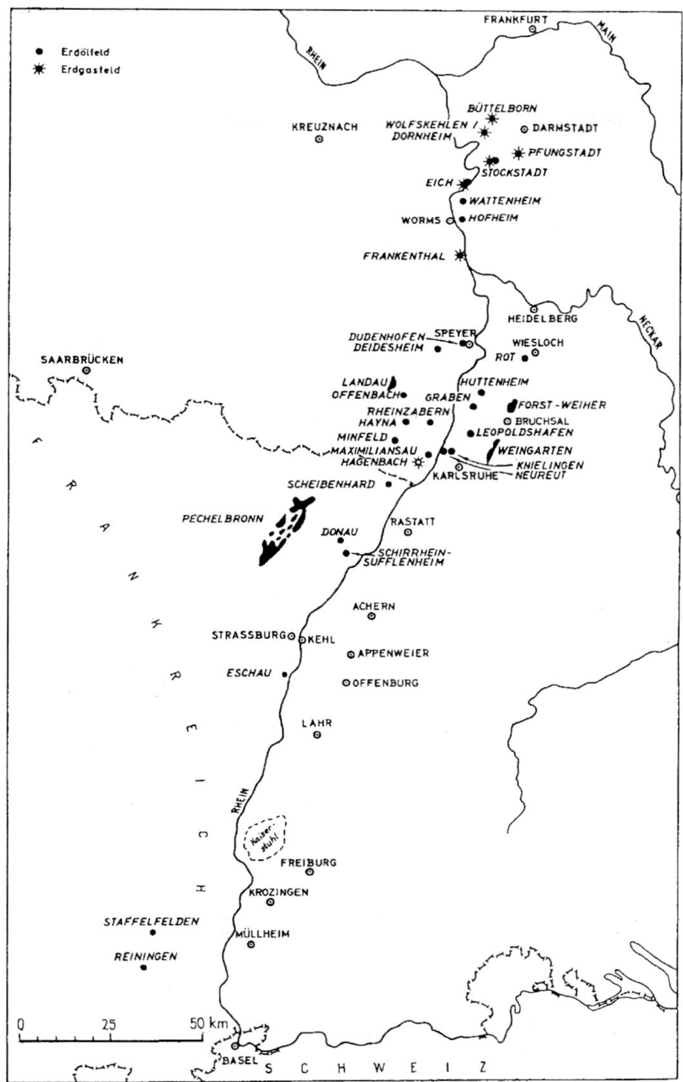

Abb. 55. Erdöl- und Erdgasförderung im Oberrheintal in den 50er- bis 60er-Jahren des vorigen Jahrhunderts. Aus LGRB, B-W (1962).

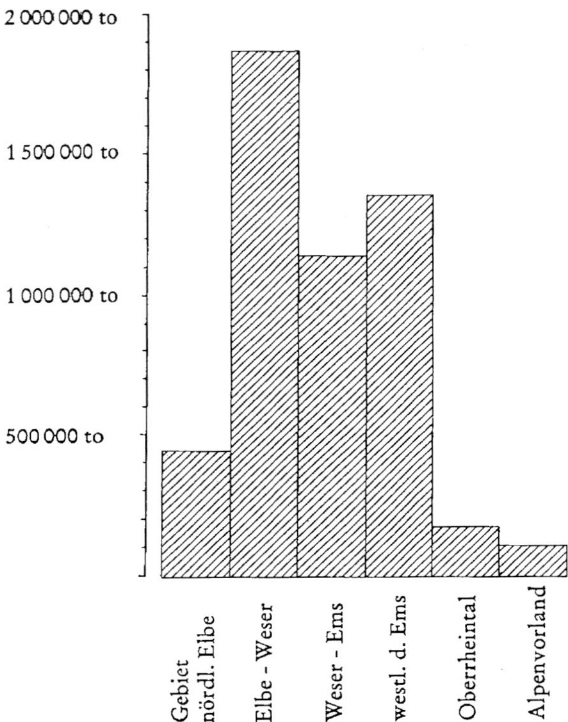

Abb. 56. Deutsche Erdölförderung 1959. Aus LGRB, B-W (1962).

8.2 Abbaumethoden

Die ersten Abbauversuche von Erz waren im Tagebau. Hatte man eine „höffige" Stelle gefunden, begann man den Gang von der Oberfläche her abzutragen. Es entstanden Trichter, die wie Bombenkrater aussahen, sogenannte „Schurfpingen". Oft sind mehrere Schurfpingen perlenartig aufgereiht. War der Verlauf der Erzader reichlich bekannt und war sie ergiebig, baute man nur den Gang ab, das Nebengestein ließ man unberührt. Es entstanden sogenannte „Verhaue". Seit dem Mittelalter ging man zum Untertagebau über und trieb mit „Eisen und Schlägel" Stollen in den Berg. Sie folgten dem Streichen des Erzganges. Die Stollen wurden nicht begangen, sondern „befahren". Die in den Schächten befestigten Leitern nannte man „Fahrten". Bei lohnender Erzführung können mehrere Stollen übereinanderliegen. Sie sind durch einen senkrechten Schacht verbunden. Er diente zur Belüftung des Bergwerks, was in der Bergmannsprache „Bewetterung“ heißt, zur Förderung der Erze (Förderschacht) und als Zugang der Bergleute (Fahrschacht). Zur Entwässerung des Bergwerks legte man einen leicht schräg nach unten verlaufenden Stollen, den „Erbstollen“ an. Er diente wie der Schacht gleichzeitig als Zugang für die Bergleute und zur Bewetterung. Die Entwässerung im Bergwerk selbst erfolgte durch Pumpen, sogenannte „Wasserkünste“. Sie wurden früher durch Wasserkraft, heute elektrisch angetrieben.

In der Grube Clara wird das Fördermaterial nicht mehr durch einen Förderschacht in obere Stockwerke gebracht und dann in Loren von einer Lok über Tage gefördert, sondern durch einen Schaufellader vor Ort vom Baryt- und Fluoritgang gebrochen, in Lastwagen gefüllt, die das Fördermaterial durch eine Wendel über Tage fahren.

Die Bergwerksbelegschaft bestand aus Hauern, Huntestössern, Steigern, Markscheidern und Zimmerleuten. Der Hauer brach den anstehenden Fels

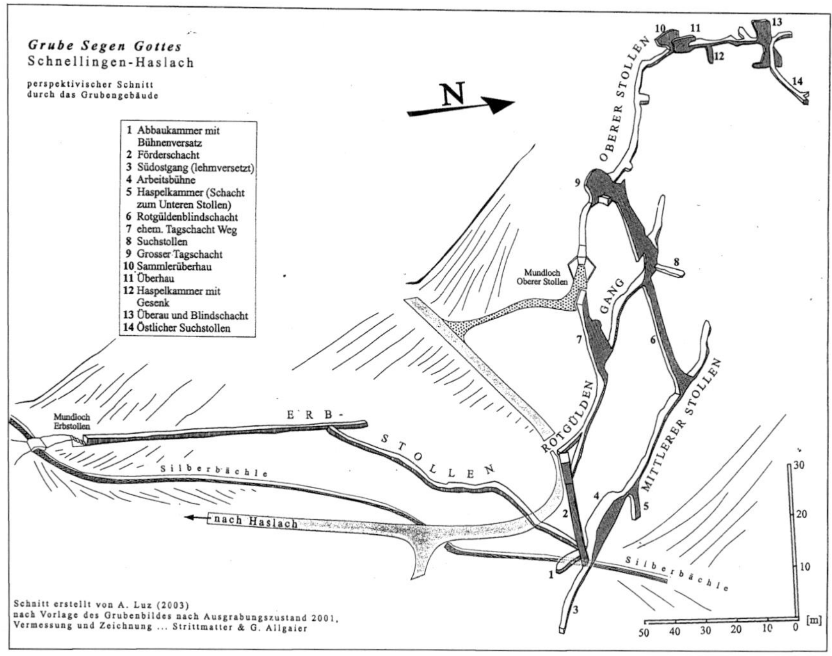

Abb. 57. Mittelalterlicher Untertagebau der Grube Segen Gottes bei Schnellingen, Bergrevier Kinzigtal. Plan und Seigerriss. Aus Luz (2003) nach Strittmatter & Allgaier (2001).

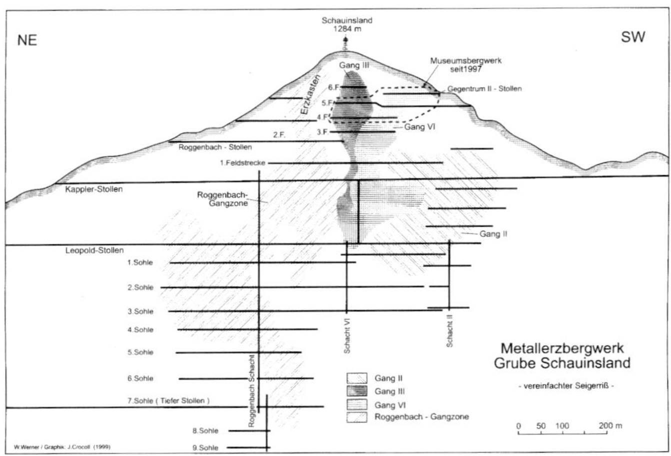

Abb. 58. Neuzeitlicher Untertagebau der Grube Schauinsland. Nach markscheiderischen Aufnahmen der Stolberger Zink AG bis 1954 und der Forschergruppe Steiber bis 1995. Aus Werner et al. (2002).

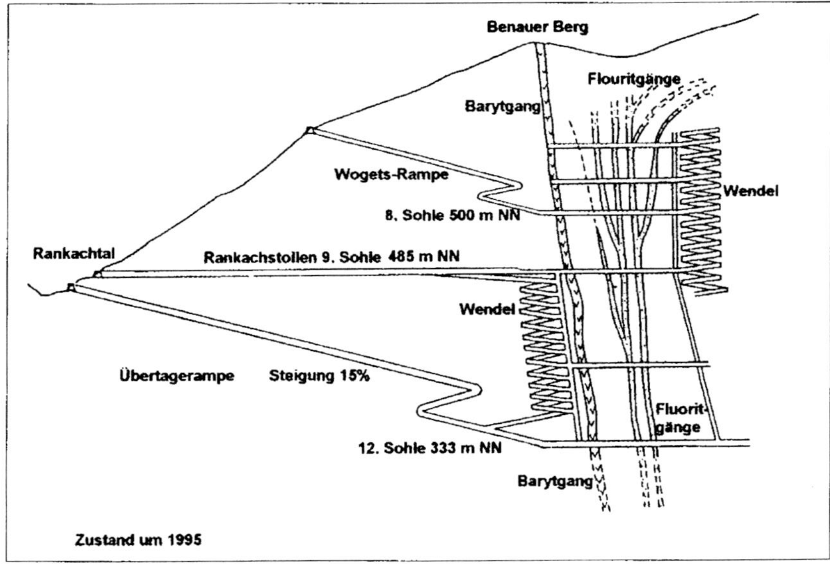

Abb. 59. Untertagebau heute; Grube Clara, Bergrevier Kinzigtal. Nach einem Plan der Fa. Sachtleben, Wolfach. Aus Baumgärtl & Burow (2003).

im Stollen. Im Mittelalter waren die Hauer von kleinem Körperwuchs, um den Stollen möglichst niedrig zu halten. Ihr Kopfschutz war eine Wollmütze. Die Hauer von damals sind literarisch im Märchen „Schneewittchen und die sieben Zwerge“ festgehalten. Der Huntestösser schob die mit Erz vollbeladenen Hunte (Loren) aus dem Stollen. Der Steiger übernahm die Aufsicht und Organisation der Bergleute unter Tage, der Markscheider die Vermessung des Bergwerks und die Zimmerleute den Türstockausbau zur Abstützung der Stollen.

Früher gehörten zu jedem Bergwerk eine Bergschmiede, die die Werkzeuge für die Hauer anfertigten und ausbesserten. Heute kommen zu jedem Bergwerk noch Bergwerksingenieure, Geologen und ein betriebswirtschaftliches Management dazu. Im Mittelalter arbeiteten die Hauer mit Eisen und Schlägel, heute mit Pickel, Pressluftbohrer, Schaufellader und Bagger. Mit Eisen und Schlägel kam ein Hauer am Tag bis ca. 30 cm voran. Hilfsmittel für den Abbau waren im Mittelalter das Feuersetzen: Das Gestein wurde erhitzt und mit Wasser abgeschreckt. Es wurde auf diese Art rissig und konnte leichter abgebaut werden. Nach der Erfindung des Schießpulvers sprengte man den Fels. Heute verwendet man Dynamitpatronen, die man in ein ausgeklügeltes Bohrlochfeld hineinlegt, miteinander verbindet und schaltet. Die Form der Stollen im Mittelalter war oval bis kastenartig, sehr schmal, so dass gerade ein Mensch darin Platz hatte. Die mit Eisen und Schlägel hergestellten Stollen sind mit vielen Schrämspuren gekennzeichnet.

In der Neuzeit ging man zum Firsten- und Magazinabbau über. Vom Hauptförderstollen wurde zunächst ein Überhau angelegt, aus dem eine Firstenstrecke aufgefahren wurde. Im Oberen Stollenniveau baute man ab, im unteren Stollen wurde das Erz nach draußen gefördert. Im Magazinabbau wurde auch ein Firstenstollen aufgefahren und der Erzgang bis auf eine Höhe von 30–50 m abgebaut. Sobald die Höhe des gewünschten Abbaus erreicht war, warf man das im Magazin abgelagerte Material nach unten. Wurden die Wege zu weit, so sprengte man einen kurzen Schacht von der Firstenstrecke auf die Förderstrecke hinunter und füllte durch sogenannte Rolllöcher das Material in die darunter stehenden Loren. Als Geleucht wurden im Mittelalter Kienspäne, danach Fackeln, Kerzen, Öllämpchen und Frösche (Talglampen) eingesetzt. In der ersten Hälfte des zwanzigsten Jahrhunderts kamen die helleren Karbidlampen auf, heute verwendet man Akkulampen.

Über Tage wurde das Erzmaterial sortiert, das taube Gestein entfernt. Die angereicherten Erze wurden dann von einem Pochwerk zerkleinert und in eine Hütte zur Verhüttung gebracht.

Lit.: Agricola (1556); Lederle (1987); Münster (1553).

Abb. 60. Abbau im Mittelalter. Aus Werner & Dennert (2004) nach Sebastian Münster (1553).

8.3 Verhüttung

Im Schwarzwald wurden vor allem silberhaltiger Bleiglanz und silberhaltiges Fahlerz, Silbererze, Kupfer-, Kobalt- und Eisenerze verhüttet. Wurden die Silber- und silberhaltigen Erze vor Ort am Bergwerk verhüttet, so gab es für die Eisengruben extra Hütten, in denen das Erz zur Schmelze abgeliefert wurde. Detaillierte metallurgische Abläufe in der damaligen Metallverhüttung sind in dem hervorragenden Buch von Gert Goldenberg et al. (1996) zusammengefasst.

Wichtige Kupfererze
im südlichen und mittleren Schwarzwald:

	Kupfergehalt
Chalkopyrit (Kupferkies) $CuFeS_2$	35 %
Bornit (Buntkupferkies) Cu_5FeS_4	63 %
Tennantit (Arsenfahlerz) $Cu_{12}As_4S_{13}$	52 %
Tetraedrit (Antimonfahlerz) $Cu_{12}Sb_4S_{13}$	46 %
Covellin (Kupferindig) CuS	66 %

im nördlichen Schwarzwald:

Malachit $Cu_2[(OH)_2CO_3]$	57 %
Azurit $Cu_3[OH\ CO_3]$	55 %
Tennantit(Arsenfahlerz) $Cu_{12}As_4S_{13}$	52 %
Tetraedrit (Antimonfahlerz) $Cu_{12}Sb_{14}S_{13}$	46 %
Kupfer Cu (Bad Rippoldsau)	100 %

Kobalterze im Kinzigtal

Safflorit $CoAs_2$	29 % Co
Skutterudit (Speiskobalt) $CoAs_{2-3}$	<29 % Co
Erythrin (Kobaltblüte) $Co_3(AsO_4)_2$ x $8H_2O$	29 % Co
Erythrin + Arsenolit As_2O_3 schwarz angewittert (Erdkobalt)	< 29 % Co

Silbererze im südlichen und mittleren Schwarzwald:

			Silbergehalt
Galenit (Bleiglanz)	PbS	bis	1 %
Tetraedrit (Antimonfahlerz)	$Cu_{12}Sb_4S_{13}$	bis	4 %
Pyrargyrit (dunkles Rotgültigerz)	Ag_3SbS_3		60 %
Proustit (lichtes Rotgültigerz)	Ag_3AsS_3		65 %
Argentit (Silberglanz)	Ag_2S		87 %
Dyskrasit	Ag_3Sb		72 %
Silber	Ag		100 %

im nördlichen Schwarzwald:

Tetraedrit (Antimonfahlerz)	$Cu_{12}Sb_4S_{13}$	bis	4 %
Silber	Ag		100 %

Eisenerze im Schwarzwald:

Hämatit (Eisenglanz, roter Glaskopf)	Fe_2O_3	70 % Fe
Limonit (Brauneisenerz, Brauner Glaskopf)	$FeOOH.nH_2O$	<63 % Fe
Goethit (Nadeleisenerz)	FeOOH	63 % Fe
Siderit (Eisenspat)	$FeCO_3$	48 % Fe
Bohnerz, Doggererze	FeOOH	25–30 % Fe

Bleierze im mittleren und südlichen Schwarzwald:

Galenit (Bleiglanz)	PbS	84 % Pb
Pyromorphit (Grünbleierz)	$Pb_5Cl(PO_4)_3$	72 % Pb
Cerussit (Weißbleierz)	$PbCO_3$	73 % Pb

S. Farbbilder 50–64.

Das geförderte Erz wurde zunächst einmal von Hand geschieden: taubes Gestein wurde vom Erz abgeschlagen, geröstet (zerkleinert und vom Schwefel befreit) und gewaschen. Danach wurde das angereicherte Erz in einem Pochwerk zerkleinert. Hierzu wurden von Wasserkraft angetriebene Stößel verwendet, die das Erz mehr oder weniger pulverisierten. Das Pulver wurde danach in einem Flotationsverfahren gewaschen und die leichteren Gesteinsanteile abgeschwemmt. Nach dem Trocknen wurde diese Schlämme auf speziellen Röstherden geröstet. Die Rösttemperatur betrug etwa 800 Grad. Dabei wurde der Schwefelgehalt aber auch Arsen und Antimon ausgetrieben.

Abb. 61. Pochwerk. Aus Werner & Dennert (2004) nach Sebastian Münster (1553).

Danach wurden in einem Schachtofen die Oxide mit Holzkohle nach dem karbothermischen Verfahren auf die Metalle reduziert. Zur Beheizung wird zunächst der Kohlenstoff mit Sauerstoff zu Kohlenmonoxid verbrannt. Die Reduktion des Metalls erfolgt durch die Oxidation des Kohlenmonoxids in Kohlendioxid: Am Beispiel von Hämatit gibt es folgende Reaktion:

$$3Fe_2O_3 + CO = 2Fe_3O_4 + CO_2$$
$$Fe_3O_4 + 2\ CO + C = 3\ Fe + 3\ CO_2$$

8.3.1 *Eisenverhüttung*

Die ersten Schachtöfen im Schwarzwald bauten die Kelten vor 2500 Jahren bei Neuenbürg. Durch Blasebälge wurde die Feuerung angeheizt und auf hohe Temperaturen gebracht. Da aus diesen Schmelzöfen die Schlacke in Rinnen abfloss, nannte man sie Rennöfen. In diesen primitiven Schmelzöfen entstanden bei 1150 °C sogenannte Luppen, schmiedbare Eisenklumpen, die oben auflagen. Die Gangart wurde als Schlacke abgeschieden, sammelte sich am Grund des Ofens und floss aus. Schlacken sind aus mehreren Silikatverbindungen zusammengesetzte Schmelzprodukte, in denen verbliebene Metalloxide gelöst sind. Das spez. Gewicht liegt meist unterhalb 3,5 gr/cm^3. Sie wurden teilweise wieder aufbereitet (Farbbild 75).

Im 12. Jahrhundert kamen durch Wasserkraft getriebene Blasebälge hinzu. Dadurch entstanden leistungsfähigere Schachtöfen. Eigentliche Hochöfen, in denen man gießfähiges Roheisen erschmelzen konnte, kamen im 15. Jahrhundert auf. Das in Blöcken gegossene Roheisen nannte man Masseln. Im sogenannten Herdfrischverfahren wurde aus dem spröden Roheisen schmiedbares Eisen hergestellt. Das Roheisen wurde in einem Herd bei 1300 °C verflüssigt und unter Luftzufuhr bis zu einem Kohlenstoffgehalt von 0,65 % befreit. Friedrich August Pulvermüller führte das aus Österreich kommende Verfahren in dem Hüttenwerk Friedrichstal ein. Unter Zusatz von Eisenerz aus Neuenbürg entstand ein Stahl, der sich hervorragend für die Herstellung von Sensen, Schaufeln, Spaten, Degen und Flintenläufen eignete. 1811 wurde die Flinten- und Degenfabrik von Friedrichstal nach Oberndorf a. N. verlegt, aus der dann die Mauserwerke entstanden. In Neuenbürg galt die Firma Haueisen & Sohn 1862 als bedeutendste Sensenfabrik Deutschlands. Sie wurde 1955 stillgelegt.

Die hauptsächlichen Eisenhütten waren im Nordschwarzwald Pforzheim und Friedrichstal/Christophstal, im Mittelschwarzwald Hausach und Wolfach, im Südschwarzwald Hammereisenbach, Albbruck und Laufenburg als wichtigster Verhüttungsplatz des Hammerbundes am Hochrhein.

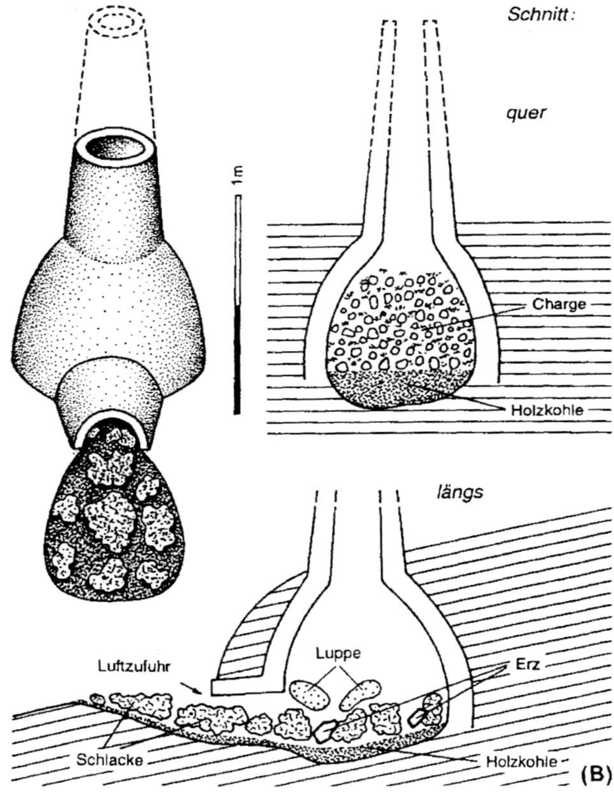

Abb. 62. Keltische Rennöfen bei Neuenbürg. Aus Gassmann (1996).

8.3.2 Silber-, Kupfer- und Bleiverhüttung

Zur Silbergewinnung aus Blei wurde flüssiges Blei in sogenannten Treibherden mit einem Blasebalg an der Oberfläche wieder oxidiert. Es entstand die Bleiglätte. Das Silber verblieb unbeschadet im restlichen flüssigen Blei. Die weiße Bleiglätte PbO wurde fortlaufend mit einer Eisenkelle abgezogen. Das Blei wurde immer weniger, während das Silber sich am Boden anreicherte. Ganz zuletzt, wenn die Bleiglätte nur noch als dünnes Häutchen übrig blieb, sah man darunter das Silber durchscheinen. Man sprach vom sogenannten Silberblick.

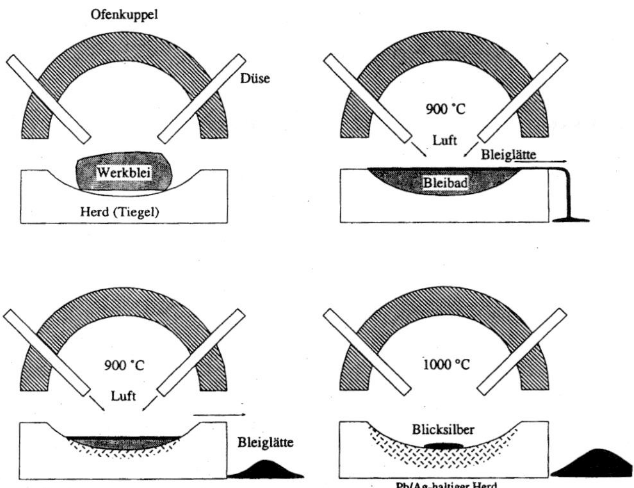

Abb. 63. Treibprozess bei der Bleiverhüttung und Silbergewinnung, schematisch dargestellt. Aus Goldenberg et al. (1996).

Die chemischen Reaktionen (vereinfacht):

Röstung von silberhaltigem Galenit (1 % Silber)

$2PbS + 3O_2 = 2PbO + 2\ SO_2$

$Ag_2S + O_2 = 2Ag + SO_2$

Reduktion von Bleioxid zu silberhaltigem Blei

$PbO + Ag + CO = PbAg + CO_2$

Oxidation von silberhaltigen Blei und Ausfällung von Silber

$2PbAg + O_2 = 2\ PbO + 2Ag$

Die Gewinnung von Silber aus Fahlerzen war komplizierter und wurde erst später im 15. Jahrhundert entwickelt. Man nannte diesen Prozess Seigerhüttenverfahren. Wurde im Mittelalter nur aus Blei im Südschwarzwald Silber gewonnen, so konnte von da an auch im Nordschwarzwald Silber aus Fahlerz gewonnen werden.

Beim Seigerhüttenverfahren wird zunächst oberhalb 990 °C eine Schmelze aus silberhaltigem Fahlerz und einer größeren Menge Blei erzeugt. Da im festen Zustand Kupfer in Blei unlöslich ist, findet bei einer langsamen Abkühlung eine Ausscheidung des Kupfers (Schmelzpunkt 1083 °C) statt, während das Silber im flüssigen Blei (Schmelzpunkt 327 °C) verbleibt. Nach dem völligen

Erstarren der Masse verbleibt ein Kupfergerüst übrig, zwischen dem sich das silberhaltige Blei befindet. Durch einen weiteren Schmelzprozess bei mittleren Temperaturen wird das Blei aus dem Kupfer ausgeseigert. Zum Schluss wird das Silber aus dem Blei wie vorher beschrieben gewonnen.

8.3.3 Kobaltverhüttung

Die Kobalterze Safflorit, Skutterudit und Kobaltblüte wurden zunächst nach dem Erzgehalt in einer Scheidestube aussortiert, dann gepocht und in einem Calcinierofen geröstet bzw. oxidiert und das Arsen entfernt. Das Röstprodukt, Safflor oder Zaffer genannt, wurde mit Pottasche als Flussmittel und Quarzsand in einem Gefäßofen zu blauem Kobaltglas (Smalte) geschmolzen. Dieses wurde in Kobaltmühlen gemalen und die restlichen Sandrückstände ausgewaschen. Das Fertigprodukt war dann das Kobaltblau, das je nach Reinheitsgrad in verschiedenen Qualitätsstufen verkauft wurde.

8.3.4 Glashütten

Die Glasherstellung geht schon auf die Kelten und Römer zurück, die aus dem Glas Schmuck und Gebrauchsgegenstände herstellten. Im Mittelalter war es für die Herstellung von Kirchenfenstern begehrt. In der Hotzenwaldregion wurde 1257 erstmals der Weiler „Glashütten“ in Basler Urkunden erwähnt. Im Jahre 1426 wurde der erste urkundliche Pachtvertrag zwischen der Benediktinerabtei St. Peter und dem Glasmacher Konrad Pauli abgeschlossen. Danach breiteten sich im Schwarzwald überall Glashütten aus. Bekannte Glashütten befanden sich in Altglashütten, Todtmoos, Hasel, Rippoldsau, Buhlbach bei Baiersbronn, Offenburg, Achern, Herrenwies, Gaggenau und vielen anderen Orten. Namen wie Altglashütten, Glaswaldsee, Glashof, Glasberg und Glashüttensiedlung in Gaggenau zeugen von der damaligen Glasherstellung, die hauptsächlich bis ins 19. Jahrhundert dauerte. Bis heute hielt sich als Großbetrieb nur die Acherner Glashütte. Die Glasware wie Trinkgläser, Glockenspiele, Perlen, Flaschen, Sakralgefäße wurden wie die Uhren durch sogenannte Glasträger, die über Land zogen, verkauft.

Die Rohstoffe für die Glasherstellung wie Quarzsand gewann man aus dem Buntsandstein, Färbemittel wie Kupfer-, Kobalt-, Eisen-, Mangan- und Uranoxide aus den Erzen im Schwarzwald. Da der Schmelzpunkt der Kieselsäure mit 1500 °C sehr hoch war, setzte man als Flussmittel Pottasche (Kaliumkarbonat), das man aus der Verbrennung von Holz gewann, hinzu. Sie senkte den Schmelzpunkt auf 850 °C. Das Glas wurde dann aus der Schmelze im Glasofen gestochen, anschließend geblasen, gewalzt, gepresst und gegossen.

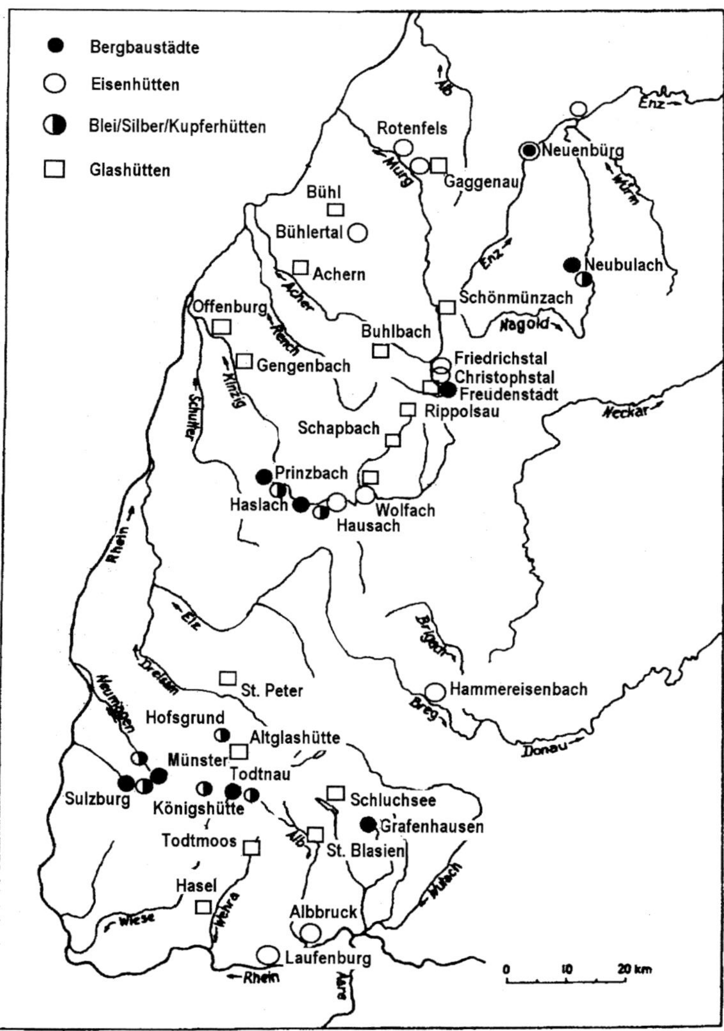

Abb. 64. Ehemalige Bergbaustädte, Eisenhütten, Blei/Silber/Kupferhütten und Glashütten im Schwarzwald. Im Wesentlichen nach Metz (1979) und Kröll (1994).

Heute gibt es im Schwarzwald wieder auf die alte Glasmachertradition zurückgreifend kleinere Hütten, die kunstvolle Gläser wie Vasen, Aschenbecher, Trinkgläser, Figuren und Christbaumkugeln vor allem für die Touristen herstellen. Die größte ist die Dorotheenhütte in Wolfach; es gibt aber auch viele kleine in Alpirsbach, Altglashütten, Todtnau, Titisee und die Waldglashütte am Ende der Ravennaschlucht.

Lit.: Gassmann (1996); Goldenberg (1996); Kröll. (1994); Metz (1979).

8.4 Geschichtliche Entwicklung

Der Bergbau kann im Schwarzwald auf eine lange Tradition, die bis in die Jungsteinzeit reicht, zurückblicken. Die Erze, die vor allem im Schwarzwald abgebaut wurden, waren silberhaltige Blei-Zinkerze und Kupfer-Wismuterze (Fahlerze), Kobalterze, Eisenerze und in geringen Mengen Steinkohle. In neuerer Zeit gewann immer mehr die Gangart der Erze, Schwerspat und Flussspat an Bedeutung. Bis in die sechziger Jahre des vorigen Jahrhunderts wurde im Rheintal Erdöl und bis 1973 Kalisalze bei Buggingen gefördert. Uranerze fand man in Müllenbach bei Baden-Baden und vor allem in Menzenschwand im Südschwarzwald. Von all den Bergbautätigkeiten ist heute nur noch die Fluss- und Schwerspatgrube Clara bei Rankach/Wolfach in Betrieb.

Die ersten Schürfungen fanden vor über 5000 Jahren in der Jungsteinzeit statt. Am Isteiner Klotz im südlichen Rheintal gewann man die begehrten Feuersteine für Steinwerkzeuge. Bei Sulzburg im Südschwarzwald schürfte man nach Roteisenerzen (Hämatit), die man fein zu Rötel zermalte. Er diente den damaligen Bewohnern als rituelle Körperfarbe. Die Kelten bauten vor über 2500 Jahren Eisenerze am Schnaizteich bei Neuenbürg im Nordschwarzwald ab und verhütteten sie in sogenannten Rennöfen. Man hält jenes Gebiet um Neuenbürg für die älteste bedeutsame Eisengewinnungsanlage nördlich der Alpen. Dortige Scherbenfunde belegen ein Alter von 600 Jahren v. Chr. Im Südschwarzwald um Sulzburg und bei Badenweiler fand man Abbauspuren aus römischer Zeit, die vor allem den silberhaltigen Bleierzen galten.

Nach dem Zerfall des Römerreiches im 4. Jahrhundert kam es zu einem Stillstand des Bergbaus, da die Naturalienwirtschaft der Alemannen nicht in diesem Umfang Silber als Währungsmetall benötigte. Im 7. Jahrhundert errichteten irische Mönche im Münstertal das Kloster St. Trudbert. Wahrscheinlich haben diese aus ihrer Heimat, die ja schon den griechischen Kaufleuten als Zinn- und Silberinsel bekannt war, den Bergbau mitgebracht. Von entscheidender Bedeutung war die große Münzreform unter den Königen Pippin und Karl dem Großen, die das Silber zum entscheidenden Münzmetall erhoben. Gold als allgemeine Währungsgrundlage war damals zu wertvoll. Die Grundwährung war der Denar und Pfennig mit 1,2–1,5 gr Silber. Seit dieser Zeit im 8./9. Jh. begann im Südschwarzwald wieder der Erzbergbau, der sich auf silberhaltiges Blei konzentrierte.

1028 schenkte Kaiser Konrad II. in einer Urkunde den Bischöfen von Basel das Recht auf Silberbergbau. Theoretisch lag das Bergrecht beim König oder Kaiser, praktisch jedoch bei den Fürsten und Pfalzgrafen, die einen Pachtzins oder einen Zehnten vom Ertrag der Bergbaugewerkschaft erhoben. Pfalzgraf Rudolf von Tübingen unterstrich damals unübersehbar seinen Machtanspruch durch den Gedächtnisbau Königswart bei Baiersbronn, der sich über der gleichnamigen Silber/Kupfererzgrube befindet. Er wurde 1209 erbaut. In dieser Zeit erlebte Tübingen durch seine Münze einen wirtschaftlichen Aufschwung. Im 11. bis 14. Jahrhundert blühte der Bergbau im Südschwarzwald im Gegensatz zum mittleren Schwarzwald, wo die größte Blüte erst im 18. Jh. erfolgte. Der Silberbergbau breitete sich während des Mittelalters bis Neubulach im nördlichen Schwarzwald aus. Der anfängliche Tagebau (Pingen) entwickelte sich zu einer Förderung unter Tage in Stollen. Abgebaut wurde mit Eisen und Schlägel sowie durch Feuersetzen. Die Bergbautechnik (Bewetterung, Wasserkünste) wurde weiter ausgebaut. Das erfundene Seigerverfahren erlaubte jetzt auch die Verhüttung von silberhaltigen Fahlerzen, wie sie im Nordschwarzwald vorkommen. Die hauptsächlichen Bergbaureviere waren damals: Neubulach, Prinzbach, Hausach, Haslach im Kinzigtal, Suggental, Glottertal, St. Ulrich, Schauinsland und Todtnau. Es entstanden reine Bergbaustädte: Im Nordschwarzwald Neubulach, im Mittelschwarzwald Prinzbach und Haslach, im Südschwarzwald Münster, Sulzburg und Todtnau. Prinzbach entwickelte sich heute zu einem Dorf zurück, Münster verschwand ganz von der Landkarte. Bei der Entstehung der Städte wie Hausach, Wolfach, Gengenbach und Freudenstadt spielte der Silberbergbau zumindest eine wichtige Rolle.

Vom Silberreichtum des Südschwarzwaldes hat vor allem die Stadt Freiburg profitiert, die mit diesem Silber ihr Münster baute. Die Bergbautätigkeit aus dem 14. Jahrhundert wurde dort in einem Glasfenster festgehalten. Im Südschwarzwald gewann der Rappenbund und mit ihm die Freiburger Münze an Bedeutung. Dort wurde der Rappen, benannt nach dem „Raben" auf der Münzrückseite, geprägt. Heute ist der Rappen als Zahlungsmittel noch in der Schweiz verbreitet. Münzprägestätten für das Silber vom Nordschwarzwald waren Stuttgart, Tübingen und Durlach.

Im 15. Jahrhundert nahm die Bedeutung des Schwarzwälder Silberbergbaus ab. Die Pest raffte viele Bewohner dahin. Die Konkurrenz wurde größer. Es gab reiche Silberminen im Harz, Erzgebirge, Tirol und Siebenbürgen, die ein Vielfaches mehr an Silber förderten, als es je im Schwarzwald gab. Lag die Silberproduktion im Südschwarzwald zu jener Zeit in den jeweiligen Revieren bei ca. 70 kg/Jahr, im Nordschwarzwald war sie sehr viel niedriger, so machte man z. B. im Schneeberger Revier im Erzgebirge im Jahr 1478 einen Silberfund von 20 t. 1557 erschien in Basel erstmals die deutsche Ausgabe der „Zwölf Bücher vom Berg- und Hüttenwesen“ von Agricola. Vollständig kam der Silberbergbau dann im 16. und 17. Jahrhundert zum Erliegen, da die Entdeckung Amerikas und die Eroberung Mexikos und Perus durch die Spanier riesige Silbermengen nach Europa schwemmten. Der Silberpreis sank in kurzer Zeit auf einen Bruchteil des ehemaligen Wertes. Die Wirren des 30jährigen Krieges bereiteten dem Bergbau das vollständige Aus.

Anfang des 18. Jahrhunderts ließ das Fürstenhaus von Fürstenberg in Donaueschingen, das bis heute das Bergrecht in dieser Region besitzt, den Bergbau im Kinzigtal durch sächsische Sachverständige neu bewerten. Reiche Silberfunde in Wittichen (Grube Sophia) und Oberwolfach (Grube Wenzel) bescherten dem Silberbergbau zwischen 1700 und 1800 nochmals eine kurze Blüte. Der erneute Silberbergbau im Schwarzwald hatte auch politische Gründe. Die Fürsten waren auf sich gestellt, Militär und Beamte mußten entlohnt werden, und der Schwarzwald war eine karge Gegend, die wenig Geld einbrachte. So war man auf jeden Silbervorrat angewiesen, auch wenn er vielerorts eine geringe Ausbeute brachte. Ausbeuten der Hausacher Gruben zwischen 1750 bis 1857: Erzengel Gabriel im Einbachtal 30 Mark Silber, St. Bernhard im Hauserbachtal 1962 Mark Silber. (Eine Mark Silber entsprach 233,8 g). Weitere erfolgreiche Bergbautätigkeiten im 18 Jh. erfolgten neben dem Kinzigtal in den Revieren Schauinsland, Münstertal und Wieden. Um den Bergbau besser zu finanzieren, führte man Aktien, sogenannte Kuxen ein, die jeder kaufen konnte und so zum Gewerke oder Teilhaber des Bergwerks wurde. Zur besseren Regelung der Bergbaubetriebe wurden zunehmend herrschaftliche Verordnungen, sogenannte Bergregale, erlassen.

Nach dem Silber kam im Bereich Kinzigtal der Kobaltabbau zu seiner Blüte. In Wittichen fand man reichlich Kobalterze, die man in Kobaltmühlen verhüttete und als blauen Keramikfarbstoff nach Holland verkaufte. Bei dem großen Bedarf reichten die eigenen Vorräte bald nicht mehr aus und man importierte Kobalterze aus den Pyrenäen, aus Cornwall, Schweden, Böhmen und Ungarn zur Weiterverarbeitung. Durch die Erfindung des künstlichen Ultramarins ging die Bedeutung des Kobaltblaus zurück. 1835 wurde die Kobaltmühle in Wittichen geschlossen.

Die Gewinnung von Gold basierte im Rheintal seit jeher auf sedimentärem Gold aus den eiszeitlichen alpinen Schottern. Die Goldwaschanlagen erstreckten sich vor allem am Rhein zwischen Offenburg und Karlsruhe. Sie erlebten ihre größte Blüte Mitte des 19. Jh. kurz vor der Rheinbegradigung. Danach wurde die Goldgewinnung eingestellt, sei es durch die Begradigung des Rheins, die keine Goldgründe mehr zuließ, sei es durch die reichen Funde im Westen der USA und in Australien, die den Goldpreis sinken ließen. Aus diesem Gold prägte man 1827 in der Karlsruher Münze den ersten Dukaten aus Rheingold.

Im 19. Jahrhundert waren Mannheim und Karlsruhe die badischen Münzprägestätten.

Brauneisenerze wurden schon vor 2500 Jahren von den Kelten in Neuenbürg in Pingen abgebaut oder als Bohnerze in Verwitterungslehmen von Kalksedimenten gesammelt und verhüttet. 1296 wurden Eisenschmelzen im Hotzenwald erstmals in einer Urkunde von Rudolph von Habsburg erwähnt. Größere Bedeutung gewann der Eisenerzabbau erst ab dem 15. und 16. Jahrhundert. Eine Blütezeit des Eisenerzabbaus brachte der 30jährige Krieg, als der Rüstungsbedarf enorm anstieg. Im Hochschwarzwald erfolgte zwischen dem 18. und 19. Jh. bei Eisenbach ein Abbau der Eisen-Manganerzgänge. In Mittelbaden im Kinzigtal (Hohberg bei Wolfach/St. Roman) und Elztal (Simonswald bei Kollnau) erlebte der Eisenerzbergbau zwischen 1750 und 1840 seine Hauptblütezeit. Im Nordschwarzwald lagen die wichtigsten Eisenerzvorkommen im Revier Neuenbürg und Freudenstadt. Die bekanntesten Hüttenwerke im Nordschwarzwald waren in Pforzheim und Friedrichstal bei Freudenstadt, im Mittelschwarzwald in Hausach und Wolfach, im Südschwarzwald in Hammereisenbach, Albbruck und Laufenburg. Das Brenn- und Reduktionsmittel zur Eisenherstellung war Holzkohle. Mit dem Aufkommen des billigeren Ruhreisens, das mit Steinkohle, die dort in riesigen Vorräten vorkam, geschmolzen wurde, kam es zur Schließung aller Eisenerzgruben im Schwarzwald.

Nach dem Verlust der Lothringer Minettevorkommen nach dem ersten Weltkrieg und durch den Rüstungsbedarf für den Zweiten Weltkrieg interessierte man sich für die Doggererzvorkommen im Schwarzwald wie die Vorkommen in Ringsheim bei Lahr, in Blumberg und um Freiburg. Der Eisengehalt der Doggererzen betrug nur 25 %, aber die modernen Verhüttungsmethoden, die riesigen Vorkommen sowie der leichte Abbau (teilweise Tagebau) der Erze machten einen Eisenerzbergbau rentabel. Der Eisenerzabbau der Grube Kahlenberg von Ringsheim überdauerte den Zweiten Weltkrieg und wurde erst 1969 eingestellt. Das jährliche Förderaufkommen erreichte jährlich 1 Million Tonnen. Das Erz wurde in Kehl verschifft und im Ruhrgebiet verhüttet.

Lokale Bedeutung hatten die Steinkohlevorkommen um Berghaupten/ Diersburg. Sie wurden bis 1911 betrieben. 1891 wurden z.B. 5407 Tonnen Antrazitkohle gefördert. Jedoch lohnte sich ein weiterer Abbau der Flöze nicht. Sie waren tektonisch zu verschuppt, das Nebengestein zu brüchig.

Nach dem Zweiten Weltkrieg konzentrierte sich der Bergbau immer mehr auf die Gangarten Baryt und Fluorit der alten Erzgruben. Fluorit braucht man zur Herstellung von Flusssäure, als Zusatzstoff in Zahnpasta, für die Glas- und Keramikindustrie, als Flussmittel bei Metallschmelzen; den Baryt für stabile weiße Anstrichfarben, textile Bodenbeläge und Schallschutz, Dichteregulator für Bohrspülungen in der Erdölindustrie, Papierherstellung (schweres Barytpapier) und für strahlungsabsorbierenden Schwerbeton bei Atommeilern und

-bunkern. Die bedeutendsten Gruben waren die Grube Teufelsgrund im Münstertal (bis 1958), Finstergrund bei Wieden (bis 1972), die Grube Käfersteige im Würmtal bei Pforzheim (bis 1997). Heute ist nur noch die Grube Clara bei Rankach/Wolfach im Kinzigtal in Betrieb. Die Flussspat-Billigimporte aus China sorgten für einen Preisverfall. Jedoch importiert China heute wieder Flussspat, so dass man für den Spatabbau im Schwarzwald wieder Hoffnung haben kann.

Im Oberrheingraben baute man bis zu einer Teufe von 1100 m in Buggingen von 1927 bis 1973 Kalisalze ab. 1966 erzielte das Kaliwerk eine Fördermenge von 744.340 Tonnen Kalisalze. Ende der 50er Jahre bis in die 70er Jahre sah man Schlegelpumpen, die sogenannten „Perdeköpfe" vor allem im Raum Karlsruhe-Leopoldshafen und Neureut, Forst und Weingarten. Auf der linksrheinischen Seite befanden sich die Erdölzentren um Landau (Pfalz) und seit dem 15. Jahrhundert bis 1970 um Pechelbronn (Elsass). Ein kleines Museum dort dokumentiert die Geschichte der Pechelbronner Erdölförderung und Verarbeitung. Heute sind die Lagerstätten weitgehend versiegt oder unrentabel. Seit des hohen Benzin- und Ölpreises arbeiten in neuester Zeit wieder einzelne Pumpen um Landau und im Nordelsass.

Während der Zeit des Kalten Krieges in den 50er- bis 80er-Jahren des letzten Jahrhunderts und der damit verbundenen gewaltigen atomaren Aufrüstung in den USA und der UdSSR setzte auch im Schwarzwald eine verstärkte Prospektion nach Uranerzen ein. Die Vorkommen in Wittichen und Müllenbach bei Baden-Baden erwiesen sich als unrentabel. Das Vorkommen im Krunkelbachtal bei Menzenschwand (Uranlagerstätte Brunhilde) wurde 1957 entdeckt, der Abbau aus Gründen des Natur- und Umweltschutzes bis 1975 verzögert und schließlich durch die Gewerkschaft Brunhilde bis 1991 abgebaut. Danach kam es zur Schließung aller Uranbergwerke in West- und Ostdeutschland.

Lit.: Agricola (2006); Gassmann (1996, 2005); Gruber & Kirgus (2009); Lederle (1987); Markl (2005); Markl & Sönke (2004); Metz (1979); Steen (2004); Werner & Dennert (2004).

8.5 Energiegewinnung

Eng mit dem Bergbau, der Verhüttung der Erze und der Glasherstellung ist die Energiegewinnung verbunden. Ohne Energie konnte man die Bergwerke und Schmelzhütten nicht betreiben. Seit dem Mittelalter sind Wasser und Holz die wichtigsten Energieträger.

Das Holz wurde in sogenannten Kohlemeilern von Köhlern zu Holzkohle verbrannt. Die Holzkohle wurde dann zu den Schmelzhütten transportiert. Mit Hilfe der Kohlefeuerung wurden die Erze geschmolzen und zu Metallen reduziert. Außerdem wurde die Holzkohle zu Pottasche verbrannt. Pottasche war ein wichtiges Flussmittel für die Glasschmelzen. Schon damals fielen große Waldbestände der Köhlerei zum Opfer. Um zum Beispiel den Kohlebedarf der Christophs- und Friedrichstaler Werke bei Freudenstadt zu decken, benötigte man im 19. Jahrhundert 75.000 Raummeter Holz pro Jahr. Letzte Köhler, heute Touristenattraktion, gibt es noch in Baiersbronn und Enzklösterle.

Im 19. Jahrhundert bis Anfang des 20. Jahrhunderts wurde hauptsächlich im Gebiet Diersburg-Berghaupten in zahlreichen Stollen Steinkohle gewonnen, die aber nur lokale Bedeutung als Heizmaterial hatte.

Wasser war seit dem Mittelalter bis ins 19. Jahrhundert direktes Antriebsmittel für den mechanischen Maschinenpark der Berg- und Hüttenwerke wie Pumpen, Poch- und Hammerwerke, für die Kobaltmühlen um Wittichen und Alpirsbach, für Sägewerke der Holzindustrie in den einzelnen Schwarzwaldtälern und Papiermühlen im Murg- und Enztal.

Im 20. Jahrhundert ersetzte der Strom die Wasserkraft. Strom gewann man, indem man mit Wasserkraft Dynamoturbinen antrieb, die dann Strom erzeugten. Zwischen 1914 und 1922 baute die Badenwerk AG bei Forbach im Murgtal (Nordschwarzwald) mit der Schwarzentalsperre, zahlreichen Stollen und Sammelbecken ein groß angelegtes Kraftwerk, das „Rudolf Fettweis-Werk“, das heute von der EnBW (Energie Baden-Württemberg) betrieben wird. 4 Kraftwerke erzeugen insgesamt im Mittel 130 Mio kWh/Jahr. Das Pendant der Schwarzentalsperre ist im Südschwarzwald das Schluchseewerk. Es besteht aus den beiden Werksgruppen Schluchsee mit 6 Staubecken und Hotzenwald mit 3 Staubecken. Der Baubeginn des Schluchseewerkes war 1929. Beendet wurde es 1953 mit insgesamt 5 Kraftwerken. Die Betreiberfirmen sind die EnBW, RWE Power AG u. a. Die Werksgruppe Schluchsee hat bei einem Wassergefälle von 620 m eine Turbinenleistung von 470 MW und eine Pumpleistung von 308 MW. Die mittlere Jahreserzeugung beträgt 363.100 MWh /Jahr.

Schon seit 1920 aber vor allem in den Jahren 1950 bis 1970 wurde rechtsrheinisch mit sogenannten Schlegelpumpen Erdöl gefördert. Erdölfelder waren die Gebiete um Weingarten, Forst und Leopoldshafen. Ende der 60er-Jahre kam es zum Erliegen der Erdölquellen. Heute (2008) arbeiten infolge des hohen Ölpreises wieder erneut einzelne Pumpen linksrheinisch im Nordelsass bei Scheibenhard und Oberlauterbach sowie südlich von Straßburg bei Eschau und in der Pfalz im Erdölfeld um Landau. Letztgenannte Förderung dient vor allem auch der Forschung und wird von der Firma Wintershall AG betrieben, die für die Erdöl/Erdgas-Energiewirtschaft für ganz Deutschland verantwortlich ist.

In den 70er-Jahren wurden im Oberrheintal auch der Bau von Atomkraftwerken erwogen. Heute besteht im nördlichen Oberrheintal nordwestlich Bruchsal das Kernkraftwerk Philippsburg. Es wurde 1979 mit zwei Kernreaktoren ans Netz genommen. Die Betreiberfirma ist die EnBW-AG. Die Energielieferung von Philippsburg beläuft sich auf 16.847 GWh/Jahr. Im südlichen

Oberrheintal unweit Waldshut ist seit 1984 auf Schweizer Seite das Kernkraftwerk Leibstadt mit 1165 MW in Betrieb. Atommeiler stellen unbestritten die effektivsten, billigsten und relativ umweltfreundliche Stromquellen dar. Sie sind jedoch mit einem hohen Gefahrenpotenzial verbunden. Ein Reaktorunfall kann wie in Tschernobyl 1986 apokalyptische Zustände auslösen, zahlreiche Opfer fordern und eine Besiedlung im weiten Umkreis des Kernkraftwerkes für immer unmöglich machen. Zur Verhütung eines möglichen GAUs gab es in den 70er-Jahren zahlreiche Protestaktionen unter den Atomkraftgegnern gegen den Bau eines Atommeilers im südlichen Oberrhein bei Wyhl. Außer in Philippsburg wurde kein weiteres Atomkraftwerk in Baden gebaut.

Während der Koalitionregierung von SPD und Grünen zwischen 1998 und 2005 plädierte Umweltminister Trittin für die Gewinnung von sauberer Energie wie z. B. die Stromerzeugung durch Windräder. Ein 60 m-Rotor hat zum Beispiel eine Leistung von 1000 KW bzw. liefert 1,5 Mio KWh pro Jahr, das entspricht einer Versorgung von ca. 900 Haushalten. Da man im Schwarzwald eine Stromgewinnung durch Windenergie nicht so hoch wie z. B. in Schleswig-Holstein einschätzte und eine Verschandelung bzw. „Verspargelung" der Natur befürchtete, setzten sich erst in neuester Zeit größere Windparks durch. Im Nordschwarzwald befindet sich auf der Hornisgrinde ein kleiner Windpark. Im Juni 2007 ging im Raum Simmersfeld, Besenfeld, Igelsberg entlang der B 294 der größte Windpark Baden-Württembergs mit 14 Rotoren und 64 Mio KWh pro Jahr ans Netz. Im Mittelschwarzwald sind es der Windpark bei Schonach und 6 Rotoren auf dem Bergrücken zwischen Rheintal (Ettenheim) und Schuttertal und je 2 Rotoren südwestlich Seelbach und bei Schweighausen im Schuttertal. Im Südschwarzwald bei Freiburg stehen mehrere Rotoren auf dem Rosskopf und am Berghang vom Schauinsland. Ein größerer Windpark befindet sich bei Boll oberhalb des Wutachtales. Sonst begegnet man einzelnen Rotoren im ganzen Schwarzwaldgebiet.

Baden-Württemberg bezieht 0,47 % des Stroms aus Windrädern, dagegen Rheinland-Pfalz 6,1 % (Bässler 2007).

In Zukunft ist jedoch die Gewinnung von Wärmeenergie und Stromerzeugung durch Erdwärme im Oberrheingraben geplant. Jene Wärmeenergie wird hauptsächlich auf zwei Arten gewonnen: Man nützt vorhandene Thermalwässer, deren Schüttung und Wärme durch Förderbohrungen und Pumpen optimiert werden. Oder man pumpt Wasser in große Tiefen bis 5000 m. Dort erhitzt es sich auf ca. 150 °C. Danach wird es wieder hochgepumpt und die Wärme in elektrische Energie umgewandelt (Hot-Dry-Rock-Verfahren). Auf französischer Seite arbeitet bereits ab 1995 erfolgreich ein Pilot-Geothermie-Kraftwerk bei Soultz-sous-forêts /Kutzenhausen mit dem Hot-Dry-Rock-Verfahren. In Landau (Pfalz) ging Mitte November 2007 das zweite Geothermie-Kraftwerk Deutschlands ans Netz. Es versorgt 6000 Haushalte mit Strom und rund 300 Haushalte mit Fernwärme. Auf der baden-württembergischen Seite des Rheins wurde 2008 der Grundstein für ein Geothermieprojekt in Bruchsal gelegt. Es soll mit einer Leistung von 550 Kilowatt Strom für 1200 Haushalte erzeugen. Im Dezember 2009 ging es als erstes Erdwärme-Kraftwerk ans Netz. Es arbeitet auf der Basis von Thermalwasser aus 2500 m Tiefe. Weitere Projekte sind in Bad Bellingen, Neuried und Weinheim geplant. Das Landesforschungszentrum für Geothermie Baden-Württemberg kommt an das Karlsruher Institut für Technologie (KIT). Seit April 2008 gibt es bei der Firma Peter Knobloch Sanitär- und Heiztechnik in Eggenstein-Leopoldshafen, Siemensstraße 8, einen Erdwärme-Lehrpfad, der an 7 Stationen die Nutzung der Erdenergie demonstriert. Langfristig kann mit der Erdwärme ein Ausstieg aus der bestehenden Atomenergiegewinnung im Oberrheintal ermöglicht werden. Bisherige Probleme: Auftretende kleinere Erdbeben mit der Stärke 2–3,4 auf der Richterskala, ausgelöst durch zusätzlichen Wasserdruck, Spannungen und künstlich erzeugte Risse im Gestein. Auch kann es zu leichten Erdhebungen kommen, ausgelöst durch Wasser, das Anhydrit in voluminösen Gips umwandelt.

Lit.: Bässler (2007); Lorenz (2001); Metz (1977); Metz & Rein (1958). Zahlreiche Quellen im Internet unter den Suchbegriffen: Kernkraftwerk Philippsburg; Windräder, Deutschland; Windräder, Schwarzwald; Oberrheingraben, Erdöl; Oberrheingraben, Geothermie; Schluchseewerk und Schwarzenbachtalsperre.

9 Mineralien des Schwarzwaldes (einschließlich Oberrheingraben)

Von den ca. 900 im Schwarzwald vorkommenden Mineralienarten sei hier nur eine Auswahl genannt. Es sind Mineralien, die im Buch erwähnt sind, die im Bergbau eine wirtschaftliche Bedeutung hatten und die wir in Museen und Mineralbörsen zu sehen bekommen. Sonst weise ich auf das hervorragende Buch „Die Mineralien des Schwarzwaldes" von Kurt Walenta (1992) hin, in dem einer der besten Kenner nahezu vollständig alle im Schwarzwald vorkommenden Mineralien ausführlich beschreibt.

Auswahl der Mineralien des Schwarzwaldes
kub = kubisch; tetr = tetragonal; hex = hexagonal; trig = trigonal; rhomb = rhombisch; mon = monoklin; trikl = triklin
f = farblos; w = weiß/silbern; g = gelb/golden; gr = grau; grü = grün; or = orange; r = rot; br = braun; bl = blau; vio = violett; s = schwarz; h = hell; d = dunkel; met. = metallisch
xx = Kristalle

Name Formel	Kristall- system	Härte	Farbe/ Strich	Spalt- barkeit	Fundorte
Elemente					
Kupfer Cu	kub	2,5–3	r met./ hr	keine	Bad Rippoldsau, Grube Clara, Neubulach
Silber Ag	kub	2,5–3	w met./ w	keine	Grube Sophia, Grube Anton, Reinerzau, Grube Clara
Gold Au	kub	2,5–3	g met./ g	keine	in Spuren Grube Ludwig/Hausach und Grube Clara, Goldseifen im Rhein
Arsen As	trig	3,5	dgr/ s	vollk.	Wittichen, Grube Tannenboden bei Wieden,
Graphit C	hex	1–2	s/ gr	höchst unvollk.	Gesteinskomponente im Kinzigit bei Schenkenzell; Sulzburg

Name Formel	Kristall-system	Härte	Farbe/ Strich	Spalt-barkeit	Fundorte
Sulfide					
Dyskrasit Ag_3Sb	rhomb	3,5–4	w/w	deutl.	Grube Wenzel bei Oberwolfach
Bornit Buntkupferkies Cu_5FeS_4	kub	3	bl-vio-rbr met. /grs	unvollk.	Grube Friedrich Christian im Wildschapbachtal, Grube Clara
Argentit Silberglanz Ag_2S	mon	2–2,5	sgr/gr	keine	Grube Wenzel bei Oberwolfach, Bergrevier Wittichen
Chalkopyrit Kupferkies $CuFeS_2$	tetr	3,5–4	g met./ grüs	keine	Grube Friedrich Christian im Wildschapbachtal, Grube Clara, Erzrevier Münstertal
Galenit Bleiglanz PbS	kub	3,5	w met./gr	vollk.	Schauinsland; Grube Friedrich Christian im Wildschapbachtal, Grube Clara, Grube Haus Baden bei Badenweiler
Tennantit Fahlerz $(Cu,Fe)_{12}As_4S_{13}$	kub	3,5–4	gr met./ br-s	keine	Grube Clara
Tetraedrit Fahlerz $(Cu,Fe)_{12}Sb_4S_{13}$	kub	3–3,5	gr met./ brs	keine	Bergrevier Neubulach, Bergrevier Freudenstadt
Wurtzit ZnS	hex	3,5–4	rbr/hbr	deutl.	Grube Silbereckle bei Reichenbach/Lahr
Sphalerit Zinkblende ZnS	kub	3,5–4	g-br/dbr	vollk.	Schauinsland; Grube Teufelsgrund im Untermünstertal
Pyrrhotin Magnetkies FeS	mon hex	3,5–4	br/s	keine	Nickellagerstätte bei Horbach und Mättle bei Todtmoos
Covellin Kupferindig CuS	hex	1,5–2	bls/gr	vollk.	Grube Clara
Antimonit Antimonglanz Sb_2S_3	rhomb	2	grs met./ gr	vollk.	Antimongrube bei Sulzburg, Münstergrund bei St. Trudpert, Grube bei St. Ulrich
Pyrit Schwefelkies FeS_2	kub	6–6,5	g met./ grüs	unvollk.	Grube Clara, Grube Friedrich-Christian im Wildschapbachtal, Stbr. Artenberg

Name Formel	Kristall- system	Härte	Farbe/ Strich	Spalt- barkeit	Fundorte
Markasit FeS_2	rhomb	5–6,5	g met./ grügr	deutl.	Grube Clara, Grube Anton bei Wieden, Schauinsland
Safflorit $CoAs_2$	rhomb	4,5–5	w met./grs	deutl.	Bergrevier Wittichen
Skutterudit Speiskobalt $CoAs_{2-3}$	kub	5,5–6	w-gr/s	deutl.	Bergrevier Wittichen, Reinerzau
Proustit Rotgültigerz Ag_3AsS_3	trig	2,5	r/hr	deutl.	Wittichen; Grube Tannenboden und Anton bei Wieden, Südschwarzwald
Pyragirit Ag_3SbS_3	trig	2,5	dr/dr	deutl.	Grube Wenzel bei Oberwolfach; Grube Teufelsgrund und Tannenboden, Südschwarzwald
Emplektit $CuBiS_2$	rhomb	2	wg met./s	vollk.	Grube Käfersteige im Würmtal; Grube Daniel, Erzrevier Wittichen
Wittichenit Cu_3BiS_3	rhomb	2–3	gr met./s	deutl.	Bergrevier Wittichen
Halogenide					
Halit Steinsalz NaCl	kub	2	f, g, r, bl/ w	vollk.	Kalisalzgrube bei Buggingen im Oberrheintal
Sylvin Kalisalz KCl	kub	2	f, g, r/w	vollk.	Kalisalzgrube bei Buggingen im Oberrheintal
Sellait MgF_2	tetr	5	f, w/w	vollk.	Grube Clara
Fluorit Flussspat CaF_2	kub	4	f, g, v, bl/ w	sehr vollk.	Grube Clara, Käfersteige, Teufelsgrund, Finstergrund, Anton bei Wieden, Brandenberg, Hesselbach bei Oberkirch, Stbr. Artenberg
Oxide und Hydroxide					
Hämatit Eisenglanz Fe_2O_3	trig	5–6	gr-s/brr	deutl.	rote Glasköpfe: Grube Schrotloch bei Unterstmatt, Hohberg bei Wolfach/St. Roman;Grube Rappenloch bei Eisenbach, xx Lenzkirch
Magnetit Fe_3O_4	kub.	5,5– 6,5	s/sgr	unvollk.	Karbonatit vom Kaiserstuhl, Bad Rippoldsau

Name Formel	Kristall- system	Härte	Farbe/ Strich	Spalt- barkeit	Fundorte
Goethit Nadeleisenerz FeOOH	rhomb	5–5,5	brs/bgr	vollk.	Bergrevier Neuenbürg u. Würmtal
Limonit Brauneisenerz $FeOOH \cdot nH_2O$	rhomb	4–5,5	br–s/br	keine	Braune Glasköpfe: Neuenbürg u. Würmtal; Bohnerz: Fluorn, Schliengen
Pyrolusit MnO_2	tetr	6–6,5	dgr met./s	vollk.	Gremmelsbach bei Triberg Bergrevier Eisenbach
Manganit MnOOH	mon	4	br-s/dbr	vollk.	Bergrevier Eisenbach und Neuenbürg, Krusten auf Buntsandstein
Quarz SiO_2	trig	7	f-gr/ f-w	keine	Gesteinskomponente; xx: Ottenhöfen, Badenweiler Achate: Baden-Baden, Lierbachtal, Schweighausen
Uraninit Pechblende UO_2	kub	4–6	s/s	keine.	Menzenschwand, Wittichen, Geigeshalde bei Schramberg
Kassiterit Zinnstein SnO_2	tetr	7	g-grs/w-g	unvollk.	Pegmatitische Schlieren im Triberger Granit bei Hornberg
Karbonate					
Kalzit Kalkspat $CaCO_3$	trig	3	f, w, g/f	sehr vollk.	Grube Wenzel, Stbr. Artenberg im Kinzigtal, Stbr. bei Grimmelshofen
Siderit Eisenspat $FeCO_3$	trig	4–4,5	w-grg/w	vollk.	Grube Käfersteige im Würmtal
Dolomit $CaMg(CO_3)_2$	trig	3,5–4	f-w/w	vollk.	Schauinsland
Cerussit $PbCO_3$	rhomb	3–3,5	F/w	deutl.	Grube Fürstenfreude bei Badenweiler
Azurit Kupferlasur $Cu_3(OH)_2(CO3)_2$	mon	3,5–4	Bl/bl	unvollk.	Grube Hella-Glück bei Neubulach, Grube Clara
Malachit $Cu_2(OH)_2CO_3$	mon	4	Grü/ hgrü	vollk.	Grube Hella-Glück bei Neubulach, Grube Clara
Bismutit $Bi_2O_2(CO_3)$	tetr	3,5	w-g/gr	deutl.	Bergrevier Wittichen, Grube Königswart bei Baiersbronn

Name Formel	Kristall- system	Härte	Farbe/ Strich	Spalt- barkeit	Fundorte
Sulfate					
Gips $CaSO_4 \cdot 2H_2O$	mon	2	f-w/w	vollk.	Wutachtal, Döggingen, Badenweiler
Baryt Schwerspat $BaSO_4$	rhomb	3–3,5	f, w, g, r/ w	vollk.	Grube Clara, Grube Otto bei Schottenhöfen; Fluss- und Schwerspatrevier Wieden
Anglesit $PbSO_4$	rhomb	2,5–3	f/w	deutl.	Grube Haus Baden bei Badenweiler
Wolframate, Molybdate					
Scheelit $CaWO_4$	tetr	4,5– 5	g-gr/w	deutl.	Pegmatit Rossgrabeneck bei Bergach
Wulfenit $PbMoO_4$	tetr	3	org/w	deutl.	Grube Haus Baden u. Fürstenfreude bei Badenweiler
Wolframit $(Fe,Mn)WO_4$	mon	4– 4,5	s. met/.br- s	vollk.	Pegmatit Rossgrabeneck bei Bergach, Kinzigtal
Phosphate, Arsenate					
Olivenit $Cu_2(AsO_4)(OH)$	rhomb	4	olivgrün/ w	unvollk.	Grube Dorothea bei Freudenstadt, Grube Clara
Pseudomalachit $Cu_5(PO_4)_2 \cdot 2(OH)_4 \cdot H_2O$	mon	4,5– 5	dgrü/grü	vollk.	Grube Silberbrünnle bei Gengenbach
Klinoklas $Cu_3(AsO_4)(OH)_3$	mon	2,5– 3	dbl/blgrü	vollk.	Grube Clara
Apatit (Fluorapatit) $Ca_5F(PO_4)_3$	hex	5	f, v/w	unvollk.	Stbr. Hinterohlsbach bei Gengenbach
Pyromorphit $Pb_5(PO_4)_3Cl$	hex	3,5– 4	Grü/brg	deutl.	Willnau, Schauinsland; Reichenbach bei Lahr
Mimetesit $Pb_5(AsO_4)_3Cl$	hex	3,5– 4	f, g, or/w	keine	Badenweiler
Erythrin Kobaltblüte $CO_3(AsO_4)_2 \cdot 8H_2O$	mon	1,5– 2	r/hr	vollk.	Schmiedehalde Wittichen, Grube Anton im Heubachtal, Reinerzau
Pikropharmakolith $Ca_4MgH_2(AsO_4)_4 \cdot 11H_2O$	trikl	2– 2,5	f,w/w	vollk.	Bergrevier Wittichen, Grube Anton im Heubachtal bei Schiltach
Mixit $BiCu_6(AsO_4)_3(OH)_6 \cdot 3H_2O$	hex	3	grü/hgrü	vollk.	Schmiedehalde Wittichen
Tirolit $CaCu_5(AsO_4)_2(CO_3)$ $(OH_4) \cdot 6H_2O$	rhomb	2	blgrü/ wgrü	vollk.	Bergrevier Neubulach

Name Formel	Kristall-system	Härte	Farbe/ Strich	Spalt-barkeit	Fundorte
Torbernit Uranglimmer $Cu(UO_2)_2(PO_4)_2 \cdot 12H_2O$	tetr	2–2,5	grü/ hgrü	vollk.	Krunkelbachtal Menzenschwand, Fundstelle erloschen
Autunit Uranglimmer $Ca(UO_2)_2(PO_4) \cdot 10H_2O$	tetr	2–2,5	g/hg	vollk.	Krunkelbachtal Menzenschwand, Fundstelle erloschen
Uranocircit Uranglimmer $Ba(UO)_2(PO_4)_2 \cdot 10–12H_2O$	tetr	2–2,5	g-grü/hg	vollk.	Krunkelbachtal Menzenschwand, Fundstelle erloschen
Zeunerit Uranglimmer $Cu(UO_2)_2 \cdot (AsO_4)2 \cdot 12H_2O$	tetr	2,5	grü/hgrü	vollk.	Schmiedehalde Wittichen
Walpurgin $Bi_4(UO_2)(AsO_4)_2O_4 \cdot 2H_2O$	trikl	3,5	dg/gw	vollk.	Schmiedehalde Wittichen
Silikate					
Olivin $(Mg,Fe)SiO_4$	orth	6,5–7	grü/w	unvollk.	Gesteinskomponente in Peridotiten, z.B. im Schuttertal oder Todtmoos
Almandin Granat $Fe_3Al_2(SiO_4)_3$	kub	7–7,5	r/w	keine	Gesteinskomponente im Kinzigit und Eklogit, xx Stbr. Fuchsköpfle bei Freiburg, Stbr. Hechtsberg bei Hausach
Cordierit $Mg_2Al_3(AlSi_5O_{18})$	rhomb	7	bl, gr/w	deutl.	Gesteinskomponente in Graniten und Gneisen
Sillimanit $Al_2O(SiO_4)$	rhomb	6–7	f-gr/w	vollk.	Gesteinskomponente in Gneisen, Stbr. Stern bei Baiersbronn
Kyanit (Disthen) $Al_2O(SiO_4)$	trikl	4–7	w-bl/w	vollk.	Gesteinskomponente in Gneisen
Andalusit $Al_2O(SiO_4)$	rhomb	7,5	f-w/w	deutl.	Gesteinskomponente in Gneisen
Beryll $Be_3Al_2Si_6O$	hex	7,5–8	f, v/w	vollk.	xx Pegm. Schlieren im Triberger Granit, Hornberg
Uranophan $Ca(UO_2)_2(SiO_3OH)_2 \cdot 5H_2O$	mon	2,5	g/hg	vollk.	Krunkelbachtal Menzenschwand, Fundstelle erloschen
Turmalin (Schörl) $NaFe_3(Fe,Al)_6(BO_3)_3Si_6O_{18}(OH)_4$	tri	7	schw/grw	unvollk.	xx Pegmatit Rossgrabeneck bei Bergach; Stbr. bei Ottenhöfen, Stbr. am Hochfirst

Name Formel	Kristall- system	Härte	Farbe/ Strich	Spalt- barkeit	Fundorte
Aktinolith $Ca_2(Mg,Fe)_5Si_8O_{22}(OH)_2$	mon	5,5– 6	grü/w	deutl	Urenkopf bei Haslach, Fundstelle erloschen
Ferrohornblende (Amphibol) $Ca_2(Mg,Fe)_4Al(Al,Si_7)O_{22}$ $(OH,F)_2$	mon	5–6	grü/w	deutlich	Gesteinskomponente in Amphiboliten
Pektolith $NaCa_2Si_3O_8(OH)$	tri	5	w, grü/w	vollk	Urenkopf bei Haslach, Fundstelle erloschen
Prehnit $Ca_2Al_2Si_3O_{10}(OH)_2$	rhom	6– 5,5	f, grü/w	deutlich	Urenkopf bei Haslach, Fundstelle erloschen
Zirkon $ZrSiO_4$	tetr	7,5	rbr, v/w	unvollk.	Gesteinskomponente in Graniten u. Gneisen
Muskovit $KAl_2(AlSi_3)O_{10}(OH,F)_2$	mon	2– 2,5	f/w	sehr vollk	Gesteinskomponente in Graniten und Gneisen xx in pegm. Schlieren z, B. in Bad Wildbad
Biotit $K(Mg,Fe)_3(AlSi_3)O_{10}$ $(OH,F)_2$	mon	2,5– 3	dbr/w	sehr vollk.	Gesteinskomponente in Graniten und Gneisen xx in Pegmatit Stbr. Fuchsköpfle bei Freiburg
Chrysokoll $CuSiO_3$ + aq	mon	2–4	grü-bl/ grüw	keine	Grube Clara
Orthoklas $KAlSi_3O_8$	mon	6	F, w, r/w	vollk	Gesteinskomponente in Graniten und Gneisen xx Oberkirchgranit, Albtalgranit
Sanidin $(Ka,Na)AlSi_3O_8$	mon	6	f, w, gr/w	vollk	xx Stbr. Peter, Baden-Baden, Gesteinskomponente in Phonolithen vom Hegau
Albit NaAl Si_3O_8 (An0–10)	tri	6,5	f, w/w	vollk	xx Stbr. Peter, Baden-Baden, pegmatitische Schlieren im Triberger Granit
Plagioklas Mischkristalle zw. Albit und Anorthit $CaAl_2Si_2O_8$	tri	6– 6,5	f, w/w	vollk	Gesteinskomponente in Graniten und Gneisen

Lit.: Walenta (1992); Weiß (1990); Wittern (1995, 2001).

36. Isteiner Klotz: Vom Rhein ausgespülte Hohlkehle, genannt das „Schiff“, heute trockengelegt. Efringen-Istein, südl. Rheintal unweit Basel. EP XIV/17

37. Wildsee, typischer glazialer Karsee, umgeben von abgestorbenem Fichtenwald. Unweit vom Ruhestein, Schwarzwaldhochstraße, Nordschwarzwald. EP V/14

38. Glaziale Schotterterrasse. Falkensteig im Höllental, Südschwarzwald. EP XV/2

39. Glazialer Rundhöcker. Bei Zastler Hütter unterhalb Feldberg, Südschwarzwald. EP 26

40. Endmoränen der Vergletscherung aus der Würmeiszeit. Menzenschwander Albtal, Südschwarzwald. EP XV/10

41. Hohlweg im Löss. Ringelberg bei Karlsruhe-Grötzingen.EP I/2

42. Blick vom Feldberg (Seebuck 1448 m) auf den darunter liegenden Feldsee (1109 m), einen typischen Karsee. EP XV/11

43. Triberger Verwerfung: Harnischflächen im Triberger Granit. Bf. Triberg, Mittelschwarzwald. EP XIII/5

44. Quarzriff der Hesselbergverwerfung im Triberger Granit. S Triberg-Unterliemberg. EP XIII/8

45. Erdfall im Oberen Muschelkalk. Altes Eisinger Loch. E Eisingen, N Pforzheim. Nordschwarzwald/Kraichgau. EP 9

46. Erdmannshöhle: Tropfsteinhöhle im Oberen Muschelkalk. Hasel, Dinkelberg. EP XXI/3

47. Tschamberhöhle: aktive Wasserhöhle im Oberen Muschelkalk. Rheinfelden-Riedmatt, Dinkelberg. EP XXI/5

48. Wasserfall Allerheiligen im Seebachgranit. Unweit vom Kloster Allerheiligen, Nordschwarzwald. EP VI/3

49. Triberger Wasserfall, Deutschlands höchster Wasserfall im Triberger Granit. Triberg, Mittelschwarzwald. EP XIII/6

50. Silberflöckchen und -bäumchen auf Chrysokoll. Handstück, Grube Clara, Wolfach, Mittelschwarzwald.

51. Bleikristalle (metall. grau) mit rhomboedrischen, spätigen Dolomitkristallen (beige). Handstück, Grube Schauinsland bei Freiburg i. Br., Südschwarzwald.

52. Zinkblendekristalle, Handstück. Ehemal. Grube Schauinsland, Südschwarzwald.

53. Brauneisenerz (brauner Glaskopf), Handstück. Schaubergwerk Frischglück, Neuenbürg, Nordschwarzwald.

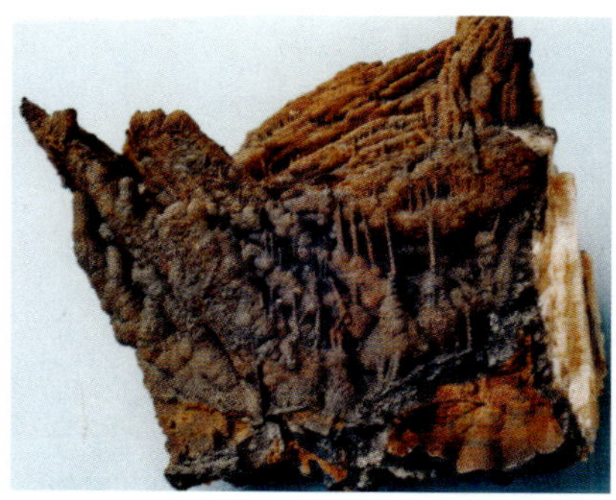

54. Stalagmiten aus Brauneisenerz. Handstück, Grube Clara, Wolfach, Mittelschwarzwald.

55. Hämatit (roter Glaskopf), Handstück. Ehemal. Grube Schrotloch bei Unterstmatt, Schwarzwaldhochstraße, Nordschwarzwald.

56. Rhomboedrische, tafelige Hämatitkristalle. Handstück, Lenzkirch, Südschwarzwald.

57. Hexagonale, Pyromorphittönnchen (grün) auf Buntsandstein. Brauneisenvererzung (schwarz). Handstück, Reichenbach bei Lahr, Mittelschwarzwald.

58. Kobaltblüte, Handstück. Ehemal. Schmiedestollen bei Wittichen, Mittelschwarzwald.

59. Tiefblaue monokline Azuritkriställchen auf Buntsandstein. Handstück, Schaubergwerk Hella Glück, Neubulach, Nordschwarzwald.

60. Buntkupfererz. Handstück, Grube Clara, Wolfach, Mittelschwarzwald.

61. Mineralparagenese: Azurit (blau), Malachit (grün), silberhaltiges Fahlerz (metall. grau)., Baryt (weiß). Nebengestein: Buntsandstein (rötlich). Handstück, Grube Hella Glück, Neubulach, Nordschwarzwald.

62. Nadelige Pyrolusitkristalle. Handstück, Gremmelsbach bei Triberg, Mittelschwarzwald.

63. Kobalterz: Oktaedrische Skutteruditkristalle. Handstück, Bergrevier Wittichen, Mittelschwarzwald.

64. Silberhaltiges Fahlerz mit Kupferkiesbutzen. Handstück, Grube Clara, Wolfach, Mittelschwarzwald.

65. Würfelige Fluoritkristalle überzogen mit Limonit, Handstück. Grube Clara, Wolfach-Rankach, Mittelschwarzwald.

66. Barytkristalle (Meißelspat), Handstück. Grube Clara, Wolfach-Rankach, Mittelschwarzwald.

67. Blättrige Barytkristalle, Stufe 14x18 cm. Ehemal. Grube Anton bei Wieden, Südschwarzwald.

68. Denkmal an den ehemaligen Bergbau im Kinzigtal. Haslach-Schnellingen, Mittelschwarzwald. EP X/7

69. Grube Clara: Aufbereitungsanlage der Fa. Sachtleben; Fundgrube für Mineraliensammler. Wolfach-Kirnbach, Mittelschwarzwald. EP XII/2

70. Ehemal. Silberbergwerk Erich. Rekonstruierter Förderturm. Suggental, Südschwarzwald.

71. Grube Christian 1720–1866; ergiebigste Eisenerzgrube im Revier Neuenbürg, Nordschwarzwald. EP VIII/2

72. Schaubergwerk Frischglück; Baryt + Brauneisenvererzung. Neuenbürg, Nordschwarzwald. EP VIII/3

73. Eisenbahnstollen: Ehemaliger Doggererzabbau während des 2. Weltkrieges. Fresko des Markgräfler Künstlers Adolf Riedling. Freiburg – St. Georgen, nahe Bf., Südschwarzwald. EP XIV/2

74. Erdölmuseum mit Schlegelpumpe. Pechelbronn, Elsass.

75. Nachgebauter keltischer Rennofen. Neuenbürg-Waldrennach, Nordschwarzwald.

76. Ehemaliges Hammerwerk der Eisenhütte Friedrichstal. Baiersbronn, Nordschwarzwald. EP IX/Friedrichstal

77. Besterhaltenes Römerbad nördl. der Alpen. Badenweiler, Südschwarzwald. EP XIV/9

78. Caracallatherme. Moderne Therme unweit der römischen Ausgrabungen. Baden-Baden, Nordschwarzwald. EP IV/1

10 Geotourismus

10.1 Schaubergwerke

Da der Bergbau außer in der Grube Clara bei Wolfach im Schwarzwald der Vergangenheit angehört und somit Heimatgeschichte wurde, entwickelte sich die Idee, die ehemaligen Gruben als Schaubergwerke für die Öffentlichkeit zugänglich zu machen und somit eine touristische Attraktion zu schaffen. 1970 wurden die beiden Schaubergwerke Teufelsgrund bei Untermünstertal im Südschwarzwald und der Hella-Glückstollen bei Neubulach eröffnet. Seitdem wurden bis heute durch unermüdliche Arbeit freiwilliger Helfer 13 Schaubergwerke der Öffentlichkeit zugänglich gemacht.

Name/Ort	Gangart	Abgebaute Mineralien	Bergbauzeiten	Internet/ Suchbegriffe
Frischglück/ Neuenbürg	Schwerspat-Eisenspatgang Verwitterslagerstätte	Brauneisenerz (Goethit)	Kelten vor 2500 J. 17. bis 19. Jh.	Frischglück Besucherbergwerk
Hella-Glück-Stollen/Neubulach	Quarz-Barytgänge Oxidationszone	Azurit, Malachit, Wismut und Silber führendes Fahlerz	13. bis 18. Jh. Kupfer- und Silbererze; im 20. Jh. Wismuterze	Bergwerk Neubulach
Silbergründle/ Seebach	Hydrothermaler Quarzgang	Silberführender Bleiglanz	13. bis 18. Jh.	Erzstollen Silbergründle
Himmlisch Heer/Dornstetten-Hallwangen	Hydrothemaler Schwerspatgang	Silberhaltiges Fahlerz Schwerspat	18. bis 19. Jh. Erzabbau Anfang 20. Jh. Schwerspatabbau	Bergwerk Hallwangen
Besucherbergw. Freudenstadt	Hydrothermaler Schwerspatgang	Brauneisenerz	18. Jh.	Silberbergwerk Freudenstadt
Segen Gottes/ Schnellingen	Hydrothermaler Schwer- und Flussspatgang	Silberhaltiger Bleiglanz	15. bis 18 Jh.	Besucherbergwerk Segen Gottes
Wenzel/Oberwolfach	Hydrothermaler Kalk/Schwerspatgang	Allargentum, Dyskrasit, Silber	18. bis 19. Jh.	Grube Wenzel

Name/Ort	Gangart	Abgebaute Mineralien	Bergbauzeiten	Internet/ Suchbegriffe
Caroline / Sexau	Hydrothermaler Schwerspatgang	Silberhaltiger Bleiglanz	11. bis 18. Jh.	Grube Caroline
Erich/Suggental	Hydrothermaler Schwerspatgang	Silberhaltiger Bleiglanz und Fahlerze, Schwerspat	12. bis 19. Jh. Erzabbau. Im 20. Jh. Schwerspatabbau	Grube Erich
Schauinsland/ Freiburg	Hydrothermale Quarz-Schwerspat-Karbonatgänge	Silberhaltiger Bleiglanz, Zinkblende Grünbleierz	13. bis 19. Jh. Silberhaltiger Bleiglanz; 20. Jh. bis 1954 Bleiglanz, Zinkblende	Museums-Bergwerk Schauinsland
Teufelsgrund/ Untermünstertal	Hydrothermaler Flussspat-Schwerspatgang	Silberhaltiger Bleiglanz Flussspat	10. bis 19 Jh. Erzabbau 20. Jh. bis 1958 Flussspatabbau	Grube Teufelsgrund
Finstergrund/ Wieden	Hydrothermaler Flussspat-Schwerspatgang	Silberhaltiger Bleiglanz Flussspat	14. Jh. bis 19. Jh. Erzabbau 20. Jh. bis 1972 Flussspatabbau	Grube Finstergrund
Hoffnungsstollen/ Todtmoos	Ultramafitite	Nickelführender Magnetkies	18. bis 20. Jh.	Hoffnungsstollen
Kalibergbau Ungersheim, Grube Rodolphe* (Elsass)	Tertiäre sedimentäre Lagerstätte	Kalisalze	20 Jh. bis 1976	Clair de Mine

* Die Grube Rodolphe von der französischen Seite wurde hinzugenommen, da der Kalibergbau als Schaubergwerk auf deutscher Seite nicht zu besichtigen ist.

Alle Schaubergwerke im Schwarzwald sind ausführlich in dem ausgezeichneten Buch von Werner, W. & Dennert, V.: „Lagerstätten und Bergbau im Schwarzwald“ (2004) beschrieben. Kurzinformationen gibt es in zahlreichen Faltblättern, die bei den Schaubergwerken ausliegen.

Tabelle 10. Besucherzahlen nach Statistik des LGRB aus Werner & Dennert (2004).

Bergwerk	**Eröffnung**	**Besucher 2002**	**Besucher 2003**
Hella-Glück-Stollen Neubulach	1970	22.604	22.001
Grube Schauinsland Freiburg	1997	19.300	23.812
Grube Frischglück, Neuenbürg	1985	19.141	16.613
Grube Teufelsgrund, Untermünstertal	1970	13.500	14.000
Grube Finstergrund, Wieden	1982	11.660	10.800
Hoffnungsstollen, Todtmoos	2000	10.133	7785
Grube Wenzel, Oberwolfach	2001	9.720	10.600
Grube Himmlisch Heer, Hallwangen	2000	4.660	5.170
Grube Silbergründle, Seebach	1984	2.687	2.346
Besucherbergwerk Freudenstadt	1999	1.300	1.100
Grube Segen Gottes, Haslach	2003	800	3.400
Grube Caroline, Sexau	1988	608	681
Grube Erich, Suggental*	1987	557	382
Summe		**116.670**	**118.690**

*nur wenige Öffnungszeiten und Führungen nach Voranmeldung

10.2 Geologische Lehrpfade

In Verbindung mit den Schaubergwerken, alten Stollen und Halden sowie in geologisch interessanten Landschaften wurden zahlreiche Lehrpfade angelegt:

Geologisch-mineralogische Lehrpfade (Auswahl)

Ort/Wegbezeichnung	Wegstrecke	Gesteinsformation	Sehenswürdigkeiten	Information
Freudenstadt/ Eugen-Drissler-Weg	9 km	Buntsandstein	Bergbaugeschichte; Eisenverhüttung in Friedrichstal	Im Tal der Hämmer (Br.)
Neuenbürg/ Frischglückpfad	3 km	Buntsandstein	Bergbaugeschichte; Pingen, Halden mit Eisenerz, Stollenmundlöcher, Schaubergwerk, Verwerfung, Umlaufberg	Infotafeln
Münstertal/ Geol.-bergbaugeschichtl. Wanderweg	17 km	Paragneise, Gneisanatexite Granitporphyr	Erd- und Bergbaugeschichte; ehemalige Stollen, Halden mit Fluorit und Zinkblende, Besucherbergwerk, Schmelzhütte	Maus, H.: Führer zum geol.-bergbaugeschichtlichen Wanderweg der Gemeinde Münstertal (1993) (Br.)

Ort/Wegbezeichnung	Wegstrecke	Gesteinsformation	Sehenswürdigkeiten	Information
Wieden/Bergbau im Wiedener Tal	7,5 km	Gneisanatexite	Bergbaugeschichte; Besucherbergwerk Finstergrund	Bergbau im Wiedener Tal (Br.)
Sulzburg/ Bergbaugeschichtl. Wanderweg	6,5 km	Gneisanatexite	Stollen, Pingen, Halden, Bergbaumuseum	Bergbaugeschichtlicher Wanderweg Sulzburg (1979) (Br.)
Freiburg Schauinsland/Erzkastenrundweg	5 km	Gneisanatexite	Geologie und Bergbau; verschiedene Gesteinstypen, Halden, Museumsbergwerk	Erzkasten-Rundweg (Br.)
Rickenbach/ Wickartsmühle, Murgtalweg	2 km	Cordieritgneis, Kalksilikatfels	Mineralogie und Geologie des Steinbruchs Wickartsmühle, Murgtalschlucht, Wasserfall	Infotafeln
Schenkenzell-Wittichen/ Geol. Lehrpfad	6,5 km	Triberger Granit, Rotliegend, Tiger- + Buntsandstein	ehem. Stollen und Halden, Mineralien der U-Cu-Bi-Co-Formation, Steinbruch (Triberger Granit); Aufschluss Grenze Perm-Trias	Br. vergriffen
Schönau/ Gletscherweg	7 km	Quart. Schotter, Granit, paläoz. Schiefer u. Grauwacken	Vereisung im Schwarzwald: Gletscherschliffe, Rundhöcker, Moränen	Der Wiesegletscher (Br.)
Schönau/ Pfad ins Erdaltertum	4 km	paläozoische Gesteine der Badenweiler-Lenzkirchzone	Paläozoikum im Schwarzwald; Badenweiler-Lenzkirchzone	Pfad ins Erdaltertum (Br.)
Kappelrodeck/ Felsenweg	12 km	Oberkirchgranit; permischer Quarzporphyr	Feldspatporphyroblasten im Oberkirchgranit; Absonderungsflächen und Fließgefüge im Porphyr	
Bonndorf/ Wutachschlucht*	35 km	Granit, Gneis Quarzporphyr, Muschelkalk, Keuper, Jura, pleist. Schotter	Flussgeschichte; Erdgeschichte vom Grundgebirge über mesozoisches Deckgebirge bis zu pleistozänen Schotterterrassen.	Hebestreit, C. (1999)
Baiersbronn/ Geol. Lehrpfad	7 km	Quarzporphyr Porphyrtuffe Buntsandstein	permischer Vulkanismus, Deckgebirge	Fbl.
Geologischer und vegetationskundlicher Pfad Schramberg, Schlossberg	6 km	Sandsteine, Konglomerate, Karneoldolomit, Granit	Felsenmeer aus Granit, Oberes Rotliegend, Zechstein, Buntsandstein, Verwerfung	In Infobr. über Schramberg

Ort/Weg-bezeichnung	Weg-strecke	Gesteins-formation	Sehenswürdigkeiten	Information
Bad Herrenalb/ Quellenerlebnis-pfad	3 km	Forbachgranit, Oberes Rotlie-gend, Bunt-sandstein	Quellen, Wollsackverwitte-rung, Verwerfung	Quellenerlebnis-pfad Bad Herren-alb (Br.)
Hausach	6 km	Paragneise	Bergbau und Verhüttung, Pochwerk, verschiedene kristalline Gesteine	Bergbaumuseum Erzpoche Hausach (Fbl.)
Freiburg/Natur-lehrpfad am Schönberg	4 km	Trias, Jura	Vorbergscholle des Schwarzwaldes; Oberrhein-grabenbruch	Infotafeln

* Nicht als geologischer Lehrpfad ausgewiesen, wurde aber dennoch als solcher hier aufgenommen, da er einen interessanten Spaziergang durch die ganze Erdgeschichte vom Pläözoikum bis Quartär darstellt.

Fast alle Lehrpfade sind in dem Buch Huth, Thomas: „Erlebnis Geologie“ (2002) beschrieben. Broschüren (Br.) und Faltblätter (Fbl.) zu den Lehrpfaden sind bei den Touristinformationen und an den Schaubergwerken erhältlich.

10.3 Museen (Auswahl)

Adelhausermuseum Natur- und Völkerkunde Freiburg i. Br., Gerberau 32, 79098 Freiburg i. Br., Tel.: 0761/201-2561 [Fossilien- und Mineraliensammlung (Schwarzwald), Edelsteinmuseum]

Dorotheenhütte Wolfach, Glashüttenweg 4, 77709 Wolfach, Tel.: 07834/8398-0 (Verkauf von Kunstglaswaren, Besichtigung der Glasbläsereiwerkstätte)

Eisenerzhütte Friedrichstal-Baiersbronn; (Einführung in die Eisenerzverhüttung, Hammerwerk)

Erdölmuseum Pechelbronn, 4, Rue de l'ecole, 67250 Merkviller-Pechelbronn (Elsass), Frankreich; Tel.: +33(0)388/809108, www.musee-du-petrole.com (Dokumentation der Erdölförderung und -verarbeitung in Pechelbronn, alte Schlegelpumpen, Farbbild 74)

Freilichtmuseum und **Erzpoche Hausach**, Dorfstraße nach Friedhof, 77756 Hausach-Dorf im Hauserbachtal.

Heimatmuseum Trossingen, Auberlehaus, Marktplatz 6/1, 78647 Trossingen, Tel.: 07425/27703 (Dinosaurier Plateosaurus trossingensis)

Kalimuseum Buggingen, Hauptstr. 14, 79426 Buggingen, Tel.: 07631/18030 (Geschichte des Kalibergbaus in Buggingen)

Landesbergbaumuseum B-W, Am Marktplatz, 79295 Sulzburg, Tel.: 07634/5600-40
(Einblick in die Arbeitswelt des Bergmanns im Lauf der Jahrhunderte im Schwarzwald sowie in den Kalibergbau von Buggingen. Neben anderen Mineralstufen sehr schöne Uranmineralien aus Menzenschwand)

Markgräfler Museum Müllheim, Wilhelmstr, 7, 79379 Müllheim, Tel.: 07631/15446
(Entstehung des Oberrheingrabens und des Schwarzwaldes)

Mineralienmuseum und Kulturhaus Bad Säckingen „Villa Berberich", Parkstr. 1, 79702 Bad Säckingen, Tel.: 07761/7478
(Mineralien aus aller Welt, extra Abt. Südschwarzwald, Vogesen, Schweizer Jura)

Mineralienmuseum Neubulach, In der Vogtei, Marktplatz 13, 75387 Neubulach, Tel.: 07053/9695-0
(Neben einer systematischen Mineraliensammlung Exponate aus dem Grubenrevier Neubulach und dem gesamten Schwarzwald)

Mineralienmuseum Oberwolfach, Schulstr. 5, 77709 Oberwolfach, Tel.: 07834/9420
(Exponate aus dem Grubenrevier Kinzigtal, vor allem aus der Grube Clara mit vielen speziellen Mikromounts + Kristallographie)

Mineralienmuseum Pforzheim, Schmuckwelten, UG, Westl. Karl-Friedrich-str. 56, 75172 Pforzheim, Tel.: 07231/994444
(Prächtige Schaustufen aus Deutschland und der ganzen Welt, große Abteilung zum Schwarzwald und Bergrevier Neuenbürg)

Mineralienmuseum Gottesehre, **Dachsberg,** Im Rathaus Wittenschwand, Vogelsang 14, 79875 Dachsberg, Tel.: 07672/9905-0
(Mineralien der Grube Gottesehre und anderer Gruben im Südschwarzwald)

Museum Efringen-Kirchen, In der alten Schule, Nikolaus-Däublin-Weg 2, 79588 Efringen-Kirchen, Tel.: 07628/8205 (Jaspis, jungsteinzeitl. Bergwerk, Geologie Isteiner Klotz)

Salinenmuseum Rottweil, Unteres Bohrhaus, 78628 Rottweil, Tel.: 0741/21560

Staatliches Museum für Naturkunde, **Karlsruhe**, Erbprinzenstr. 13, 76133 Karlsruhe, Tel.: 0721/175-2111
(Ausstellung Reich der Mineralien mit der Abt. Bergbau im Schwarzwald; Geologie am Oberrhein; Fossilien aus dem tertiären See des Vulkanschlots Höwenegg, Hegau)

Stadtmuseum Hüfingen, Nikolausgasse 1, 78183 Hüfingen, Tel.: 0771/8968479
(Funde aus dem tertiären See von Höwenegg, Urpferdchen, Urelefant, Antilope, Nashorn)

Ausführlichere Beschreibungen und noch weitere Museen sind in den Erläuterungen der Geotouristischen Karte von Thomas Huth und Baldur Junker, LGRB B-W, Freiburg i. Br. (2004) zu finden.

10.4 Mineralienbörsen im Schwarzwald

Offenburg, Messe, Februar
Lörrach, Messe, März
Remchingen-Wilferdingen, Kulturhalle Ende März/Anfang April
Bad Säckingen, Kurhaus, April
Lahr, Sulzberghalle, April
Freudenstadt, Turn- und Festhalle, Ende Mai/Anfang Juni
Wolfach, Schlosshof und -halle, August
Neubulach. Festhalle, Ende August/Anfang September
Bühl, Bürgerhaus Neuer Markt, Anfang Oktober
Freiburg, Messehalle, Oktober
Villingen Schwenningen, Messegelände, November
Ettlingen, Schlossgartenhalle, Ende November/Anfang Dezember
Pforzheim, Schmuckwelten, Anfang Dezember

Genaue Termine der Mineralbörsen sind im „Lapis Mineralienmagazin“, im „Lapis Börsenkalender“ (meist auf Börsen ausgelegt), aber auch im Internet unter www.xn--mineralienbrsen-jtb.com oder unter der Homepage der einzelnen Orte zu erfahren.

11. Geologische Exkursionen und Aufschlüsse

Kartografische Grundlage: Messtischblätter 1:25.000; Koordinatenangaben bei den Aufschlüssen nach Gauß-Krüger.

Es ist allgemein bekannt, dass die Benutzung der Forst- und Wanderwege mit PKW nur eingeschränkt erlaubt ist. Der Verfasser nimmt deswegen keine Verantwortung für die unerlaubte Befahrung von Forstwegen oder für evtl. Schranken, die den Weiterweg versperren, auf sich. Dasselbe gilt für Steinbrüche mit Verbotstafeln.

Die Vorschriften in Naturschutzgebieten sollten beachtet werden.

Exkursionsvorschläge

Exkursion I

Fußexkursion (1/2 Tag)

Thema: Nordabdachung des Schwarzwaldes; Übergang Oberer Buntsandstein/Unterer Muschelkalk, Profil: Unterer Muschelkalk, Hohlweg, Löss, Lössfauna.

Fußweg (ca. 6 km): Durlach – Turmberg – Fahrweg in Richtung Rittnerhof – Ringelberg – Hohlweg – Grötzingen.

Lit.: Stadt Karlsruhe (2000); Trunkó (1984).

Karten: Bl. 6916 Karlsruhe Nord; Bl. 6917 Weingarten (Baden); Bl. 7016 Karlsruhe Süd.

I/1 Karlsruhe-Durlach, Turmberg, Weganschnitt: Wellenkalk, oben auf dem Gipfel Oberer Muschelkalk (Trochitenkalk); Bl. 6916, R 34 62 430/H 54 29 210.

Aufstieg links von der Talstation der Turmbergbahn zum Turmberg.

I/2 Karlsruhe-Grötzingen, Ringelberg: Hohlweg, bis 10m hohe Lösswände mit Lössfauna, Lösskindel; Bl. 7016, R 34 63 390/H 54 29 000 (Farbbild 41).

Fahrstraße vom Turmberg zum Rittnerhof; ca. 300 m vor dem Rittnerhof Fahrweg nach links über die Felder zum Ringelberg, dann Hohlweg hinunter nach Grötzingen.

I/3 Karlsruhe-Grötzingen, bei Schule am Knittelberg: Steinbruch (aufgelassen): Unterer Muschelkalk, Violetter Horizont, Plattensandstein, darüber Löss; Bl. 6916, R 34 63 300/H 54 30 620.

Die Ringelbergstr. hinunter, die B10 und Eisenbahnlinie überqueren, auf der anderen Seite des Ortes die Friedrichstraße hinauf, den Laubplatz überqueren, weiter

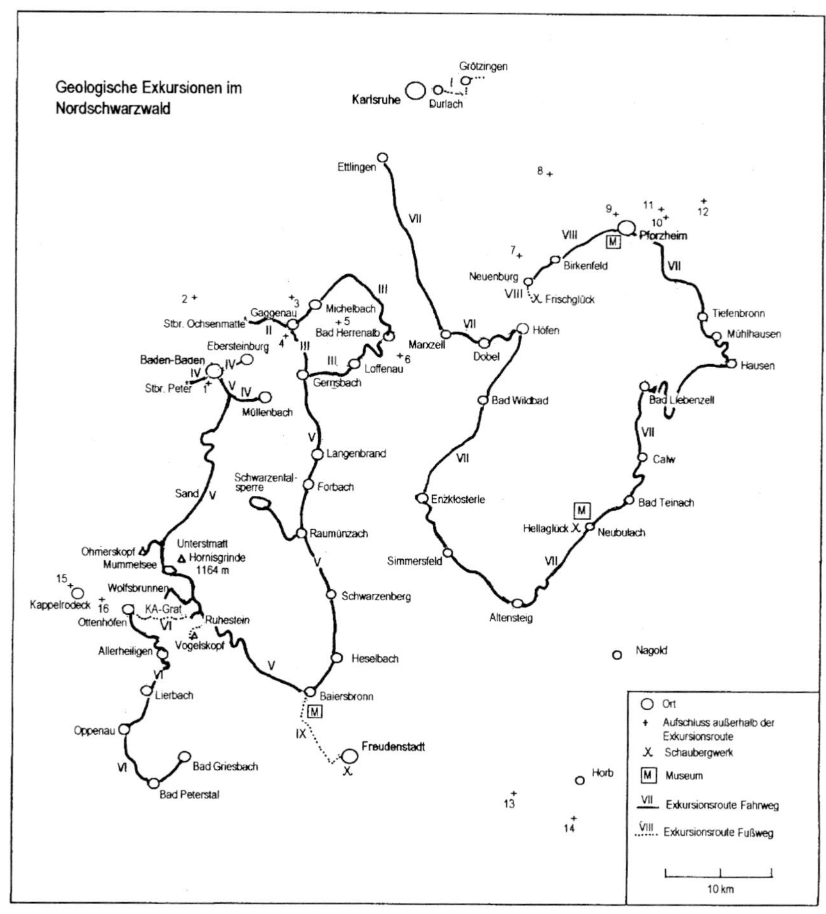

Abb. 65. Exkursionskarte zur Geologie und Mineralogie im Nordschwarzwald.

in die Niddastraße und Weingartenerstraße, dann rechts Abzweigung „In der Setz" zur Schule.

I/4 Karlsruhe-Grötzingen, Reithohle, Weganschnitt: Profil durch den Unteren Muschelkalk: rauhe Dolomite, Wurstelbänke, Deckplatten, Steinbänder, mittlerer Mergel, Wellenkalk; Bl. 6917, R 34 63 650/H 54 30 450.

Den gleichen Weg wieder zurück, in die Friedrichstraße einbiegen und dann links Abzweigung in die Reithohle.

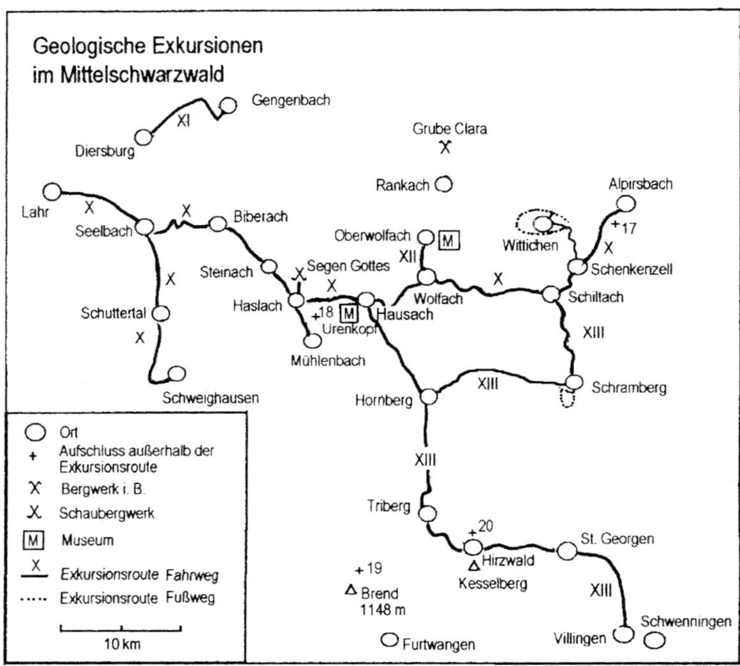

Abb. 66. Exkursionskarte zur Geologie und Mineralogie im Mittelschwarzwald.

Exkursion II

Auto/Fußexkursion. (1/2 Tag)

Thema: Baden-Baden-Zone; Grenze Moldanubikum/Saxothuringikum.

Fahrweg (2,6 km): Bahnhof Gaggenau – Hummelberg – Drei Findlinge (Parkplatz).

Fußweg (1,2 km) 3 Findlinge über den Schürkopf zum Waldseebad.

Fahrweg (4 km): Waldseebad – Schindelklamm – Schießplatz – Ochsenmatten.

Lit.: Montenari et al. (2000); Sittig (1965); Trunkó (1984); Wickert et al. (1990).
Karten: Bl. 7215 Baden-Baden.

II/1 Drei Findlinge (Grundgebirgsblöcke gefunden in der Murg bei Gaggenau und hierher transportiert): Etwas unterhalb der Findlinge 2 kleine zerfallene und vermooste Steinbrüche. Anstehend: Granat-Andalusit-Glimmerschiefer und Quarzite der HT/HP-Fazies. Sie streichen NW-SE und fallen nach SW ein. Bl. 7215, R 34 49 140/H 54 06 460

Gaggenau: Vom Bahnhof aus durch das Stadtzentrum, Brücke über die Murg Richtung Waldseebad, dann Brücke über die B 462, links zum Neubauviertel

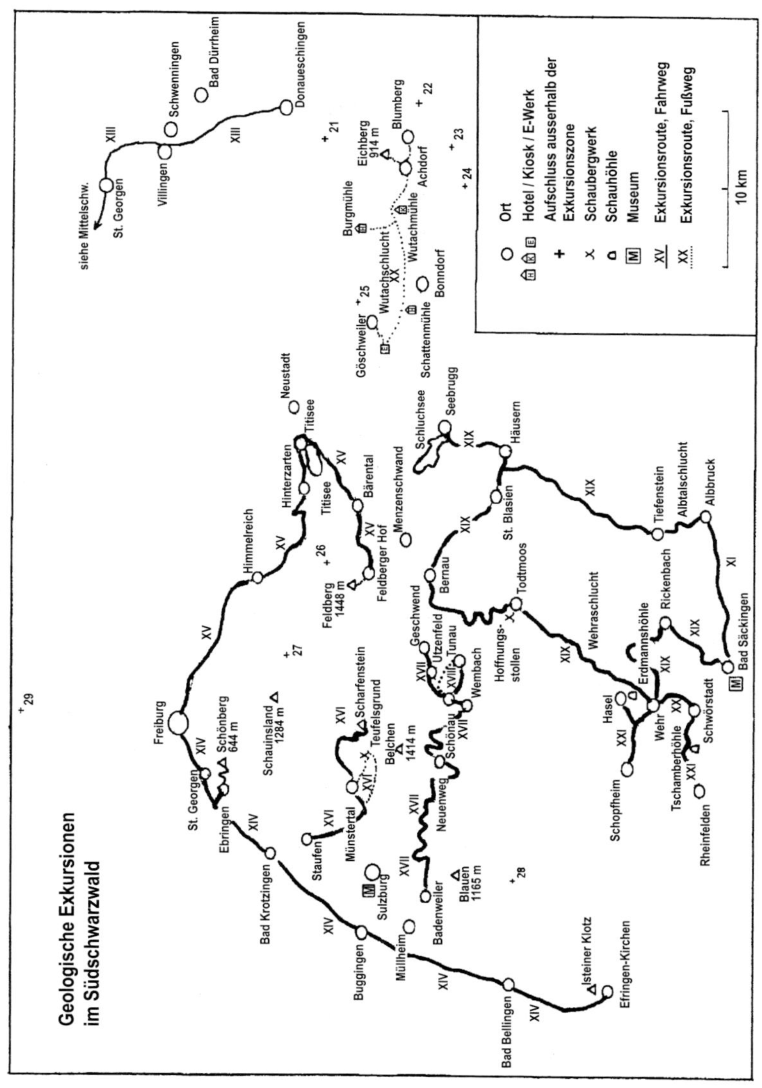

Abb. 67. Exkursionskarte zur Geologie und Mineralogie im Südschwarzwald.

am Hummelberg, die Konrad Adenauer Straße hinauf, links auf halber Höhe ehemaliger, sehr zugewachsener Steinbruch mit Para/Orthogneis (Privatgelände, s. Aufschluss Nr. 4), auf der Höhe der Siedlung links in die Ringstraße „Am weißen Stein“ einbiegen, dann rechts hoch zu den Drei Findlingen, dort Parkplatz.

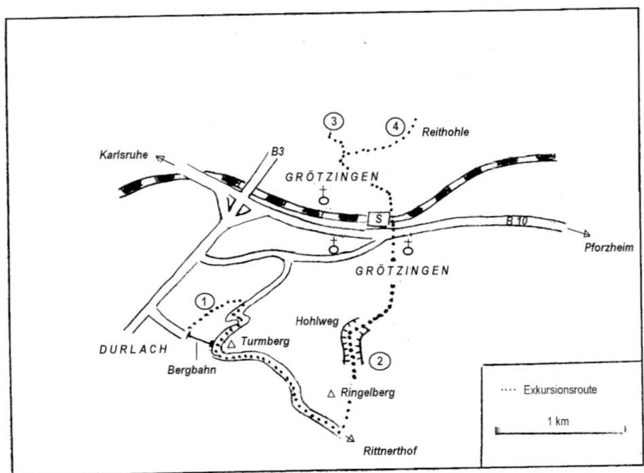

Abb. 68. Exkursionsroute: Turmberg – Grötzingen bei Karlsruhe. Topogr. Grundlage: TK 25 Baden-Württemberg des LVA, Stuttgart.

II/2 Schürkopf bei Gaggenau: Lesesteine von Granat-Kyanit-Glimmerschiefer auf dem Weg. Oberhalb des Waldseebads quert der Fußweg einen größeren Fahrweg. Hier Felsböschung mit einer kompakt wirkenden, geröllfreien Arkose-Sandsteinbank (Oberrotliegend, Tonsteinfolge 1). Unterhalb des Aufschlusses wurde der Sandstein in einem Steinbruch abgebaut. Bl. 7215, R 34 48 520/H 54 06 720.

Vom Parkplatz bei den Drei Findlingen Fahrweg erst nach W in Richtung Willi Echle-Hütte, dann rechts ab nach N den bezeichneten Wanderweg über den Schürkopf zum Waldseebad einschlagen (ca. 1,5 km).

II/3 Waldseebad Gaggenau, rechts vom Eingang Felsböschung mit einer SW-NE streichenden steil gestellten Abfolge (ca. 70° nach SE) von bräunlich bis lindgrün schimmernden Phylliten mit linsigen Einschaltungen von grünlichgrauen feinkörnigen Quarziten der LT/LP-Fazies („Traisbachserie“, Sittig 1965) des Saxothuringikums. Alter der Phyllite nach Funden von Acritarchen: Kambrium/Ordovizium (Montenari et al. 2000). Bl. 7215, R 34 48 460/ H 54 07 020.

Am Oberende des Schwimmbades nach kleiner Brücke Marmor in kleinem sehr zugewachsenen, nur an der Delle im Gelände erkenntlichen Steinbruch; Reste des Marmors sind als einzelne herumliegende Blöcke zu finden.

Fahrweg: Vom Neubauviertel Hummelberg kommend Straße in Richtung Stadion und auf der rechten Seite des Traisbachtales weiter zum Waldschwimmbad.

II/4 NE Ebersteinburg die Schlucht „Schindelklamm“. Auf halbem Weg zum Schießplatz rechts ein aufgelassener Steinbruch mit grünlich-schwarzen Schiefern. Bl. 7215, R 34 46 680/H 54 06 320. Sie gehören zur sogenannten „Schindelklammserie“ im Liegenden der „Traisbachserie“. Sittig (1965) interpretierte die grünlich-schwarzen Schiefer als schwach metamorphe dia-

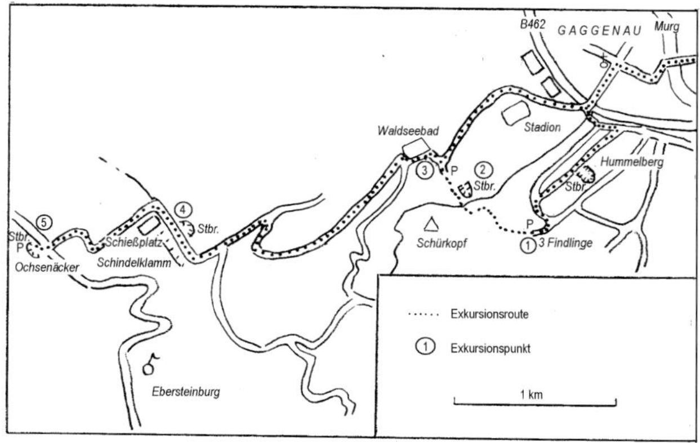

Abb. 69. Exkursionsroute: Gaggenau – Ebersteinburg (Baden-Baden-Zone). Topogr. Grundlage: TK 25 Baden-Württemberg des LVA, Stuttgart.

basartige Tuffite („Basischer Zug der Schindelklammserie"). Sie teilen die „Schindelklammserie" in eine faziell ähnliche obere und untere Serie von Tonschiefern und Quarziten. Weiter abwärts links auf der anderen Seite des Baches befindet sich eine markante Schieferklippe aus gut geschichteten Tonschiefern der unteren Serie. Bl. 7215, R 34 46 610/H 54 06 400. Die Schichten streichen SW-NE in Richtung der Hauptstörung zwischen Moldanubikum und Saxothuringikum und fallen steil nach SE ein. Am Ende der Schlucht an der Wegspinne stark links ehemaliger Steinbruch im Rotliegend etwas unter dem Niveau der paläozoischen Schiefer: Gestörte Stratigraphie durch die Morphologie der Baden-Baden-Senke bedingt. Der Steinbruch ist heute nicht mehr zu betreten, da Schießplatz des Schützenvereins.

Hinter dem Waldseebad über die Brücke, Forstweg in Richtung Ebersteinburg zur Wegspinne Zimmerplatz, Forstweg rechts die Schindelklamm hinunter in Richtung Schießplatz. Parkplatz bei Wegspinne am Schießplatz.

Südwestlich der Schindelklamm befindet sich das Gewann Haberäcker. Dort wurden dunkle Blöcke von Uralitgabbro (Sittig 1965) in einer schmalen NE streichenden Zone gefunden (heute kaum mehr Fundmöglichkeiten!). Sie sind wahrscheinlich herausgewitterte Zeugen eines kleinen Lakkoliths, der in die Schieferserie eingedrungen ist. Die Intrusion trennt die metamorphe Serie der Baden-Baden-Zone in eine schwachmetamorphe im N (Tonschiefer) und eine stärker metamorphe Serie im S (Glimmerschiefer).

II/5 Ehemaliger Steinbruch am Grillplatz in den Ochsenmatten: Hier ist der Obere Muschelkalk mo2 von der Cycloides-Bank bis zum Tonhorizont δ aufgeschlossen. Muschelkalkscholle auf dem gleichen Niveau wie die altpaläozoischen Schiefer; keine morphologisch bedingte Störung, geschätzte Sprunghöhe nach Metz (1977) 800 bis 1000 m, zurückzuführen auf die tektonischen Bewegungen während des Rheingrabenbruchs im Tertiär. Bl. 7215, R 34 45 688/H 54 06 275.

Bei Wegspinne am Schießplatz Fahrweg links zur Straße nach Ebersteinburg einschlagen, Straße überqueren, dort Parkplatz und ehem. Steinbruch in den Ochsenmatten.

Exkursion III

Autoexkursion (1 Tag)

Thema: Rotliegendtrog im Gebiet Gaggenau – Gernsbach – Bad Herrenalb; Schichtenfolge: Rotliegend, Zechstein terrestrisch, Buntsandstein; Tektonik: Bernbacher – und Gernsbacher Verwerfung.

Fahrweg (ca. 32 km): Bad Herrenalb (Thermalbad, Zisterzienserkloster 12. Jh.) – Bernbach – Michelbach – Gaggenau (Mercedes-Werke; Bad Rotenfels: 1871 Gründung des Oberrheinischen geologischen Vereins) – Ottenau – Hörden – Gernsbach – Loffenau (ev. Kirche mit Fresken 15. Jh.) – Bad Herrenalb.

Bad Herrenalb: Fußweg unter den Falkenfelsen bis zum Bahnhof Bad Herrenalb empfohlen.

Lit.: Metz (1977); Sittig (1974); Trunkó (1984).

Karten: Bl. 7115 Rastatt; Bl. 7116 Malsch; Bl. 7216 Gernsbach.

III/1 Bad Herrenalb – Kullenmühle, Steinbruch (aufgelassen): Bausandstein (su) unterer Bereich, Bänke mit Kugelsandstein, ausgeprägte tiefgreifende Klüftung mit kalter Luftströmung; Bl. 7116, R 34 59 350/H 54 08 260.

Am Ringverkehr am Pennymarkt Fahrradweg in Richtung Ettlingen einschlagen. Nach 200 m rechts ehemal. Steinbruch; Parkplatz vor dem Ortseingang Kullenmühle oder bei der Einfahrt des Fahrradwegs nach Ettlingen.

III/2 Bad Herrenalb: Untere Felsgalerie „Die zwölf Apostel", obere Felsgalerie: „Der Falkenstein"; Oberrotliegend, Fanglomeratfolge 4, fest verkittete, grobe Arkosen mit ausgebleichten Zonen, vor allem die untere Felsgalerie ist durch an Verwerfungsflächen aufsteigende Wässer stark verkieselt; beliebte Kletterfelsen; am Fuß des Falkensteins befindet sich das Thermalschwimmbad. Bl. 7116, R 34 58 920/H 54 07 740 (Farbbild 23).

Vom Falkenstein gute Sicht auf Bad Herrenalb und Umgebung. Gebiet von Bad Herrenalb tektonisch stark gestört, auf kurzen Entfernungen trifft man auf verschiedenste geologische Formationen.

a) die SE streichende Bernbacher Verwerfung längs des Bernbaches. Diesseits des Baches auf der Seite des Falkensteins: Oberrotliegend ro, F4, Hänge jenseits des Baches: Buntsandstein sus-smg.
b) Die NE streichende Gernsbacher Verwerfung: Im Oberen Gaistal befindet sich das Oberrotliegend F4 und der Forbachgranit auf 550 m Höhe, im unteren Gaistal auf 410–440 m.

Im unteren Gaistal im Bereich der Gernsbacher Verwerfung wurden um 1900–1902 auf Grund einer Legende von einer früheren Thermalquelle erfolglose Bohrungen durchgeführt. Erfolg hatte man in den 1960er-Jahren unterhalb des Falkensteins an der Kreuzung Gernsbacher/Bernbacher Verwerfung.

Im Ortsteil Kullenmühle gegenüber dem S-Bahnhof kurzer Weg zwischen den Häusern durch über eine kleine Brücke zu der unteren Felsgalerie. Zum Falkenstein: Vom S-Bahnhof Kullenmühle Straße in Richtung Bernbach; nach

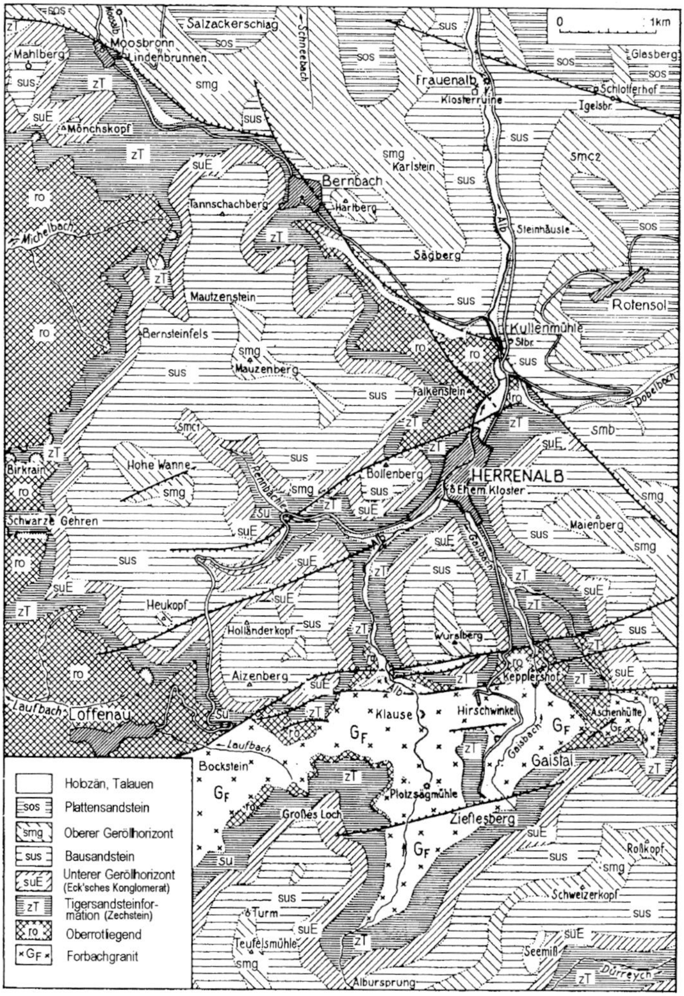

Abb. 70. Geologische Karte der Umgebung von Bad Herrenalb. Nach Metz (1977). Hier Buntsandsteinfolge neu gegliedert.

50 m Straße links den Berg hinauf, oben ab den letzten Häusern am Waldrand Fußweg (ca. 15 Min.) zum Falkenstein. Parkplatz s. III/1

III/3 Bad Herrenalb: seit 1964 Mineral- und Thermalquelle vom Typ Na-Ca-Cl-SO4 aus rund 600 m Tiefe. Wassertemperatur: 32,5 °C; Mineralstoffe: Bis zu 2.800 mg/l. Inbetriebnahme der Therme 1971. Sie ist an die NW-SE-streichende Bernbacher und an die SW-NE streichende Gernsbacher Verwerfung gebunden. Nützlich für Gelenkerkrankungen und Rheuma. Bl. 7115, R 34 60 140/H 54 07 620.

III/4 Straße Moosbronn-Michelbach, Steinbruch am Kübelkopf (aufgelassen): Tigersandstein, terrestrischer Zechstein (zT). Bl. 7116, R 34 52 640/H 54 07 820.

Straße Moosbronn-Gaggenau. Nach dem Pass bzw. der Wegkreuzung Gaggenau/Freiolzheim/Moosbronn Straße ca 2 km hinunter in Richtung Michelbach. Rechts ein Parkplatz, von dort kurzer Fußweg zum Steinbruch.

III/5 Straße Moosbronn-Michelbach; auf halber Höhe am „Rohrbrunnen" früher Paradeaufschluss für Oberrotliegend, Fanglomerat 4: Große kreisrunde Entfärbungszonen in rötlicher Grundmasse aus verbackenem Granitgrus und Ton mit Granit- und Porphyrgeröllen, sehr fotogen. Heute ist das Steinbruchgelände zugewachsen, aber Steinbruchwände frei. Bl. 7116, R 34 52 980/H 54 10 380 (Farbbild 21).

Straße Moosbronn-Michelbach. Nach dem Parkplatz beim Steinbruch am Kübelkopf etwa 1 km abwärts bis zur Abzweigung: Wanderweg zur Kreuzweghütte; rechts der Straße unterhalb der Abzweigung der Steinbruch, leicht zu übersehen, da zugewachsen. Parkmöglichkeit für PKW in der Wegeinfahrt; für Reisebus 1 km weiter unten rechts der Straße ein Parkplatz.

III/6 Straße Moosbronn-Michelbach, in der s-förmigen Kehre unterhalb des vorher beschriebenen Parkplatzes Straßenböschung: Oberrotliegend rötliche bis grünliche Tonsteinfolge 3; Bl. 7116, R 34 52 700/H 54 10 170.

Parkplatz s. Aufschluss III/5.

III/7 Gaggenau, Traisbachtal: Weganschnitt Oberrotliegend Tonsteinfolge 1: limnische, tonige rötliche Ablagerungen, Fossilien: Estherien und Pflanzen; Bl. 7115, R 34 49 240/H 54 07 210.

Von Gaggenau Ortsmitte Straße in Richtung Traisbachstadion/Waldschwimmbad: Überquerung der Murg und Überquerung der B 462. Nach der Brücke Parkplatz. Wanderweg am Waldrand links des Traisbaches zum Waldschwimmbad: Wegböschung mit Tonsteinfolge 1.

III/8 Gaggenau, westliches Murgufer, Felsgalerie: Oberrotliegend, verkieselte grobe rötliche Arkosen der Fanglomeratfolge I; um den Versuchsstollen „Hilpertsloch" in rötlichen Hornsteinfels mit Hämatitvererzung umgewandelt. Bl. 7115, R 34 50 320/H 54 06 82.

In Gaggenau beim Daimler-Benz-Werk Brücke über die Murg, unmittelbar danach Parkplatz; dann Uferweg (Fußweg) in Richtung Ottenau entlang der Felsgalerie.

III/9 Ottenau: Beim Schwimmbad Aufschluss des Oberrotliegend, Fanglomeratfolge 1 (30m lang, bis 10m hoch). Bl. 7216, R 34 51 400/H 54 05 500. Besserer Aufschluss (50 x 15 m) mit Anschauungsmaterial an der B 462 bei der Unterführung der K 3704 Ottenau–Selbach. Grobe, teilweise verkieselte rötliche Arkosen aus Feldspat-, Quarzkörnern und wenig Muskovit in feiner Grundmasse mit eckigen bis runden Geröllen vornehmlich aus Quarzporphyr, untergeordnet folgen Granit und Gneis. Entfärbungszonen. Im Hangenden Tonsteinfolge I. Bl. 7215, R 34 50 470/H 54 05 950.

Auf der B 462 von Gaggenau kommend in der Höhe von Ottenau rechts abbiegen nach Selbach/Ottenau. Schräg gegenüber dem Schwimmbad am Fahr- und

Wanderweg nach Gaggenau Aufschluss I. Parkplatz. Dem Fahrweg folgend in Richtung Gaggenau nach 1,3 km Unterführung der Straße K 3704 Ottenau-Selbach. Dort Parkplatz. Aufschluss II: Straßenanschnitt der B 462.

III/10 Hörden: Lieblingsfelsen, rundl. Prallhang der Murg: Oberrotliegend, Fanglomerat 1, lockere Brekzie. Bl. 7216, R 34 51 500/H 54 05 180 (Farbbild 20).

Auf der B 462 von Ottenau kommend in Hörden bei Kirche rechts abbiegen in Richtung Murg. Vom Uferweg aus gute Sicht auf den gegenüberliegenden Prallhang der Lieblingsfelsen.

III/11 Straße Gernsbach-Loffenau: links der Straße durch Erosion der lockeren bis bröseligen Arkosen des Oberrotliegend (F2 + F3) geformte sanfte Hügellandschaft, dahinter steil aufsteigende Tafelberge des Buntsandsteins. Bl. 7216

Straße Gernsbach-Loffenau. Vor Loffenau l. u. r. der Straße Parkplätze. Von dort gute Aussicht auf die Rotliegendlandschaft und die Buntsandsteinberge im Hintergrund.

III/12 Straße oberhalb Loffenau, zwischen erster und zweiter Kehre Straßenanschnitt: Rotliegend, Fanglomeratfolge F4; Gesteinsgrus und rötliche Tone mit schichtförmigen Entfärbungszonen, darüber die Tigersandsteinformation (zT). Bl. 7216, R 34 56 020/H 54 04 450.

Straße Loffenau-Bad Herrenalb; nach der ersten Kehre Parkplatz. In Richtung zweite Kehre vor und nach der Hütte Straßenböschung mit Fanglomeratfolge 4.

Exkursion IV

Auto/Fußexkursion (1 Tag)

Thema: Baden-Baden-Senke: Forbachgranit, Oberkarbon, Rotliegendsedimente, permischer Vulkanismus; Thermalquellen.

Fahrt (ca. 3 km): Caracalla-Therme (Parkplatz) in Richtung Gaggenau bis Abzweigung nach Ebersteinburg (Parkplatz).

Fußweg (3 km): Wolfsschlucht – Verbrannter Fels – Ebersteinburg Ortsmitte.

Fahrt (2,3 km): In Ortsmitte von Ebersteinburg Straße nach Hohen Baden-Baden (Parkplatz).

Fußweg (2,6 km): Unterhalb und Rückweg oberhalb der Battertfelsen.

Fahrt (7,6 km): hinunter nach Baden-Baden, Konzerthaus, danach links in Richtung Gallenbach bis zur Entenstallhütte, von dort durch den Golfplatz bis zum Parkplatz am Waldrand, kurzer Fußweg zum ehem. Steinbruch Peter.

Fahrt (10 km): Parkplatz (Steinbruch Peter) – Entenstallhütte – Lichtentaler Allee – Lichtental – Oberbeuern – Müllenbach – Pass/Gasthof Nachtigall (Parkplatz).

Lit.: Arikas (1986); Maus (1967); Metz (1977).

Karten: Bl. 7215 Baden-Baden.

IV/1 Baden-Baden: Akrato-Thermalquelle vom Typ Na-Ca-Cl-HCO_3-SO_4. Das Wasser stammt aus dem kristallinen Grundgebirge aus 4 km Tiefe und steigt an einer NE-SW verlaufenden Störung in Verbindung mit der Verwerfung Friesenberggranit/Karbon und Rotenbachverwerfung auf und tritt in 10 Quellen über dem Talgrund aus. Die Höllquelle hat eine Wassertemperatur von 69 °C. Die Murgquelle ist durch uranhaltige Karbonsedimente im Untergrund (s. ehemalige

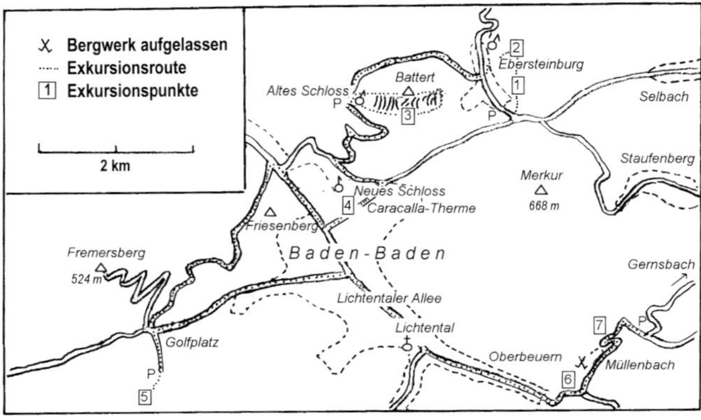

Abb. 71. Exkursionsroute rund um Baden-Baden (Baden-Badener Senke). Topogr. Grundlage: TK 25 Baden-Württemberg des LVA, Stuttgart.

Uranlagerstätte Müllenbach) radonhaltig. Bereits die Römer unter Kaiser Caracalla richteten für die Soldaten und höheren Schichten in Baden-Baden ein Erholungsbad ein (Ausgrabungen der antiken Badruine neben dem Friedrichsbad). Heutige Badeeinrichtungen: Wilhelmsbad, Heilbad für Kurgäste und „Caracallatherme" für Wellness. Bl. 7215, R 34 44 390/H 54 03 170 (Farbbild 78).

Parkmöglichkeit bei der Caracalla-Therme. Von dort kurzer Fußweg zum Friedrichsbad. Auf dem Weg dorthin römische Badruinen und die Höllquelle.

IV/2 Wolfsschlucht, tiefe Felsschlucht, entstanden durch rückschreitende Erosion der bröseligen Fanglomeratfolge 3 des Oberrotliegend. Es handelt sich vornehmlich um rötliche mittelkörnige Arkosen, die teilweise horizontal geschichtet sind. Bl. 7215, R 34 47 000/H 54 04 660.

Ausgangspunkt der Wanderung: Abzw. nach Ebersteinburg an der Straße Baden-Baden-Gaggenau. Dort Parkmöglichkeit. Von dort bezeichneter Wanderweg in 10 Min. zur Wolfsschlucht.

IV/3 Verbrannter Fels, imposanter Felssporn, verkieseltes Fanglomerat 3, rötliche mittelkörnige Arkosen. Gute Sicht auf die Baden-Baden-Senke. Bl. 7215, R. 34 47 500 /H 54 05 080.

Von der Wolfsschlucht denselben Wanderweg weiter in 20 Min. zum Verbrannten Felsen.

IV/4 Battertfelsen oberhalb Baden-Baden: W-E verlaufender Felsenkamm; stratigraphisch entsprechen die Gesteine dem Fanglomerat F3, grobes Konglomerat bis Brekzie; Komponenten (Quarzporphyr, Granit) eckig bis gerundet; teilweise horizontale Schichtung; unterscheidet sich in der Korngröße und dem Bestand von den umgebenden Arkosen des F3 (Beispiel Verbrannter Fels); wahrscheinlich befand sich in der Nähe der Battertfelsen ein Eruptionsherd. Heute herausgewitterter Härtling durch aufsteigende Mineralwässer an einer W-E verlaufenden Störung; beliebte Kletterfelsen. Am Fuß des Bergrückens Thermalquelle, ähnliche Tektonik wie in Bad Herrenalb; Bl. 7215, R 34 45 100/H 54 04 800 (Farbbild 22).

Burg Hohen Baden-Baden: Parkplatz. In 20 Min. den Unteren Felsenweg bis zum Pavillon. Von dort in 30 Min. über den oberen Felsenweg wieder zurück zur Burg Hohen Baden-Baden.

IV/5 Steinbruch Peter (aufgelassen) bei Baden-Baden oberhalb des Golfplatzes: ehem. Porphyrschotterwerk, heute ist die Sohle mit Wasser gefüllt und bildet ein Biotop; Gesteine: Rhyolithe, Ignimbrite, Pyroklastite; Einschlüsse von Grundgebirgsmaterial wie Granit und Gneis. Man unterscheidet von unten nach oben 3 Glutwolkenausbrüche, die sich in den Farben bräunlichrot, grüngrau und rotbraun voneinander unterscheiden. Mineralische Einsprenglinge: gerundeter Quarz, Albit in rotem Ignimbrit (bei Druckentlastung), Sanidin in hellgrauem Ignimbrit (bei Hochdruck), Turmalin und Pinit als Pseudomorphosen nach Pyroxen (Arikas 1986), bei Maus (1967) als Pseudomorphosen nach Cordierit. Südlich davon schließt sich eine enge Schlucht, der Klopfengraben an. Früher bekannte Fundstelle von Achaten, heute Fundmöglichkeiten eher um die über dem Steinbruch gelegene Wernerhütte möglich. Bl. 7215, R 34 41 900/H 54 00 600 (Farbbild 16).

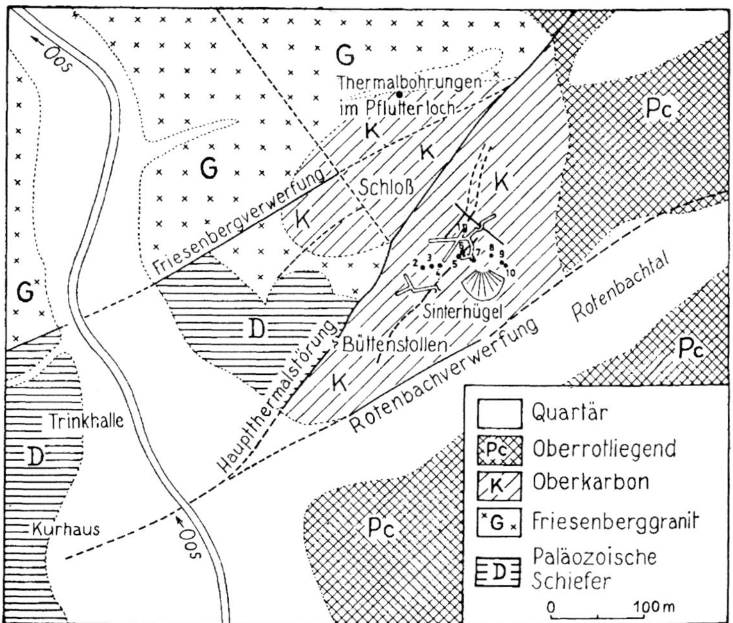

Abb. 72. Geologie und Tektonik im Bereich der Thermalquellen von Baden-Baden. Aus Metz (1977).
Quellen vor dem Bau der Stollen: 1 = Höll-Quelle, 2 = Lauer-Brunnen, 3 = Kühler Brunnen, 4 = Ursprung Quelle, 5 = Brüh-Quelle, 6 = Judenquelle, 7 = Ungemach-Quelle, 8 = Kluster-Quelle, 9 = Mur-Quelle, 10 = Fett-Quelle.

Nach dem Festspielhaus Straße links das Michelbachtal hinauf in Richtung Gallenbach. Felsige Straßenböschung aus rötlichem Friesenberggranit. Bei der Wegspinne „Entenstallhütte“ Fahrweg in Richtung Süden durch den Golfplatz bis zu einem Wanderparkplatz am Waldrand. Kurzer Fußweg zum Steinbruch Peter.

IV/6 E Oberbeuern: Forbachgranit; grobkörniger Zweiglimmergranit. Bl. 7215; R 34 47 810/H 54 00 460.

Straße Baden-Baden-Oberbeuern-Gernsbach. An der Abzweigung nach Gernsbach anstehender Forbachgranit.

IV/7 N Müllenbach: glimmerreiche, lockere Arkosensandsteine des Unterrotliegend, im Liegenden violettgraue Schiefertone. Bei Schöttle (1984) wurden die Sedimente ins Oberkarbon gestellt. Oberkarbonische und Unterrotliegend-Sedimente sind oft schwer zu unterscheiden, fließende Übergänge. In Müllenbach ein 1974 vorgetriebener Versuchsstollen (Kirchheimer Stollen, aufgelassen, Mundloch von der Straße aus links sichtbar, Fundmöglichkeiten von Uranmineralien erloschen) zur Förderung von Uranpechblende aus oberkarbonischen Sedimenten. Bl. 7215, R 34 48 140/H 54 01 140.

Straße Müllenbach – Gernsbach. An Straßenkehre oberhalb Müllenbach: Aufschluss unterrotliegende Arkosen; Parkmöglichkeit für Pkw in der Wegabzweigung innerhalb der Kehre, für Reisebusse oberhalb auf dem Pass nahe dem Gasthof Nachtigall.

Exkursion V

Autoexkursion mit kleinen Fußwanderungen (1–2 Tage).

Thema: Nordschwarzwälder Kristallin: Nordschwarzwälder Granitplutone mit Wollsackverwitterung und Gneise der ZSGM; permischer Vulkanismus; Deckgebirge: Buntsandstein; Glazialformen.

Fahrweg (ca. 95 km): Gernsbach (Altes Rathaus 17. Jh.) – Murgtal (Tiroler Heuhütten) – Au – Langenbrand – Forbach (hist. Holzbrücke) – Raumünzach – Schwarzentalsperre (Kraftwerk) – Raumünzach – Baiersbronn (Wallfahrtsort für Feinschmecker) – Ruhestein – Schwarzwaldhochstraße – Abzw. nach Ottenhöfen – Gasthof Wolfsbrunnen – Schwarzwaldhochstraße – Mummelsee (Sage vom Mummelsee) – Unterstmatt – Ohmerskopf – Schwarzwaldhochstraße (gute Aussicht auf die Rheinebene) – Plättig (Hotel Bühlerhöhe) – Sand – Baden-Baden (Caracalla-Therme, Spielbank, Kurstadt).

Lit.: Metz (1977); Schöttle (1984).

Karten: Bl. 7216 Gernsbach; Bl. 7315 Bühlertal; Bl. 7316 Forbach; Bl. 7414 Oberkirch; Bl.7415 Seebach; Bl. 7416 Baiersbronn.

V/1 Zwischen Au und Langenbrand eindrucksvoller Strudeltopfgarten im Murgbett, Forbachgranit. Bl 7216, R. 34 53 150/H 53 97 160 (Farbbild 6).

Zu erreichen nach ca. 2 km auf einem schmalen Fahrweg von Au nach Langenbrand auf der Seite der Bahnlinie (Fahrweg für motorisierte Fahrzeuge gesperrt!). Eindrucksvoller Strudeltopfgarten schräg gegenüber der Weisenbachfabrik. Nach 1 km erreicht der Fahrweg die Ortschaft Langenbrand.

V/2 Forbach (Murgtal) Eulenfelsen, Forbachgranit; klassische senkrechte und waagrechte Klüftung am Fuß des Felsens; Wollsackverwitterung und Felstürme am Gipfel. Bl. 7315, R 34 52 920/H 53 94 440 (Farbbilder 3 + 4).

Von der B 462 über die Brücke nach Forbach, unmittelbar danach Fahrweg rechts entlang der Murg bis zum Stauwehr, dort Parkmöglichkeit. Dann kurzer Pfad hinauf zum Eulenfelsen.

V/3 Bermersbach oberhalb Forbach: Giersteine, fortgeschrittene Wollsackverwitterung des Forbachgranits, großer runder Granitblock, früher als Kultstein betrachtet. Bl. 7316, R 34 52 300/H 53 95 100.

Straße Forbach-Bermersbach. Im Ort erste Straße scharf rechts an Kirche vorbei in Richtung Eulenfelsen/Forbach. Am Ortsausgang links die Giersteine, dort Parkmöglichkeit.

V/4 Raumünzach, Straße zur Schwarzentalsperre: links der Straße Steinbrüche in Betrieb, rechts der Straße Steinbruch aufgelassen; mittelkörniger Forbachgranit (Zweiglimmergranit), Einschlüsse von Paragneisen, kleine Quarz-Feldspat-Pegmatite mit Muskovit, Orthoklas und Quarzkristallen. Steinbruch liefert Randsteine, Pflastersteine, Werksteine für Hoch- und Tiefbau sowie Denkmäler. Am Tag der offenen Tür führt der Steinbruch Demonstrationen der Steinbruch- und Steinmetzarbeiten durch. Bl. 7316, R 34 51 800/H 53 89 180.

Besuch des Steinbruchs Raumünzach (in Betrieb) nur mit Genehmigung der Betriebsleitung. Anmeldung bei VSG Schwarzwald-Granit-Werke Forbach-Raumünzach, Tel.: 07228/968590.

An der Abzweigung von der B 462 zur Schwarzentalsperre links ein großer Steinbruch (in Betrieb), Parkmöglichkeit am Eingang des Steinbruchs; 400 m weiter führt rechts ein Fahrweg zu einem kleineren aufgelassenen Steinbruch. Parkmöglichkeit im Steinbruchgelände.

Südl. von Raumünzach Randzone des Forbachgranits zur Zentralschwarzwälder Gneismasse mit häufiger vorkommenden Paragneiseinschlüssen und Cordierit.

V/5 Schwarzenbachtalsperre: Stausee und Infotafeln zur Kraftwerkanlage, die. 1926 fertiggestellt wurde. Wasser wird durch Druckrohre mit einem Nutzgefälle von 340 m auf Turbinen ins Murgtal bei Forbach geleitet. Gesamtleistung der Schwarzenbachtalsperre (4 Kraftwerke) 130 Mio KWh/Jahr. Bl. 7316, R 34 50 170/H 53 91 530.

Parkmöglichkeit am Seeufer in der Nähe des Gasthofes.

V/6 Bahnhof Schwarzenberg im oberen Murgtal: Felssporn „Rappenriss", klass. Granulit aus Quarz, Kalifeldspat und Granat. Ob es sich um einen Metamorphit eines altpaläozoischen Rhyoliths analog den Leptiniten im Kinzigtal handelt, ist noch ungeklärt. Bl. 7415, R 34 54 680/H 53 84 760.

Parkmöglichkeit an der S-Bahn-Haltestelle Schwarzenberg.

V/7 Weg S-Bahn-Haltestelle Schwarzenberg nach Hutzenbach: Felsen und Wegböschungen mit schiefrigen, verfalteten bräunlichen Paragneis-Myloniten; Bl. 7416, R 34 54 580/H 53 84 360.

Wanderweg um den Rappenriss-Felsen in Richtung Hutzenbach: felsige Wegböschung mit Paragneisen. Parkmöglichkeit an der S-Bahn-Haltestelle Schwarzenberg.

V/8 Hutzenbach: Das enge Murgtal mit seinen Granitfelsen weitet sich in eine Zweistufenlandschaft: Hügelige Gneiskuppen mit Viehweiden; dahinter bewaldete Steilstufe des Buntsandsteins; Bl. 7416, R 34 54 770/H 53 83 280.

Panoramablick von der Straße und dem Wanderweg von Hutzenbach nach Heselbach aus.

V/9 Heselbach zw. Klosterreichenbach und Röt im oberen Murgtal: Steinbruch aufgelassen, heute Ablageplatz von Sturmholz; metatektischer Paragneis-Mylonit, durchsetzt von einem hellen Ganggranit, der vor allem abgebaut wurde; diskordante Auflagerung des Deckgebirges (Rotliegend + Buntsandstein); klassischer, oft besuchter und fotografierter Aufschluss. Bl. 7416, R 34 55 300/H 63 78 400 (Farbbild 9).

In Heselbach bei der S-Bahn-Haltestelle rechts von der B 462 abbiegen. Nach ca. 1 km der schon von Weitem sichtbare Steinbruch. Parkmöglichkeit auf dem Steinbruchgelände.

V/10 Baiersbronn: Steinbruch Aue (aufgelassen) am Fuß des Rinkenkopfs, Mischgneis, Metatexit mit Schlieren und Wickelfalten, in den ein feinkörniger Ganggranit eingedrungen ist. Ganggranit in der Steinbruchwand durch langjährige Verwitterung nicht mehr erkennbar. Heute wird das Steinbruchgelände zunehmend als Erddeponie verwendet. Rechts eine kleine Halde mit schönen Metatexiten. Bl. 7416, R. 34 52 985/H. 53 74 987.

In Baiersbronn Straße zum Ruhestein abbiegen; vor dem Ortsteil Rechen rechts ein aufgelassener Steinbruch. Zugang durch eine Straße mit offener Schranke. Parkmöglichkeit auf dem Steinbruchgelände.

V/11 Baiersbronn: Steinbruch Stern aufgelassen, hellrötlicher Orthogneis bzw. Flasergneis mit Feldspat, Quarz, Biotit und ellipsoiden Sillimanitknoten; eine kleine Halde zum Klopfen und Suchen vorhanden. Bl. 7416, R 34 52 200/H. 53 75 520.

Gegenüber dem Steinbruch Stern auf der anderen Seite der Murg befindet sich ein großer Steinbruch des Schotterwerks Helmut Gaiser. Es handelt sich um Orthogneis mit eingedrungenem Ganggranit. Er ist inzwischen stillgelegt und dient heute als Erddeponie.

Rechts der Straße zum Ruhestein nach dem Ortsteil Rechen gegenüber dem Zimmereigeschäft Thomas Haist der ehem. Steinbruch Stern. Parkmöglichkeit auf dem Steinbruchgelände.

V/12 Baiersbronn-Obertal (Buhlbachsaue): Ziegelrote permische vulkanische Tuffe im Bett des Buhlbachs, Farbe durch feinverteilten Hämatit bedingt. Einschlüsse von Quarzporphyr und durchschlagenem Grundgebirge; Bl. 7415, R 34 46 540/H 53 76 700.

Straße Baiersbronn-Obertal nach Buhlbach. In Buhlbachsaue Fahrweg nach links einbiegen. Bei der Brücke vulkanische Tuffe im Bett des Buhlbachs. Parkmöglichkeit im Ort.

V/13 Vogelskopfweg nahe dem Ruhestein (Schwarzwaldhochstraße): felsiger Weganschnitt: Unterer Buntsandstein: limnische Wellenrippeln und Feinschichtung, fluviatile Kreuzschichtung, Verlandungserscheinungen wie Tongallen; Aufschluss sehr aussagekräftig! Bl. 7415, R 34 41 860/H 53 80 860 (Farbbilder 24 + 26).

Parkplatz am Ruhestein. Vom Ruhestein Wanderweg zum Vogelskopf (ca. 20 Min.). Nach Überquerung der Schwarzwaldhochstraße gelangt man zum Vogelskopfweg; Aufschlüsse entlang des Weges am Ostabhang des Vogelskopfs. Naturschutzgebiet!

V/14 Wildsee: Karsee mit abgestorbenem Fichtenwald (klassisches Waldsterben in Karmulde, Nebelloch). Bl. 7415, R 34 43 930/H 53 81 630 (Farbbild 37).

Auf Wanderweg (ca. 2 km) vom Ruhestein den Skihang hinauf in Richtung Darmstädter Hütte zum Seekopf. Eindrucksvoller Blick vom Eutinggrab hinunter auf den Karsee und die umgebenden abgestorbenen Wälder. Parkplatz am Ruhestein.

V/15 Steinbruch am Wolfsbrunnen. eindrucksvoller Steinbruch (in Betrieb) der Fa. Fischer K.G., Seebach. Kleinkörniger fester Seebachgranit (Zweiglimmergranit) mit großer Druckfestigkeit (2500 kp/cm^2), aus dem Pflastersteine, große Blöcke für Denkmäler (Bunsendenkmal in Heidelberg), Splitt und Schotter gewonnen werden. Eindrucksvoll sind große Kluftflächen, die N-S streichen und mit 70° nach E einfallen. Weitere Klüfte streichen E-W. Die aufeinander senkrecht stehenden Klüfte begünstigen die Verarbeitung des Granits zu Pflastersteinen. Während der Betriebszeit ist das Betreten des Steinbruchgeländes nur mit Genehmigung des Betreibers erlaubt. An Wochenenden jedoch freier Zugang. Tel. Fischergranit 07842/2037; Bl. 7415, R 34 41 360/H 53 83 500 (Farbbild 8).

Infolge der Heraushebung der Hornisgrindescholle bildet das Acher/Seebachtal einen steilen Talabschluß.

Weiter oben im Hang schräg gegenüber dem Steinbruch am Wolfsbrunnen ein weiterer großer Steinbruch im Seebachgranit der VSG. Er ist zu erreichen durch eine gute Straße, die von der L 87 abzweigt. Er ist produktionstechnisch interessant. Auslage verschiedener Arten von Werksteinen. Tel. VSG 07842/2404; Bl. 7415, R 34 41 970/H 53 83 240.

Abzw. von der Schwarzwaldhochstraße zwischen Seibelseckle und Ruhestein nach Ottenhöfen. An der Straßenkehre am Gasthof Wolfsbrunnen der Steinbruch. Parkmöglichkeiten am Gasthof oder im Steinbruchgelände.

V/16 Schwarzwaldhochstraße: Auf einer Länge von 30 m diskordante Auflagerung des Deckgebirges (Buntsandstein) auf Seebachgranit. Zwischen Seebachgranit und Unterem Buntsandstein kleine Granit- und Sandsteinbröckchen in einer Matrix aus grünlichen, sandigen Tonsteinen. Früher klassischer Aufschluss, heute teilweise zugewachsen. Vorsicht Verkehr! Bl. 7415, R 34 42 170/H 53 83 360.

An der Schwarzwaldhochstraße Ruhestein – Mummelsee, 1,3 km südlich des Seibelseckle rechts die beschriebene Felsböschung. Parkmöglichkeit gegenüber dem Aufschluss.

V/17 Mummelsee, benannt nach den sagenhaften Mummeln, Wassernixen, die im dunklen Wasser hausen sollen. Der größte im Nordschwarzwald bestehende Karsee (Höhe: 1028 m ü. NN, 240 m lang, 193 m breit und 18 m tief) mit schöner Karwand im Bausandstein; heute touristischer Kultsee an der Schwarzwaldhochstraße. Bl. 7415, R 34 41 200/H 53 84 800.

Schwarzwaldhochstraße; am Mummelsee Parkplatz.

V/18 Hornisgrinde, höchster Berg im Nordschwarzwald mit 1164 m: Hochmoor bzw. Grindenlandschaft auf verkieseltem Oberen Geröllhorizont mit Legföhren, Birken und schwarzbraunen Kolken, begehbar auf einem Pfad aus Holzschwellen. Tafeln am Weg erklären die Entstehung eines Hochmoors. Blick auf Biberkessel, offenes Kar mit ehem. See, der heute vermoort ist. Außerdem befindet sich auf dem Plateau der Hornisgrinde ein kleiner Windpark aus drei Rotoren mit einer Leistung von 2x 110 KW und 130 KW. Bl. 7315, R 34 41 390/H 53 85 410.

Für öffentl. Verkehr gesperrter Fahrweg vom Mummelsee hinauf zum Aussichtsturm. Von dort rechts Wanderweg zum Dreifürstenstein und entlang am Ostrand der Hornisgrinde mit Aussicht auf den Biberkessel bis zum Gipfel (1163m). Von dort den Fahrweg zurück zum Parkplatz am Mummelsee. Rundwanderung vom Mummelsee ca. 5 km.

V/19 Omerskopf NW Unterstmatt (Schwarzwaldhochstr.), am S-Hang des Omerskopfs: heterogene Gneisanatexite (flaseriger Orthogneis bis biotitreicher Mischgneis, durchsetzt von einem Granitporphyrgang. Omerskopfgneisscholle: nördlichste größere Insel der heterogenen Gneise (Einheit 2) der ZSGM innerhalb der Nordschwarzwälder Granitplutone; Bl. 7315; R 34 39 500/H 53 89 560.

Schwarzwaldhochstraße Mummelsee-Unterstmatt. Dort Abzw. nach Bühl; gegenüber dem zweiten Parkplatz im Wald am Südhang des Omerskopfes der Aufschluss.

V/20 Falkenfelsen bei der Bühlerhöhe (Schwarzwaldhochstr.); grobkörniger Bühlertalgranit (Zweiglimmergranit), Wollsackverwitterung, Blick auf das Bühler Tal und das Rheintal. Bl. 7315 R 34 42 740/H 53 92 840.

Schwarzwaldhochstraße Unterstmatt-Plättig. Am Plättig Parkplatz. Von dort kurzer Fußweg (ca. 1 km) an der Bergkapelle vorbei auf den Falkenfelsen.

Exkursion VI

Auto- und Fußexkursion (1 Tag)

Thema: Altpaläozoischer bimodaler Vulkanismus, permischer Vulkanismus (Spaltenerguss); Unterrotliegend, Wasserfall.

Fahrweg (2,2 km) Ruhestein (Schwarzwaldhochstrasse) – Abzweigung nach Allerheiligen – Bosensteiner Eck – Parkplatz und Gasthöfe; bei Weiterfahrt Aussicht auf Karlsruher Grat.

Fußweg (ca. 5 km): Bosensteiner Eck – Karlsruher Grat – Gottschlägtal – Edelfrauengrab – Wasserfall – Steinbruch WIBO – Ottenhöfen.

Fahrweg (ca. 26 km): Ottenhöfen (Mühlenwanderweg) – Allerheiligen (Klosterruine 12. Jh.,Wasserfälle) – Lierbach – Oppenau – Bad Peterstal (Mineralquelle) – Bad Griesbach (Mineralbad, Mineralquelle, Typ Ca-Mg-HCO_3, Sprudelfabrik).

Lit.: Huth & Junker (2004); Metz. (1977); Wimmenauer (1984).

Karten: Bl. 7415 Seebach; Bl. 7515 Oppenau.

VI/1 Karlsruher Grat: Rhyolithischer Spaltenerguss, ca. 2 km Länge, 600–700 m breit, eindrucksvolles Felsriff, plattige Absonderung des Rhyoliths im spitzen Winkel zur Gratachse ENE – WSW; feinlaminare Fließstrukturen, besonders nach einem Regen zu erkennen. Bl. 7415 (Farbbild 14).

Parkplatz am Bosensteineck. Häufig begangener Klettersteig (ca. 1,5 km) auf dem Felsgrat zum Eichenhaldenfirst (nur für Trittsichere und Schwindelfreie!). Heikle Felspartien lassen sich auch umgehen. Sonst Wanderweg vom Parkplatz nach Ottenhöfen rechts unterhalb des Grates entlang. Vom Wanderweg gibt es die Möglichkeit, einige Abstecher hinauf zum Grat zu machen.

VI/2 Ottenhöfen WIBO Schotterwerke (Bohnert GK) Steinbruch (in Betrieb): Abbautrichter an Karlsruher Grat gebunden: rötlich-grünlich, feinkörnige, sehr feste (Druckfestigkeit bis 5000 kp/cm²) Rhyolithe. Verarbeitung zu Schotter, vornehmlich für Bahngleise und Splitt; Fundstelle für kleine Turmalinsonnen. Betreten nur mit Genehmigung des Betreibers. Schotterwerk Wilhelm Bohnert GmbH, Tel. 07842/9470; Bl. 7415, R 34 39 600/H 53 80 500.

Wanderweg vom Eichenhaldenfirst hinunter ins Gottschlägtal zum Edelfrauengrab und kleinen Wasserfall, danach Fahrweg hinauf zum Steinbruch.

Alternative für Bus und PKW: Abzw. in Ottenhöfen-Hagenbruck und Fahrweg nach Süden dem Gottschlägtal folgend in Richtung Edelfrauengrab und zum Steinbruch.

VI/3 Allerheiligen Wasserfall im Seebachgranit. Westseite: Felsen des Büttenschrofen; Ostseite: Der Studentenfelsen; Geländeknick durch einen den Lierbach querenden Quarzporphyrgang; auf 300 m ein Gefälle von 100 Höhenmeter. Bl. 7415, R 34 40 150/H 53 77 280 (Farbbild 48).

Parkplatz am ehemaligen Kloster. Von dort bezeichneter Weg zum Wasserfall.

VI/4 Ruliskopf Südhang, Es handelt sich um hellgraue Arkosen und muskovitreiche dunkelgraue feinkörnige Sandsteine des Unterrotliegend. Letztere sind kohlig durchsetzt und enthalten stellenweise Pflanzenreste. Das Liegende bilden Renchgneise. Bl. 7415; R 34 39 210/H 53 74 040.

1,2 km südl. Lierbach rechts Fahrweg hinauf zum Rinkenhof, auf dem Pass rechts 50 m zu Fuß die Wiese hinauf: Dort ist das Unterrotliegend (ru) an einer Wegböschung aufgeschlossen. Parkmöglichkeit auf dem Pass.

VI/5 Hauskopf, südlich Lierbach: Steinbruch am Hauskopf (aufgelassen). Er ist Teil der Lierbacher Quarzporphyrdecke. Der andere Teil, der Eckenfelsen, befindet sich auf der gegenüberliegenden Talseite. Die Porphyrdecke erreicht hier eine Mächtigkeit bis 100 m. Der Quarzporphyr ist am Hauskopf von Unterrotliegendsedimenten (s. Aufschluss VI/4) umgeben. Maus (1965) führt die Quarzporphyre auf Grund ihrer petrographischen Ähnlichkeit von Hauskopf, Eckenfelsen und Rothenkopf auf eine Förderung zurück. Die nahezu senkrechte Säulenabscheidung, deutet auf einen Deckenerguß hin. Auffällig sind die vor allem im unteren Bereich zahlreichen runden bis 20 cm großen Lithophysen mit Füllungen aus Chalcedon und Quarz, aber auch Quarzdrusen. Der Quarzporphyr wird hier deswegen auch Lithophysenporphyr genannt. Bl. 7515, R 34 39 300/H 53 73 650 (Farbbild 17).

Fahrweg zum Rinkenhof, auf dem Pass Abzweigung nach links, nach 500 m ehemaliger Steinbruch am Hauskopf.

VI/6 Peterstal – In den Mauern: Renchgneise, Leptinite und Amphibolite in Wechsellagerung, Zeugen eines bimodalen altpaläozoischen Vulkanismus; weiter oben weißliche feinkörnige Leptinite. Bl. 7515, R 34 42 400/H 53 67 240.

Straße von Peterstal nach Bad Griesbach. ca 400 m vor dem Ortsteil „In den Mauern" links Abzw. unter dem Bahngleis durch. Fahrweg hoch in den Wald (gekennzeichnet durch viele Stützmauern an den Wegen), an Wegböschung nach ca. 300 m der Aufschluss. Parkmöglichkeit nach der Unterführung des Bahngleises.

Exkursion VII

Autoexkursion (1–2 Tage)

Thema: Nordostabdachung des Schwarzwaldes; Deckgebirge: Buntsandstein; Grundgebirge in der Talsohle des Enztales: Sprollenhaus- und Wildbadgranit; Thermalquellen, Mineralquelle; hydrothermale Brauneisenerz- und Kupfererzgänge im Buntsandstein.

Fahrweg (ca. 125 km): Pforzheim (Schmuckindustrie, Mineralienmuseum) – Würmtal – Tiefenbronn (eine der schönsten Kirchen Baden-Württembergs, Magdalenenaltar aus dem 15. Jh.) – Mühlhausen – Hausen – Neuhausen – Unterhaugstett – Bad Liebenzell (Thermalbad) – Nagoldtal – Calw (Geburtsstätte von Hermann Hesse, Ulrich Rülein: Verfasser von „Ein nützlich Bergbuchleyn" 1505) – Kentheim (kl. sehr alte Kirche aus dem Jahr 1000) – Bad Teinach (CO_2-reiche Mineralquelle, Sprudelfabrik) – Hochfläche – Neubulach (Bergbaustädtchen) – evtl. Berneck (Schloss mit Schildmauer) – Altensteig (Fachwerkhäuser in der Altstadt) – Simmersfeld (W-SW an der B 294 großer Windpark) – Enztal: Enzklösterle – Bad Wildbad (Thermalbad, Palais Thermal im Maurischen Stil) – Dobel – Neusatz – Holzbachtal – Marxzell – Albtal – Ettlingen (Schlosskapelle mit Deckengemälde von Cosmas Damian Asam).

Lit: Metz (1977); Schöttle (1984); Werner & Dennert (2004).

Karten: Bl. 7016 Karlsruhe Süd; Bl. 7018 Pforzheim N; Bl. 7217 Bad Wildbad; Bl. 7218 Calw; Bl. 7317 Neuweiler; Bl. 7318 Wildberg.

VII/1 Burg Liebeneck: Nördlich der Burgruine 2 E-W streichende Barytgänge mit Brauneisenerz im Buntsandstein. Diese Gänge lieferten die schönsten Glasköpfe des Eisenerzreviers Würmtal. Heute noch Fundmöglichkeiten auf der Halde. Nordöstlich der Burgruine die ehemalige Fluoritlagerstätte Käfersteige. Gangart ist im Würmtal wie im Revier Neuenbürg Baryt, aber auch Quarz und Flussspat, deren prozentualer Anteil gegenüber Baryt und Erz mit der Tiefe zunimmt. Das Gemenge Quarz/Fluorit wurde bis 1996 in der Grube Käfersteige, einer der größten Fluoritlagerstätten Mitteleuropas, in einer Tiefe von ca. 300 m abgebaut. Die meist steil stehenden Gänge streichen NW-SE und liegen im Überschneidungsbereich mit der Hauptstörung Moldanubikum/Saxothuringikum SW-NE. Bl. 7118, R 34 81 900/H 54 12 642.

Straße Würm – Tiefenbronn. Bei der Liebenecker Sägmühle Pfad hinauf zur Ruine Liebeneck. Dort Forstweg in Richtung Würm, nach 400–500 m queren zwei Erzgänge den Weg.

VII/2 Tiefenbronn/Mühlhausen: Steinbruch (aufgelassen): klassisch oft fotografierter Aufschluss im Plattensandstein: Im Hangenden rötlichbraune tonige Sandsteine des Röt und hellgraue Kalke des Unteren Muschelkalks, auf der Bruchsole massige Bänke des rötlichen sos-Werksteins. Bl. 7118, R 34 87 080/H 54 08 400 (Farbbild 30).

Straße Tiefenbronn-Mühlhausen. Auf halbem Weg im Gewann Seeäcker links der Straße der Steinbruch.

VII/3 Bad Liebenzell: Beutelstein; Unterer Geröllhorizont: Eck'sches Konglomerat an der Basis, darüber farbenfrohe limnische Feinschichtung mit höhlenartigen Nischen; sehr eindrucksvoll und fotogen; Bl. 7218; R 34 80 720/54 04 080 (Farbbild 28).

Von Unterhaugstätt kommend in Bad Liebenzell (Nähe Bahnhof) in der Einfahrt in die L 343 rechts der Aufschluss.

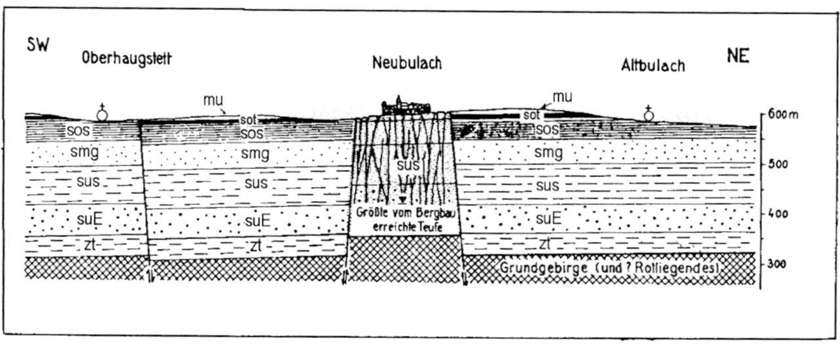

Abb. 73. Horstscholle von Neubulach mit Erzgängen. Nach Metz (1977). Hier Buntsandsteinfolge neu gegliedert.

Mineral-/Thermalquellen des Typs Na-HCO_3-Cl mit einer Wassertemperatur von 23–28 °C. Seit dem 15. Jh. Badeort. Schon der große Arzt und Physikus Paracelsus rühmte die Heilwirkung des Mineral-/Thermalwassers. Wichtigste Quelle die Reuchlinquelle. Badeeinrichtung: Paracelsusbad.

VII/4 Stubenfelsen: stratigraphisch Oberer Geröllhorizont; Überhänge, höhlenartige Nischen; klassisches und fotogenes Beispiel von fluviatilen Schrägschichtzyklen und Erosion. Bl. 7318; R 34 79 970/H 53 95 300.

Kentheim, gegenüber Kirche Fahrweg nach rechts, dann Fußweg hoch zum Stubenfelsen.

VII/5 Bad Teinach, Bahnhof: Eck'sches Konglomerat und limnische Feinschichtung analog dem Beutelstein in Bad Liebenzell, sehr bröseliges Gestein, daher teilweise mit Drahtnetz überzogen, um ein weiteres Abbröckeln des Felsens zu verhüten. Bl. 7318, R 34 79 750/H 53 93 450

Bahnhof Bad Teinach, Felsanschnitt an B 463.

Im Ort selbst Mineralquelle des Typs Na-Ca-Mg-HCO_3 mit 800–1000 mg gelösten Mineralstoffen und mittleren Gehalten an natürlicher Kohlensäure. Das Mineralwasser der Hirschquelle wird seit dem 17. Jh. vertrieben.

VII/6 Neubulach: ehemaliges Kupfer/Silberbergwerk „Hella Glück" SE der Stadt im Ziegelbachtal. Erzgänge an tektonischen Horst gebunden. Hauptblütezeit: 13. bis 15.Jh. Im 20. Jh. Aufbereitung der alten Halden auf Wismut. Stollensystem mit einer Länge von ca. 2 km, heute wieder teilweise zugänglich gemacht. Geförderte Erze: vor allem Azurit und Malachit, Fahlerz auf Silber, jedoch mit geringerem Erfolg; Gangmaterial: Baryt, Quarz. Nebengestein: Buntsandstein. Seit 1970 Schaubergwerk, seit 1972 Therapiestollen für Asthmakuren; auf der Halde keine Fundmöglichkeiten von Kupfermineralien mehr, sie können jedoch im Kiosk gekauft werden. Bl. 7318, R 34 78 300/53 90 950.

Im Stadtzentrum (Altstadt) in der alten Vogtei Mineralienmuseum mit einer stattlichen, systematisch aufgebauten Sammlung mit Schwerpunkt Schwarzwaldmineralien und Exponaten des Hella Glück-Stollens.

Vom Bahnhof Bad Teinach die Landstraße L 348 nach Neubulach. Dort beschilderter Weg in Richtung SE hinunter ins Ziegelbachtal zum Hella Glück-Besucherbergwerk. Mineralienmuseum im mittelalterlichen Stadtkern von Neubulach.

VII/7 Sprollenmühle südl. Bad Wildbad am Ausgang des Kegelbachtals: Typlokalität Sprollenhausgranit: Blockhalde, grobkörniger Muskovit-Granit, fortgeschrittene Wollsackverwitterung. Bl. 7317, R 34 63 860/H 53 95 280.

Straße Enklösterle – Bad Wildbad. Gegenüber der Sprollenmühle an der Abzw. der Straße nach Kaltenbronn Blockhalde des Sprollenhausgranits. Parkmöglichkeit.

VII/8 Bad Wildbad: Wildbadgranit, ein porphyrischer Granit mit reichlich großen Orthoklaskristallen und Biotit. Hier pegmatitische Schlieren mit bis 2 cm großen Muskovitblättchen. Bl. 7217, R 34 57 250/H 54 02 810.

Der Wildbadgranit tritt an der Straße und Bahnlinie nördlich des Bahnhofs Bad Wildbad auf. Der in der Literatur oft zitierte locus typicus für den Wildbadgranit am Gasthof Uhlandshöhe ist angewittert und weniger sehenswert. Südlich des Bahnhofs z.B. im Kurpark ist der Forbachgranit aufgeschlossen.

An der Straße Wildbad – Calmbach, 1 km nördlich vom Bahnhof bei der S-Bahn-Haltestelle Bad Wildbad Nord: Frischer Anschnitt des Wildbadgranits; Parkmöglichkeit.

Thermal-/Mineralbad seit dem 13. Jh. Thermalquellen des Typs Na-Ca-HCO_3-Cl mit einer Temperatur von 34 bis 41 °C. Neben Baden-Baden der bedeutendste Badeort des Nordschwarzwaldes. Badeeinrichtungen: Staatsbad und Palais Thermal (sehenswert die maurische Halle im Jugendstil-Dekor). Dem Thermalwasser wird eine besondere Heilwirkung bei Erkrankungen des Bewegungsapparats nachgesagt.

VII/9 Dobel,Volzemer Stein: Kristallsandstein, sehr eindrucksvoller Blockzerfall und Ablösung großer Felsblöcke auf leicht schiefer Ebene. Wegen seiner Härte wurde der Kristallsandstein früher zu Mühlenrädern verarbeitet. Bl. 7117, R 34 647800/H 54 070 800.

Vom Enztal kommend vor der Ortseinfahrt Dobel Fahrweg nach links, dann bezeichneter Forstweg wieder links in den Wald, nach 500 m der Volzemer Stein. Parkplatz rechts vor der Ortseinfahrt.

VII/10 Ettlingen oberhalb Spinnerei Steinbruch am Kälberberg (aufgelassen): 100 m breite und 20 m hohe eindrucksvolle rötliche Wand, heute wegen dichtem Brombeergestrüpp nur noch am Rand zugänglich, aber genügend Anschauungsmaterial und felsige Böschung am Weg vom Steinbruch nach Ettlingen. Buntsandstein stark verkieselt, geröllfrei, fester Baustein, bei Schöttle (1984) dem Oberen Geröllhorizont zugeschrieben, scheint aber nach der Beschaffenheit mehr zum Kristallsandstein hinzutendieren. Lieferant der sogenannten Ettlinger Sandsteine, heute Vogelbiotop. Bl. 7016, R 34 59 000/H 54 22 300.

Von Marxzell kommend nach S-Bahn-Haltestelle Busenbach Abzw. links zur Spinnerei. Dort Parkmöglichkeit. An der S-Bahn-Haltestelle Spinnerei unter dem Bahngleis durch und Forstweg geradewegs hinauf in den Wald, am ersten Wegzeiger links, nach ca. 200 m ehemaliger Steinbruch am Kälberberg.

Exkursion VIII

Auto/Fußexkursion (1 Tag)

Thema: Mineralien des Schwarzwaldes; Eisenerzrevier von Neuenbürg im Mittleren Buntsandstein, Eisenerzverhüttung der Kelten.

Fahrweg (12 km) Pforzheim – Neuenbürg – Schaubergwerk Frischglück.

Fußweg (3 km) Neuenbürg – Schloss (Museum) – Windhof – Bergbaupfad – ehemaliges Bergwerk „Frischglück“. (Zugänge auch von Haltestelle Neuenbürg Süd und durch den „Spectaculum Ferrum-Pfad“, gut ausgeschildert, Fußweg dann verkürzt).

Lit.: Gassmann (1996, 2005); Metz (1977); Werner & Dennert (2004).
Karten: Bl. 7117 Birkenfeld.

VIII/1 Pforzheim, Innenstadt: Mineralienmuseum mit ca. 5000 Mineralstufen: Neben prächtigen Schaustufen aus Deutschland und aller Welt findet sich eine große Abteilung, die sich dem Nord- und Mittelschwarzwald widmet. Schöne Schaustufen aus dem Neuenbürger Revier.

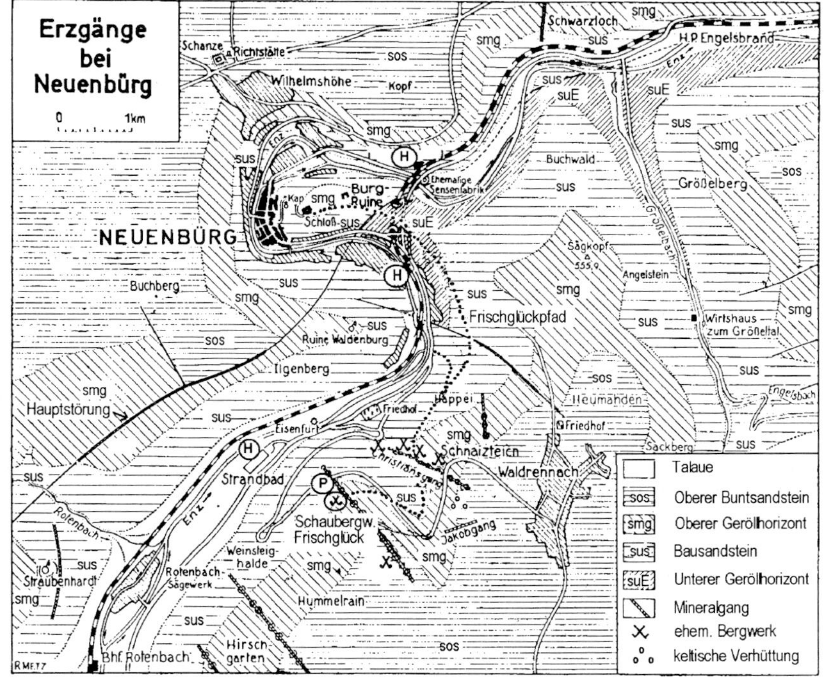

Abb. 74. Bergbaurevier Neuenbürg mit Frischglück-Pfad. Erstellt auf der Grundlage von Metz (1977).

Adresse: Schmuckwelten Pforzheim
Mineralienmuseum, UG
Westl. Karl-Friedrichstr. 56
75172 Pforzheim

Öffnungszeiten: Mo–Sa 10–18 Uhr; So + Feiertag 11–18 Uhr
Tel.: 07231/994444.

VIII/2 Neuenbürg, geol. Bergbaupfade: Bergbaupfad „Frischglück", Fahrweg (für PKW gesperrt); „Spectaculum Ferrum-Pfad", Fußweg. Bl. 7117.

Stationen (Bergbaupfad „Frischglück"):

- Schlossberg (Fastumlaufberg der Enz).
- Windhof: tektonische Hauptstörung Gernsbach-Neuenbürg WSW-ENE, Schichten um 150 m versetzt.
- Bausandstein an Wegböschung.
- Christiansstollen (ertragsreichste Eisenerzgrube des Reviers) (Farbbild 71).
- 2 zerfallene Stollenmundlöcher (Christiansgang) am Fahrweg als auch darunter am Spectaculum-Ferrum-Pfad, Eisenerzhalde mit Fundmöglichkeit.
- Blockhalde mit Geröllen des Oberen Geröllhorizonts.
- Schaubergwerk Frischglück, dort Kiosk mit Bewirtung und Mineralienverkauf.

VIII/3 Ehem. Eisenbergwerk Frischglück Bl. 7117, R 34 70 250/H 54 10 730. Öffnungszeiten: April bis Oktober Sa, So 10–17 Uhr; für Gruppen Mi–Fr nach Vereinbarung. Tel. 07082/79100 (Stadtverwaltung); 07082/50444 (Stollenschänke).

Eisenerzrevier Neuenbürg: Schnaizteich und Hummelberg zwischen Enz- und Würmtal; ca. 70 Hydrothermalgänge, davon 40 brauneisenreich. Die Gänge streichen vornehmlich NW-SE und sind an die SW-NE streichende tektonische Großstruktur gebunden, die das Moldanubikum vom Saxothuringikum trennt. Die Gangart ist im Bereich Enztal Baryt, im Bereich Nagold- und Würmtal vermehrt auch Fluorit. Die abgebauten Erze sind hochwertige, manganreiche Brauneisenerze, entstanden durch oberflächennahe Oxidation aus Siderit. Blütezeiten des Eisenerzbergbaus: Die Kelten vor 2500 Jahren (Funde von antiken Rennöfen am Schnaizteich, Farbbild 72) und zwischen 1720 und 1845; Eisenerzverhüttung in Pforzheim und später in Friedrichstal bei Freudenstadt, Eisenverarbeitung in Neuenbürg (Sensenfabrik Haueisen, stillgelegt 1955).

VIII/4 Neuenbürg: Straßenböschung Bausandstein; rotbraune grob gebankte, unregelmäßig zerklüftete, geröllfreie feinkörnige Sandsteine mit einem geringmächtigen Tonsteinhorizont im Hangenden. Bl. 7117, R 34 70 790/H 54 11 440.

Bundesstraße 294 von Neuenbürg nach Höfen, Felsabbruch an der Abzweigung der Straße nach Waldrennach und zum Bergwerk Frischglück.

Der Bausandstein ist auch sehr schön am Bahnhof Neuenbürg neben dem Bahngleis aufgeschlossen. Bl. 7117, R 34 70 770/H 54 12 530.

Exkursion IX

Fußexkursion (1 Tag)

Thema: Bergrevier Freudenstadt, Freudenstädter Graben und Eisenerzverhüttung.

Fußweg (ca. 9 km): Freudenstadt (Marktplatz) – Kurmittelhaus – Schaubergwerk – Marktplatz – Forbachtal – Schlösschen – Eugen-Drissler-Weg – Wilhelm-Günter-Weg – Friedrichstal – Baiersbronn.

Lit.: Gemeinde Baiersbronn (1999); Günter (1996); Huth (2002); Metz (1977).
Karten: Bl. 7416 Baiersbronn; Bl. 7516 Freudenstadt.

Stationen:

- hinter Kurmittelhaus: Alter Stadtsteinbruch im Oberen Geröllhorizont. Er besteht aus einer 20 m hohen Wand, die hauptsächlich aus geröllfreien dickbankigen Sandsteinen, die durch Schlufflagen getrennt sind, besteht. Auf den Klüften sind sie mit Baryt überzogen. Unmittelbar hinter dem Kurmittelhaus ist ein Barytgang mit Brauneisenerz aufgeschlossen. Daneben befindet sich das Besucherbergwerk. Weiterhin beherbergt der Steinbruch einen alten Luftschutzkeller.

  Bundesstrasse 28 von Freudenstadt in Richtung Kniebis. 700 m nach dem Marktplatz links das Kurmittelhaus und dahinter der Steinbruch und das Schaubergwerk, Parkmöglichkeit.
- Besucherbergwerk (Friedrichs-Frundgrube), Schachtbergwerk aus dem 16. bis 18. Jh.; 68 m tiefer Schacht entlang einem 75–80° einfallenden und WNW-ESE streichenden grobspätigen weißen Barytgang mit schwärzlicher Brauneisenvererzung. Abgebaute Erze: Im 16.–18. Jh. Fahlerz und Kupferkies zur Silber- und Kupfergewinnung. Öffnungszeiten: von Ostern bis Oktober Sa, So und Feiertags 14–17 Uhr; Gesonderte Gruppenführungen nach Vereinbarung. Tel. 07441/864730.

  Besucherbergwerk im Steinbruch hinter dem Kurmittelhaus. Parkmöglichkeit.
- Eugen-Drissler-Weg/Wilhelm-Günter-Weg

  Vom Marktplatz zunächst die B 462 in Richtung Baiersbronn, dann links die Steige steil hinunter ins Forbachtal bzw. zum Ortsteil Christophstal. Zahlreiche Infotafeln zur Bergbaugeschichte. Von dort den Forstweg in Richtung Friedrichstal/Baiersbronn.
  - Christophstal: Talwirtshaus (alte Bergmannskneipe), nicht mehr als solches erkennbar; Infoschild zum ehemaligen Christophorus-Stollen (Der Hl. Christophorus war Schutzheiliger der Bergleute in Freudenstadt); Eisenhüttenwerke Christophstal 17. bis 20. Jh.: alte Gebäude aus jener Zeit; erste Bergberichte aus dem Jahr 1267; gefördert wurden Kupfer- und Fahlerze, Gangmaterial: Baryt und Quarz. Der Silberabbau dauerte bis ins 18. Jh. Das Silber wurde zur Münzherstellung (Christophstaler) verwendet. Im 19. Jh. erfolgte im Freudenstädter Revier verstärkt ein nicht erfolgreicher Abbau von Brauneisenerzen und eine groß angelegte Verhüttung von Eisenerzen der Reviere Freudenstadt und Neuenbürg. Die Erzadern des Bergreviers Freudenstadt sind an das Störungssystem des SE-NW streichenden Freudenstädter Grabens gebunden.
  - Bärenschlössle, früher u. a. Sitz des Bergamts, heute Restaurant; liegt in kleiner Karmulde mit kleinem Karsee.

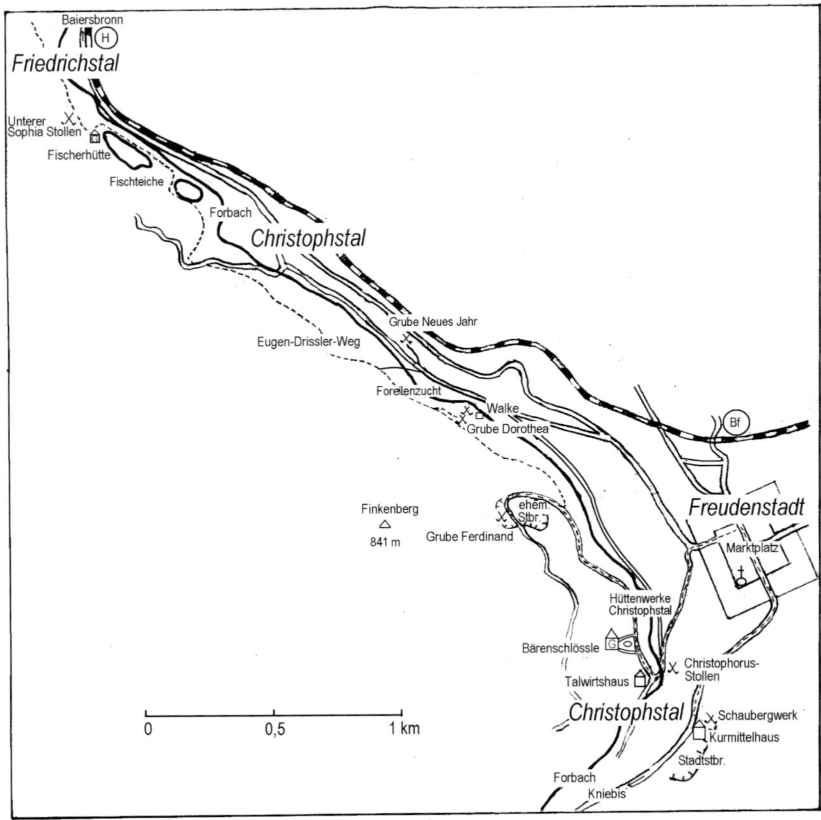

Abb. 75. Bergrevier Freudenstadt mit Eugen-Drissler-Weg. Erstellt auf der Grundlage von Metz (1977).

- Ehemaliger Steinbruch in Karmulde am Finkenberg. Erzader mit Baryt und Brauneisenerz sowie Mundloch des Ferdinandstollens im Bausandstein. Vom Steinbruch selbst sind nur Reste im Wald erkennbar.

  Vom Forstweg führt links eine Straße ca. 300 m hinauf zum ehemal. Steinbruch (Waldlichtung).

- Oberhalb der Walke: Ehemalige Grube Dorothea, im Unteren Geröllhorizont. Die Grube Dorothea war die größte Grube des Reviers. Hier gewann man im 17. bis 18 Jh. Silber und Kupfer aus Fahlerz und Kupferkies. Mit Geduld lassen sich noch kleine Belegstücke der Erze auf der Halde finden. Im Tal unterhalb der ehemaligen Grube Dorothea wurde 1988–1991 ein Versuchsstollen zur Barytgewinnung der Fa. Sachtleben, Wolfach, aufgefahren. Der durch Eisen und Mangan verunreinigte Spat erwies sich damals für eine Barytgewinnung als nicht lohnenswert. 2008 erwog man eventuell eine Wiederaufnahme des Barytabbaus der Grube Dorothea.

Vom Forstweg oberhalb der Walke führt rechts ein zugewachsener Weg schräg hinunter zur Halde.

Jenseits des Forbachs schräg gegenüber der Grube „Dorothea" die Grube „Haus Baden-Württemberg" oder „Neues Jahr". Die Mineralisation ist dieselbe wie bei der Grube „Dorothea". Fundmöglichkeit von Belegstücken.

- Ehemaliger Stollen. Untere Sophia am Eingang nach Friedrichstal nach den Fischteichen. Im 17. bis 18. Jh. Förderung von Fahlerz zur Silbergewinnung und Kupfererzen. Infotafeln zum ehemaligen Bergbau.
- Friedrichstal: Hüttenwerke Friedrichstal 18.–19.Jh. Hier Lehrpfad und Freilichtmuseum mit vielen Infos und Anschauungsmaterial zum ehemaligen Eisenhüttenwerk und zur Stahlherstellung (Farbbild 76).

Exkursion X

Auto/Fußexkursion (1–2 Tage)

Thema: Zentralschwarzwälder Gneismasse des Kinzig- und Schuttertales, Triberger Granit, Vererzung des Triberger Granits um Wittichen und der Gneise des Kinzigtals, permischer Vulkanismus am Abbruch der Staffelschollen zum Rheingraben, Deckgebirge der Vorbergzone.

Fahrweg (ca. 88 km): Kinzigtal: Alpirsbach (Kloster 12. Jh., Bierbrauerei) – Schenkenzell – Wittichen (ehem. Kloster, geol. Lehrpfad) – Schiltach (Fachwerk- u. Zinnengiebelhäuser) – Wolfach (Bergbaustädtchen, Mineralienmuseum, Glashütte, Fa. Sachtleben) – Hausach (Bergbaustädtchen) – Hausach-Dorf (Bergbaumuseum, Bergmannskirche mit Hl. Anna) – Haslach (Bergbaustädtchen, St. Barbara an ehem. Bergamt, Dichterpfarrer Heinrich Hansjakob, Urenkopf: NS-Gedenkstätte) – Mühlenbach – Haslach – Schnellingen (Bergbaubrunnen, Schaubergwerk Segen Gottes) – Haslach – Steinach

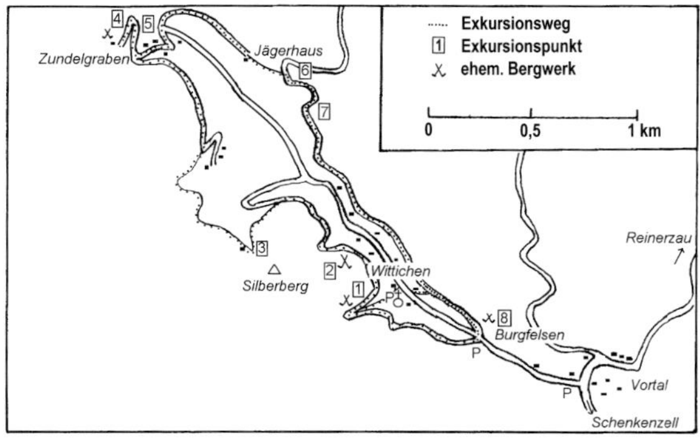

Abb. 76. Geologischer Lehrpfad rund um das ehemalige Kloster Wittichen. Erstellt auf der Grundlage von Infotafeln des LGRB, Freiburg i. Br. und der TK 25 Baden-Württemberg des LVA, Stuttgart.

– Biberach – Geroldseck (eindrucksvolle Burgruine) – Reichenbach – Lahr – Reichenbach – Seelbach – Schuttertal-Höfen – Schweighausen

Wanderung rund um Wittichen (ca. 7 km).

Kleine Wanderung um Konradskapelle bei Biberach (ca. 1 km).

Wanderung rund um den Geisberg über die Lahrer Hütte (ca. 3 km).

Lit.: Gruber & Kirgus (2009); Huth (2002); Kalt et al. (2000); Röhr (1990); Walenta (1987); Wittern (1995).

Karten: Bl. 7613 Lahr Schwarzwald Ost; Bl. 7614 Zell am Harmersbach; Bl. 7616 Alpirsbach; Bl. 7713 Schuttertal; Bl. 7714 Haslach.

X/1 Schenkenzell im Tal der kleinen Kinzig: Typlokalität des Kinzigits; sehr dunkler granat- und graphitführender homogener bis schwach schiefriger Metatexit. Bl. 7616, R 34 52 730/H 53 53 500.

Straße Schenkenzell – Vortal. Nach Ortsausgang Felsanschnitt an Straße vor allem gegenüber dem Sägewerk. Parkmöglichkeit auf dem Gelände des Sägewerks (um Erlaubnis bitten).

X/2 Geol. Bergbaulehrpfad rund um Wittichen; Bl. 7615/7616: Kobalt-Silber-Wismut-Uran-Vererzung des Triberger Granits. Blütezeit 18. Jh. Silbergewinnung (vor allem Sophiastollen, gediegen Silber); 19. Jh. Kobaltgewinnung und Kobaltmühle in Wittichen zur Farbenherstellung, Export nach Holland, 20. Jahrhundert Prospektion auf Uran, Vorräte nicht lohnenswert. Broschüre zum Lehrpfad vergriffen!

Straße entlang der kleinen Kinzig von Schenkenzell nach Vortal. In Vortal Straße links ab nach Wittichen. Nach der Abzweigung oder beim Kloster Wittichen Parkmöglichkeit.

Am besten geht man den Lehrpfad ab dem Kloster in umgekehrter Reihenfolge: am Kloster schmaler Pfad links hoch bis man auf einen Fahrweg kommt, lässt Exkursionspunkt 8 aus und folgt dem Fahrweg aufwärts in Richtung Talende. Nächster Exkursionspunkt ist Station 7. Den Ausklang bildet die Mineraliensuche auf der Schmiedehalde, Exkursionspunkt 2.

Stationen

- 1: Halde des Unteren Sophiastollens. Ehemals ertragreichstes Bergwerk für gediegen Silber in Wittichen. In den Jahren 1725 bis 1856 förderte die Grube 5.200 kg reines Silber. Heute praktisch keine Fundmöglichkeiten mehr.
- 2: Halde des alten Schmiedestollens: sehr abgesucht, aber mit Ausdauer Fundmöglichkeiten von Belegstüfchen: Uranpechblende (mit Geigerzähler!), Speiskobalt, Kobaltblüte, Mixit und Zeunerit. Häufig mit Hämatit vererzter Triberger Granit und weißer bis rötlicher Baryt. Hinweistafel auf leichte Radioaktivität der Halde.
- 3: Kleiner Aufschluss mit Kinzigit: Biotitreicher dunkler Paragneismetatexit. Helle Gemengteile durch angrenzenden Triberger Granitpluton abgeführt.
- 4: Schichtfolge: Oberrotliegend/Tigersandsteinformation
- 5: Zundelgraben: Ehemaliger Bergrutsch aus dem Jahr 1882 von mit Wasser übersättigtem Rotliegend. Das Unglück forderte 5 Menschenleben und zwei Wohnhäuser.

- 6: Wegböschung: Überlagerung Deckgebirge (Buntsandstein) auf Granit. Vergrusungszone am Übergang zum Buntsandstein. Mehrere Karneol-Dolomit-Horizonte mit braunen Sandsteinbänken erkennbar.
- 7: Stbr. (aufgelassen): Rötlicher Triberger Granit mit E-W streichender Klüftung.
- 8: Johann-Georg-Stollen am Fuß des Burgfelsens: Schwerspat- und Fluoritgang. Im 18. Jh. wurden Kobalt- und Kupfererze abgebaut. Keine Fundmöglichkeiten.

X/3 Wolfach-Schirleberg, Felsböschung am Waldweg: ausgedehnte (ca. 50 m große) „Eklogit"-Linse, eingelagert in gebänderte Paragneismetatexite. Dunkelgraues, feinkörniges, dichtes Gestein, dessen ursprüngliche Mineralparagenese Granat, Omphazit (Mischkristall aus Jadeit und Augit), Kyanit und Rutil während einer retrograden Metamorphose in einen eklogitoiden Amphibolit aus Klinopyroxen, Plagioklas, Hornblende und Spinell umgewandelt wurde. Eklogite sind HP-Relikte innerhalb der Gneiseinheit 1; der „Eklogit" vom Schirleberg wurde bei 650–750 °C und 2,0 GPa gebildet (Hanel & Wimmenauer, 1995). Bl. 7615, R 34 44 140/53 52 000.

Von Halbmeil kommend Stop bei den Häusern „Am Schirleberg". Ausgeschilderter Weg „Zum Schirleberg": zunächst rechts entlang des Langenbachs und dann Forstweg steil hinauf zum Schirleberg. Nach ca. 800 m und der Überwindung von 200 Höhenmetern! bei 3. Querweg rechts nach 100 m die Felsböschung mit dem „Eklogit".

X/4 Hausach-Dorf: Dorfkirche mit mittelalterlichen Fresken und einem Altar der St. Anna, Schutzpatronin der Bergleute; Bergbaumuseum am Ende des Friedhofs: nachgebaute Erzpoche, Schaustollen, Schmiede, Infotafel zum Bergbau im Kinzigtal und geol. Lehrpfad mit Infotafeln zu Gestein und Bergbau durch das Hauserbachtal, Bl. 7714.

In Hausach-Dorf das Hauserbachtal hinauffahren. Am Bergbaumuseum nach dem Friedhof Parkplatz.

X/5 Hausach/Hechtsberg: (Stbr. in Betrieb): Abgebautes Gestein wird in der Literatur als Mischgneis bezeichnet, nach dem Chemismus und der lagigen Textur sind es eher Paragneismetatexite mit dem hauptsächlichen Mineralbestand Biotit-Plagioklas. Der Steinbruch wird von Quarz- und Kalzitgängen, die manchmal Erz führen, von NW nach SE durchzogen. 1966 wurde eine Co-Cu-As-Ag- Mineralisation, zu Beginn der 1990er Jahre eine Vererzung mit Wismutmineralien angefahren. Interessanteste Mineralbildung war der Eulytin. Weiterhin wurden sehr schöne Granatkristallstufen gefunden. Die Gneise werden für Grob- und Feinschotter abgebaut. Der Steinbruch darf nur mit Genehmigung des Betreibers betreten werden, die aber in der Regel nicht vergeben wird. UHL Kies- und Baustoffe, Hausach GmbH Tel. 07831/7890. Belegmaterial an Gesteinen gibt es zu Hauf am Eingang des Steinbruchs. Bl. 7714, R 34 35 820/H 53 49 57.

Bundesstraße 294 zwischen Hausach und Haslach. Nach dem Gasthof in Hechtsberg großer Steinbruch links der Straße, dort Parkmöglichkeit.

X/6 Weganschnitt östlich oberhalb Mühlenbach südl. Haslach: blastomylonitischer Granulit in Scherzone. Bl. 7714, R 34 33 92/H 53 47 12.

In Haslach die B 294 nach Süden in Richtung Mühlenbach bzw. Freiburg abbiegen. In Mühlenbach links Straße nach Bärenbach, am Waltershof links den Wanderweg nach Haslach einbiegen. Dort Wegböschung mit Granuliten.

X/7 Haslach-Schnellingen: Besuch des Schaubergwerks und ehemaligen Silberbergwerks „Segen Gottes“. Bl. 7714, R 34 32 260/H 53 51 010 (Farbbild 68).

Hydrothermaler Schwerspat-Flussspatgang; vorkommende Erze: silberhaltiger Galenit, gediegen Silber, Kupferkies, Zinkblende. Nebengestein: Orthogneis. Blütezeit: 15.–16. Jh. Bekanntestes Silberbergwerk in Baden (Badener Lied!), groß angelegte Bergwerksanlage, war jedoch wenig ertragreich. Besichtigung sehr interessant: Guter Einblick in die mittelalterliche Bergwerkstechnik, auf 3 Sohlen sind erzführende Fluss- und Schwerspatgänge in seltener Schönheit, Kristalldrusen und Sinter aufgeschlossen.

Öffnungszeiten: 1. April bis 15. Oktober; täglich außer Montag 11.00, 13.30 und 15.30 Uhr. Führungen von Gruppen auch außerhalb der Öffnungszeit. Tel. 07832/9125-0 (Gasthaus Blume).

In Haslach über die Brücke nach Schnellingen abbiegen. Von dort bezeichneter Weg in Richtung N zum Silbersee und Bergwerk fahren. Am Silbersee Kiosk und Restaurant „Schnellinger Silberstube“, dort Parkmöglichkeit.

X/8 Steinach: Steinbruch Artenberg (in Betrieb) Orthogneis bis Mischgneis, tonalitischer, trondhjemitischer und granodioritischer Zusammensetzung, der auf 5 Solen abgebaut wird und wegen seiner Härte in erster Linie für Bahngleisschotter verwendet wird. Der Orthogneis/Mischgneis ist Beispiel für Einheit 2: heterogene Gneise der ZSGM ohne Hochdruckrelikte). Der Gneis wird von Quarzgängen durchzogen, die zahlreiche Erze einer antimonreichen Paragenese, aber auch Sulfide wie schöne Pyritdodekaeder enthalten. Weitere Hydrothermalgänge bestehen aus Kalzit, bekannt durch schöne Kalzitrasen mit Skalenoedern und aufsitzenden grünlichen Fluoritoktaedern. Beste Lichtverhältnisse zum Fotografieren am Vormittag. Das Betreten des Steinbruchs und Sammeln von Mineralien nur mit Genehmigung des Betreibers. Tel. Schotterwerk Steinach 07832/91690; Bl. 7714, R 34 30 500/53 51 000.

Von Haslach kommend nicht über die Brücke (Murg) fahren, sondern auf der Straße links vom Bahngleis bleiben. Vor der Einfahrt nach Steinach der Steinbruch. Nach dem Steinbruch Parkplatz.

X/9 Biberach: Am Konradsbrunnen Aufschluss von steil einfallenden Leptiniten, Beispiel für Einheit 3: leukokrate Gneise der ZSGM mit Relikten der Granulitfazies, Bl. 7614, R 34 27 440/H 53 56 340; Konradskapelle: Lesesteine mit Leptiniten; Die Leptinite lassen sich auf dem Bergrücken bis fast zur Ruine Hohengeroldseck verfolgen. Unterhalb der Kapelle ein ehemaliger Steinbruch: im oberen Teil Leptinite, die nach NE einfallen, darunter Paragneismetatexite, von einem Ganggranit durchschlagen. Vom Damm auf der anderen Seite der Kinzig aus sind Abfolge und Einfallen deutlich zu sehen: Leptinite ockerfarben, Paragneismetatexite dunkelgrau). Bl. 7614, R 34 27 420/H 53 56 360; Oberhalb der Eichhalde Pingen und Halden eines sehr alten Bergbaus. Die SW-NE streichende Erzader gehört zum Erzrevier Prinzbach, das im 13. Jahrhundert seine größte Blüte erlebte. Reste einer Stadtmauer zeugen noch von der alten Pracht der bedeutenden Bergbaustadt. Prinzbach ist heute ein kleiner Luftkurort, die ehemaligen Halden sind eingeebnet und bebaut. Auf den Quarz-Barytgängen baute man silberhaltigen Galenit, Sphalerit und Chalkopyrit ab. Mineralfolge der ersten Abscheidung: Quarz, Pyrit, Fahlerz,

Baryt, Sphalerit, Galenit, Chalkopyrit. Heute im Gebiet der Eichhalde spärliche Fundmöglichkeiten von Abscheidungen der zweiten Generation: Hornstein, blättriger Baryt, Siderit/Brauneisenerz. Bl. 7614, R 34 27 220/H 53 56 340.

Von Biberach kommend in Richtung Auffahrt zur Bundesstraße B33 nach Gengenbach sieht man schon von Weitem oberhalb eines Felsens (ehemaliger Steinbruch) die Konradskapelle. Parkplatz rechts nach der Brücke über die Kinzig.

Fußweg unter der Bundesstraße durch bis zur ehemaligen Ziegelhütte. Fahrweg durch das Gehöft und den Berg hinauf in Richtung S. Kurz nachdem der Fahrweg in den Wald eintritt links Halden und Pingen des ehemaligen Bergbaus „Eichhalde". Kurve nach links bis zum Grat und in Richtung Konradskapelle (ausgeschildert). Bei der Konradskapelle Zickzackweg nach unten zum Konradbrunnen und der Ziegelhütte. Am Konradsbrunnen schöner Aufschluss von Leptiniten.

Weg zum ehemal. Steinbruch: Nach der Brücke über die Kinzig stark links die Straße nach Prinzbach einschlagen. Nach der Unterführung durch die Bundesstraße Fahrweg nach rechts zum ehem. Steinbruch.

X/10 Schönberg: Auf der Passhöhe sieht man im N den Schlossberg mit der Ruine Hohengeroldseck, im Süden den Rebio, beide stellen Quarzporphyrstöcke dar. Der Quarzporphyr des Rebio wurde durch einen groß angelegten Steinbruch abgebaut, heute ist er Mülldeponie. Die Sedimentfolge auf dem Paß ist im Liegenden das Oberkarbon und im Hangenden das Unterrotliegend. Es handelt sich um Ablagerungen des Offenburger Troges. Auf der Gegenseite des Gasthofs „Zum Löwen" (Deutschlands älteste Gastronomie aus dem 13. Jh.) wurde früher ein Schacht durch die Sedimentdecke bis zum Kristallin abgeteuft. In den darin aufgeschlossenen Schiefertonen wurden 15 verschiedene, wohl erhaltene Pflanzenarten gefunden. Die häufigsten waren der Farn *Alethopteris* und der Schachtelhalm *Calamites*, was auf das Oberkarbon (Westfalium) schließen lässt. Heute befindet sich dort der Ort Schönberg, eine kleine Siedlung aus Wohnhäusern und Hotels. Bei Bauarbeiten kommt gelegentlich das Unterrotliegend mit glimmerreichen Sandsteinen mit Kohleschmitzen und Tonsteinen zutage. Bl. 7613, R 34 24 460/H 53 55 480.

Straße Biberach-Seelbach. Auf halbem Weg die Passhöhe mit dem Gasthof „Zum Löwen" und der kleinen Siedlung Schönberg.

X/11 Lahr: Einer der letzten bedeutenden Steinbrüche im Buntsandstein im Betrieb; 20 m hohe eintönige rötliche dickbankige, durch dünne Tonzwischenlagen getrennte Gesteinsserien; fester, feinkörniger und homogener Bausandstein, bekannt als Lahrer Sandstein, abgebaut mit moderner Seilsägetechnik. Er findet Verwendung für Bauten, Denkmäler, Brunnen, Platten usw. Der Buntsandsteinbruch liegt auf 245 m Höhe und gehört somit den Staffelschollen der Vorbergzone an. Betreten des Steinbruchs nur mit Genehmigung der Geschäftsleitung. Tel. Fa. W. Göhrig 07821/92 28 980 Bl. 7613, R 34 18 530/H 53 56 760 (Farbbild 29).

Die B 415 von Reichenbach/Kuhbach kommend 100 m vor dem Ortsschild Lahr rechts die Schelmengasse hoch bis zum Philosophenweg. An der Robinsonhütte links vorbei und rechts den Waldläuferweg hoch. Nach 100 m Abzweigung zum Steinbruch.

Östlich von Kuhbach nördl. der B 415 zwischen Brudertal und Giesental größeres Areal eines ehemaligen Buntsandsteinbruchs (Bausandstein); das Steinbruchgelände ist vor allem bei feuchter Witterung schlecht zugänglich. Bl. 7513, R34 19 850/H 53 56 000.

X/12 Schuttertal-Höfen: Ehemaliger kleiner Steinbruch, in dem eine Metaperidotitlinse abgebaut wurde. Der Metaperidotit erscheint als ein schwarzes dichtes, serpentinisiertes ultrabasisches Gestein, das hier oft mit grellroten farbklecksartigen Krusten überzogen ist. Mit der Lupe ist reichlich Olivin erkennbar. Manchmal finden sich grüne, sekundär in Speckstein umgewandelte Peridotite. In Klüften erscheint faseriger Calcit. Im Mikroskop lassen sich Olivin, Ortho- und Klinopyroxen, Spinell und Pseudomorphosen nach Granat bestimmen. Als Granat-Spinell-Metaperidotit wird er als HP-HT-Relikt innerhalb der Einheit 1 der ZSGM interpretiert. Er wurde ursprünglich bei 754–824 °C und 1,8 GPa gebildet. (Kalt & Altherr, 1996). Das Gestein ist wahrscheinlich während der variszischen Gebirgsbildung vom oberen Erdmantel hochgeschleppt worden. Bl. 7713, R 34 22 700/H 53 47 140.

In Schuttertal-Höfen bei der Bushaltestelle Straße zum Winterbauernhof, hinter dem Hof steiler mit schwarzem Gestein (Peridotit) geschotterter Fahrweg etwa 100 m hinauf zum Steinbruch. Parkmöglichkeit am Bauernhof.

X/13 Schweighausen Oberer Geisberg: Ehemalige Fundstelle der schönsten Achate des Schwarzwaldes. Am Weg vom Parkplatz zur Lahrer Hütte zahlreiche Scherben von braunem bis grauem felsitischen Rhyolith. Er wurde gegenüber dem Tal in einem Steinbruch, der heute weitgehend zugewachsen ist, an der Straße zum Weißmoos abgebaut. Dort wurden vor allem die bei Sammlern begehrten blau/rotgebänderten Achate gefunden. Eine kleine Ausstellung dieser Stücke befindet sich in der Bücherei im Rathaus Schweighausen. Von der Lahrer Hütte folgen wir dem „Achatweg" auf der Hochfläche rund um den Geisberg-Gipfel (727m). Am Weg finden sich Steinhaufen mit Mandelporphyr. Die ehemaligen Gasblasen weisen ein Fluidalgefüge auf, sind langgestreckt und häufig mit Kalzit, Limonit und Chalcedon ausgefüllt. Die Fundaussichten von Achaten sind allerdings sehr gering (Farbbild 19).

Straße von Schweighausen nach Welschensteinach. An der Gabelung der Straßen nach Welschensteinach und Biederbach findet sich links ein Parkplatz. Von dort 700 m zu Fuß zur Lahrer Hütte (am So bewirtschaftet). Von dort den „Achatweg" rund um den Gipfel des Geisbergs.

Exkursion XI

Autoexkursion nur für PKW/Kleinbus (0,5–1 Tag)

Thema: Oberkarbon, Kohlerevier Diersburg-Berghaupten, permischer Vulkanismus

Fahrweg (ca. 13 km): Gengenbach (malerisches Schwarzwaldstädtchen) – Berghaupten – Neuhausen – Gasthof „Bergwerksstube" – Heiligenreute – Wegspinne bei Barackhütte – Unterer Stallgrabenweg – Hütte – Hagenbachtal – Bergwerk - Hagenbachtal – Hütte – Hagenbach (Ziegelhütte) – Diersburg – Steinbruch im Binzenbühl.

Lit.: Henglein (1924); Huth & Junker (2004).

Karten: Bl. 7513 Offenburg; Bl. 7613 Lahr Schwarzwald Ost.

Im Kohlerevier Diersburg-Berghaupten streicht ein Kohleflöz mit ca. 2,5 km Länge und 200–400 m Breite NE-SW. Das Alter der Steinkohle fällt wahrscheinlich, da Fossilienfunde fehlen, entsprechend dem anderen Kohlevorkommen der Offenburger Senke bei der Ruine Geroldseck ins Oberkarbon/Westfalium. Der Kohleflöz wurde von Mitte des 18. Jh. bis Anfang des 20. Jh. in etwa 10 Bergwerken abgebaut. Das bedeutendste Bergwerk („Güte Gottes") auf der Berghauptener Seite lag am Gasthof „Bergwerksstube" und auf der Diersburger Seite am Ende des Hagenbachtals. Die Ausbeute der Bergwerke im Hagenbacher-Diersburger und Berghauptener Revier betrug zwischen 1820–1829: 102.000 t Anthrazitkohle. Die Kohle wurde in der Umgebung in Zichorienfabriken, Feldziegeleien, für die Beheizung von Dampfkesseln und als Zimmerheizung verwendet. Der Kohlebergbau kam Anfang des 20sten Jahrhunderts zum Erliegen, da das Flöz tektonisch zu deformiert und das Nebengestein (Gneisanatexite) zu brüchig war, um einen konstanten Abbau und festen Ausbau der Bergwerke zu ermöglichen. Neben dem Kohlebergbau wurde im 18. und 19. Jh. mit geringerem Erfolg auch Schwerspat-Brauneisenerzgänge abgebaut.

XI/1 Gasthof Bergwerksstube: ehem. Kohlebergwerk „Güte Gottes", Stollenmundloch, Kamin wahrscheinlich einer ehemaligen Dampfmaschine, die die Wasserpumpen betrieb; altes Stollenmundloch des Bergwerks „Güte Gottes" und Halden mit Schiefern bis Anthrazitkohle rund um den Gasthof, keine Fossilfunde! Bl. 7513, R 34 23 610/H 53 63 120.

Straße von Berghaupten nach Neuhausen, von dort bezeichnete Straße zum Gasthof Bergwerksstube.

XI/2 Alter Bergwerksstollen im Hagenbachtal. Bedeutendstes Kohlebergwerk auf der Diersburger Seite von 1759–1905. An der Wegkehre ausführliche Informationstafel über den Kohle-Eisenbergbau damals. In der Umgebung ausgedehnte Halden mit Schiefern bis Anthrazitkohle. Keine Fossilfunde! Etwa 50 m von Infotafel entfernt ehemaliges Stollenmundloch. Bl. 7613, R 34 22 750/H 53 62 800.

Ab Gasthof hinauf zur Heiligenreute und weiter zur Barackhütte. Von dort den Unteren Stallgrabenweg das Hagenbachtal hinunter. Am Austritt des Fahrwegs aus dem Wald: Hütte. Von der Hütte dem Wegzeiger „Zum alten Stollen" folgend den Forstweg Nr. 9 ein km das Hagenbachtal wieder hinauf bis zur Kehre am Ende des Tals. Dort Infotafel, Halden und Stollenmundloch 50 m rechts von der Infotafel.

XI/3 Diersburg im Waldgebiet Binzenbühl: Steinbruch (aufgelassen): klassisch schöne Säulenabscheidung eines rhyolithischen Deckenergusses. Die bis 30 m hohen Säulen stehen einem Meiler gleich nahezu senkrecht mit leichter Neigung zur Mitte und deuten somit auf die Lage des Förderschlots hin. Früher wurde dort der Rhyolith für Straßenschotter abgebaut. Meiner Meinung nach einer der eindrucksvollsten Steinbrüche des Schwarzwaldes. Bl. 7613, R 34 22 150/H 53 60 675 (Farbbild 13).

Weg zum Steinbruch wegen der Vielzahl der Wege nicht einfach zu finden, aber die Suche lohnt sich. Ab Diersburg Fahrweg nach S in Richtung Kochbrunnen. Bei Punkt 292 die untere Straße einschlagen, die am Waldrand weiter in Richtung Steinbruch im Binzenbühl führt. Bei der scharfen Linkskurve in Richtung Ruine Diersburg rechts halten und weiter geradeaus bis zum Steinbruch. Achtung: Nicht die Pionierstraße oder gar den Steinbruchweg nehmen, Wegbezeichnung irreführend!

Exkursion XII

Autoexkursion (1 Tag)

Thema: Bergbau im Kinzigtal und dessen Mineralien.

Fahrweg: Wolfach – Oberwolfach – Wolfach – Kirnbach.

Lit.: Baumgärtl & Burow (2003); Gruber & Kirgus (2009); Weise (2001); Werner & Dennert (2004).

Karten: Bl. 7615 Wolfach.

Die Grube Clara nördlich von Rankach, Bl. 7615, R 34 42 970/H 53 60 530, ist derzeit die einzige Grube, die im Schwarzwald noch in Betrieb ist. Der Bergbau der Grube Clara begann im 18. Jh. nach Kupfer. Im 19. Jh. Beginn des Schwerspatabbaus und 1889 Gründung der Schwarzwälder Barytwerke. 1906 Verlegung der Schwerspatmühle nach Wolfach-Kirnbach. 1926 Umbenennung in die Fa. Sachtleben. Ab 1978 Inbetriebnahme der Flussspatflotation und regelmäßiger Abbau auch von Flussspat. Abbau auf der 15. Sohle in 600m Tiefe. Die Sohlen sind durch eine Wendel, die von LKWs befahren werden, miteinander verbunden. Ab 1996 Förderung von Fahlerz bzw. Silberspat zur Silbergewinnung. Die jährliche Schwerspatfördermenge beträgt seit 1996 zwischen 64.000 und 110.000 t, die Flussspatfördermenge zwischen 60.000 bis 95.000 t. Belegschaft: ca 95 Arbeitnehmer (Bergleute, Schlosser, Elektriker, Verwaltung). Die Hauptgänge (Schwer- und Flussspat) der Grube Clara streichen NW-SE, das jüngere Diagonaltrum streicht E-W und hat vermutlich seine Fortsetzung in der Friedrich-Christian-Störzone. Die Gänge sitzen in metatektischen, in größerer Tiefe in diatektischen Plagioklas-Biotit-Paragneisen auf. Während der geologischen Zeiträume erfolgte eine mehrmalige Öffnung der Störungsstrukturen und entsprechend eine hydrothermale Mineralisation.

Die Mineralisationsphasen, zusammengestellt nach Huck (1984):

- Bildung von Ruschelzonen und Silifizierung des Störungssystems in spätvariszischer Zeit und Bildung einer Quarz-Pyrit-Hämatit-Brekzie
- Fluorit-Hauptphase (wahrscheinlich Jura). Entstehung von Flussspatgängen (Quarz-Fluorit-Sellait)
- Schwerspat-Hauptphase. Entstehung des Schwerspatgangs, Reaktivierung der Flussspatgänge (Baryt, Fluorit, Fahlerz)
- Schwerspat-Zwischenphase (Kreide). Barytklüftung (Barytkristalle, Fluorit, Siderit /manganhaltiges Brauneisenerz)
- Quarzhauptphase (Tertiär). Bildung des Diagonaltrums (Quarz, Fluorit, Baryt, Pyrit, Kupferkies, Bleiglanz, Malachit, Azurit)

Eine Genehmigung zur Befahrung der Grube Clara bzw. zur Besichtigung der Aufbereitungsanlage wird in der Regel von der Fa. Sachtleben, Tel. Nr. 07834/83840, nicht erteilt. Jedoch organisiert der Verein der Freunde von Mineralien und Bergbau in Oberwolfach e.V. Mühlengrün 21, 77709 Oberwolfach, Tel. 07834/9462 von Zeit zu Zeit eine Befahrung der Grube für seine Mitglieder.

XII/1 Besuch des Mineralienmuseums in Oberwolfach, Bl. 7615.
Fachliche Betreuung: „Verein der Freunde von Mineralien und Bergbau Oberwolfach e.V.“

Adresse:
Museum für Mineralien und Mathematik
Schulstraße 5
77709 Oberwolfach
Tel.: 07834/9420
Öffnungszeiten: Mai–Okt. Tägl. 11–17 Uhr; Dez. bis April tägl. 11–16 Uhr.

Führungen außerhalb der Öffnungszeiten nach Vereinbarung. Ankauf und Verkauf von Mineralien.

Ausstellung: Mineralogische Schaustücke; große Mineraliensammlung der Grube Clara, historische Bergbauzeugnisse, Grubenpläne aus dem Schwarzwald.

In Oberwolfach, Ortsmitte (Kirche, Lindenplatz) nach Osten in die Schulstraße einbiegen und bis zum Museum fahren. Dort Parkplatz.

XII/2 Besuch der Klopfstelle der Fa. Sachtleben. Früher ungehindertes Betreten aller Halden der Aufbereitungsanlage, ab Juni 2007 eine Klopfhalde für Sammler eingerichtet, fast täglich wird frisches Material angefahren. Fundmöglichkeiten von Mineralien schwankend, abhängig vom Ort des Abbaus in der Grube. Während der Mineralienbörse „Festival der Kristalle"in Wolfach im August und der Mitgliederversammlung des Vereins der Freunde von Mineralien und Bergbau, Oberwolfach e.V. im Oktober sind am Wochenende alle Halden der Fa. Sachtleben zugänglich. Öffnungszeiten der Sammlerhalde + Kiosk im Sommerhalbjahr: April – Oktober Mo – Sa 9.00 bis 17.00 Uhr; Juli + August auch So 10.00 bis 17.00 Uhr. Eintritt Erw. 9 €, Ki 4,50 €. Öffnungszeiten im Winterhalbjahr und weitere Details s. im Internet unter: Grube Clara/Mineralienhalde. Über aktuelle Fundsituation s. unter: Newsletter (Farbbild 69).

Straße Wolfach – Hausach links der Kinzig entlang der Bahnlinie. In Kirnbach nach einer weiten Linkskurve am Ende der Aufbereitungsanlage der Fa. Sachtleben links die Sammlerhalde. Parkmöglichkeit.

Es wurden aus der Grube Clara bis zu 350 verschiedene Mineralien beschrieben. Sie sind teilweise mit farbigen Abbildungen in dem Sonderheft „Der Aufschluss, Grube Clara", Jg. 54, 2003 beschrieben.

Hauptsächliche Mineralien, die dort zumeist von Sammlern gefunden werden können:

- Malachit
- Azurit
- Chrysokoll
- Olivenit
- Kupferkies bis Buntkupferkies
- Fahlerz (Silberspat)
- Covellin
- Bleiglanz
- Pyromorphit
- Cerussit
- Mimetesit
- Hämatit

- Pyrit
- Brauneisenerz
- Silberflitter (selten!)
- Baryt (weiß bis rosa, xx spätig, meißelförmig)
- Fluorit (farblos, bläulich bis dunkelviolett, xx Würfel)
- Sellait
- Uranglimmer im Stinkspat

XII/3 Besuch der Dorotheen-Hütte
Adresse:
Dorotheenhütte Wolfach
Glashüttenweg 4
77709 Wolfach
Tel.: 07834/83980
Öffnungszeiten: 9–17 Uhr

Angebote: Glasblasen für Besucher, Glasmuseum, Ausstellung von Glaswaren, Verkauf, Café und Restaurant.

Wieder nach Wolfach zurück, vor dem Bahnhof über die Brücke und die Straße auf der anderen Uferseite der Kinzig in Richtung Hausach. Am Ortsende die Glashütte.

Exkursion XIII

Auto-/Fußexkursion (1–2 Tage)

Thema: Schramberger Trog, Rotliegend, Buntsandstein, Triberger Granit und Granitporphyr; Paragneise; Eisenbachgranit; Triberger- und Kesselbergverwerfung; Wasserfall; Donauquelle.

Fahrweg (ca. 75 km): Schiltach i. Kinzigtal (Fachwerk- und Zinnengiebelhäuser) – Schramberg i. Schiltachtal (Uhrenindustrie) – Hornberg (Hornberger Schießen) – Gutachtal (Heimat des Bollenhuts, charakteristische Schwarzwaldhäuser) – Triberg (Wasserfall, Kuckucksuhren) – Unterliemberg – Hintertal – Schwenninger Hütte – Griesgethof – Hirzwald am Kesselberg – Brigachquelle – Brigach – St. Georgen – Schoren – Groppertal – Villingen – Donaueschingen (Schloss der Fürsten von Fürstenberg, Donauquelle).

(Forst- und Wanderweg Unterliemberg – Hirzwald nur mit PKW bis Kleinbus zu befahren! Für große Busse Fahrstrecke Triberg – Unterliemberg – K5727 – K5728 – Hirzwald).

Fußweg (ca. 6 km): Geol. Lehrpfad Schlossberg.

Lit.: Achstetter (2007); Huth & Junker (2004); Schleicher (1984).

Karten: Bl. 7715 Hornberg; Bl. 7716 Schramberg; Bl. 7815 Triberg im Schwarzwald.

XIII/1 Geol. Lehrpfad Schlossberg Schramberg, Bl. 7716
Stationen:
- Oberrotliegend, Fanglomeratfolge 4
- Schramberger Verwerfung Rotliegend/Triberger Granit

- Triberger Granit
- Granitporphyr
- Unterer Geröllhorizont des Buntsandsteins
- Oberer Geröllhorizont des Buntsandsteins (Ruine Hohen Schramberg)
- Lose Sande des terrestrischen Zechsteins
- Karneolhorizont
- Oberrotliegend, Fanglomeratfolge 4

Beginn des Lehrpfades am Fuß des Schlossberges hinter der Firma Junghans im Lauterbacher Tal.

XIII/2 Hornberg; Schlossfelsen: imposanter Felsstock aus Triberger Granit, geformt von großen NE bis E streichenden Klüften. Unterhalb der Burg und am Hundsgrabenweg steht Triberger Granit zum Klopfen an: Grobkörniger grauer bis rötlicher Biotitgranit. Bl. 7715, R 34 42 730/H 53 41 770.

In der Nähe des Rathauses Hornberg geht ein kleiner Serpentinenweg zur Burg hinauf.

SE des Schlossfelsens auf der anderen Seite der Gutach sieht man die Immelsbacher Höhe. Dort finden sich kleine Pegmatitschlieren im Granit mit Aquamarin, Topas und Zinnstein. Fundmöglichkeiten sehr gering, bisher bekannt gewordene Pegmatite weitgehend ausgebeutet.

XIII/3 Niederwasser: Granitsteinbruch (aufgelassen). Auffällig: NNE streichende steil einfallende Kluftflächen. Hier wurde mittelkörniger Triberger Granit abgebaut. Bl. 7815, R 34 42 870/H 53 40 060.

In Hornberg am Duravit-Design-Werk rechts abbiegen und Fahr-/Wanderweg nach Niederwasser einschlagen. Am Sportplatz Fahrweg rechts durch eisernes Tor, nach 250 m der Steinbruch.

XIII/4 Niederwasser: Schotterwerk Blessing GmbH, Granitsteinbruch (in Betrieb). Hier wird auf einzelnen Sohlen Triberger Granit und Granitporphyr abgebaut. Grauer Schotter: grobkörniger Granit; roter Schotter: feinkörniger, sehr fester Granitporphyr. Tel. UHL Kies- und Baustoffe, Hausach 07831/7890; da der Steinbruch von derselben Firma wie am Hechtsberg bei Hausach betrieben wird, könnte eine Besichtigungserlaubnis schwer zu erhalten sein. Bl. 7815, R 34 43 160/H 53 38 690.

Nach dem Ort an der Bundesstraße B33 Fahrweg links unter der Eisenbahntrasse durch hoch zum Steinbruch.

Als Alternative zu empfehlen: Fußweg vom Steinbruch nach Niederwasser oberhalb des Bahngleises. Hier felsige Böschung aus Triberger Granit und klassischen Granitporphyrgängen.

XIII/5 Triberg hinter dem Bahnhof: Eindrucksvolle Harnischflächen des Triberger Granits mit auffälligen Striemen. Die Kluftflächen streichen NNE und fallen steil nach ESE ein. Bl. 7815, R 34 43 260 /H 53 33 740 (Farbbild 43).

XIII/6 Triberg, Deutschlands höchster Wasserfall. Die Gutach stürzt in 7 Kaskaden auf einer Strecke von 200 m von 799 m auf 712 m über hausgroße Blöcke aus Triberger Granit in die Tiefe. Oberhalb des Wasserfalls breites Muldental, unterhalb des Wasserfalls tiefes Erosionstal im Triberger Granit. Bl. 7815, R 34 42 500/H 53 32 280 (Farbbild 49).

Straße entlang der Gutach durch den ganzen Ort hinauf zum Rathausplatz. Dort Parkmöglichkeit. Etwas weiter in scharfer Kurve Eingang zum Wasserfall.

XIII/8 Quarzriff: 600 m südlich von Unterliemberg ragt im Wald eine ca. 2–3 m mächtige NNW streichende, einzeln stehende Wand ca. 10 m aus dem Triberger Granit heraus. Sie besteht aus einer Verwerfungsbrekzie aus Quarz der Kesselbergverwerfung und ist als NNW Fortsetzung des Lägerfelsens anzuzusehen. Der Gang ist reichlich mit Hämatit vererzt. In einzelnen Nestern tritt auch Baryt auf; Bl. 7815, R 34 44 540/H 53 31 290 (Farbbild 44).

In Triberg in der Nähe des Eingangs zum Wasserfall die Ludwigstraße in Richtung SE einschlagen, am Schwimmbad vorbei hinauf auf die Höhe. Oben an der Wegkreuzung angekommen, bietet sich ein klassisches Panorama der hügeligen Granitkuppen des mittleren Schwarzwaldes mit typischen Bauernhöfen; links die Liembergstraße nach Unterliemberg einschlagen; dann weiter in Richtung Schwenninger Hütte. Am Waldrand angekommen, den Weg mit dem Schild „Land- und Forstwirtschaft frei" einschlagen, nach 200 m im Wald rechts vom Weg das Quarzriff.

XIII/9 Lägerfelsen, ein 20 m hohes Quarzriff. Es ist gebunden an die NNW streichende Kesselbergverwerfung, die das östlich anstehende Rotliegend vom Triberger Granit tektonisch abgrenzt. Verkieselte graue bis rötliche Verwerfungsbrekzie aus Quarzstücken, optisch schöne Strukturen, gelegentlich mit schwarzen Überzügen aus Hämatit/Goethit. Bl. 7815, R 34 45 320/H 53 30 150.

Am vorher beschriebenen Waldrand den Fahrweg nach Pappelntal einschlagen, von dort nach Hintertal und dann rechts zur Schwenninger Hütte, von dort zum Grieshaberbauernhof und weiter in Richtung Hirzwald; dann links Abzweigung zum Griesgethof; bei Spitzkehre zum Griesgethof Forstweg geradeaus, nach 300 m rechts vom Weg das Quarzriff des Lägerfelsens. An den Fahrwegböschungen ist der Triberger Granit stark vergrust.

XIII/10 NW Villingen, westlich Mönchweiler im Groppertal an Bahnlinie und Straße: Hartsteinwerk Groppertal (in Betrieb): Schöne Diskordanz: Deckgebirge aus Unterem und Oberem Geröllhorizont des Buntsandsteins überlagert wohl gebankt den spröden dunklen Paragneis. Ein etwa 20 m mächtiger heller Granitporphyrgang setzt seiger im Gneis auf. Die Salbänder sind gut ausgeprägt und 2–3 m mächtig. Zur Kontaktfläche hin nehmen Größe und Zahl der Feldspateinsprenglinge, die eine max. Größe von bis 5 cm erreichen können, ab. Am Westrand des Granitporphyrs ist eine 2 m mächtige Störungszone aufgeschlossen. Optimaler Aufschluß. Betreten des Steinbruchgeländes nur mit Genehmigung der Betriebsleitung, Tel. Verw. Unterkirnach 07725/7391. Bl. 7816, R 34 55 250/H 53 29 260.

Bundesstraße B 33 von St. Georgen nach Villingen. In Schoren Abzweigung in die K 5715 ins Groppertal. Nach ca. 2,5 km der Steinbruch sowie ein Restaurant mit Forellenzucht. Parkplatz vor dem Steinbruch.

XIII/11 Uhustein NW Villingen; 20 m hoher Granitstock des Eisenbachgranits. 3 orthogonal angeordnete Kluftsysteme gliedern den Felsen in regelmäßige Quader, eine perfekte Ausgangssituation für eine schöne Wollsackverwitterung.

Folgt man der Straße im Groppertal weiter nach S in Richtung Villingen, so erscheint links nach 3 km der Uhufelsen. Unterhalb des Felsens ein Parkplatz.

XIII/12 Villingen-Marbach: Gut bis zur Bruchwand zugänglicher Steinbruch (aufgelassen); 20 m hohe Wand der Unteren Hauptmuschelkalk-Folge (mo1, Trochitenkalk-Formation); blaugraue feste mikritische Kalke wechseln mit bioklastischen Lumachellenbänken, Trochitenbänken und oolithischen Kalken ab; Flachwasserbereich; Typuslokalität des Marbacher Ooliths; an Fossilien lassen sich Muscheln, Brachiopoden und Trochiten finden. Bl. 7916, R 34 61 650/H 53 21 680.

550 m nach dem Ortsausgang von Marbach an der Straße nach Bad Dürrheim links der Steinbruch. Parkmöglichkeit in der Nähe vorhanden.

XIII/13 Donaueschingen: Donauquelle im Schlosspark, eine Karst-Aufstoßquelle mit 150 l/sec. Nach 2 km vereinigt sich die Donau mit der Brigach und Breg. Die Brigach- und Bregquelle können durch ihren Wasserreichtum als die eigentlichen Donauquellen angesehen werden: „Brigach und Breg bringen die Donau zu Weg". Die Donauquelle ist im Schlosshof in einem Brunnen eingefasst. Die Marmorgruppe stellt die Mutter Baar dar, die ihre Tochter, die Donau auf ihren 2840 km langen Weg ins Schwarze Meer entlässt. Bl. 8017, R 34 62 950/H 53 12 700.

Donauquelle im Schlosspark.

Exkursion XIV

Auto-/Fußexkursion (1–2 Tage)

Thema: Geologie Oberrheingraben bei Freiburg, Vorbergschollen, Eisenerzbergbau im Dogger während des 2. Weltkriegs, Quarzriff mit Erzlagerstätten, Thermalquellen.

Fahrweg (ca. 60 km): Freiburg (Münster 12–15 Jh., spätgot. Rathaus 16. Jh.) – Bahnhof St. Georgen – Ebringen – Schönberger Hof (Gasthof) – Ebringen – Bad Krozingen (Thermalbad) – Buggingen – Müllheim – Badenweiler (Thermalbad, schönste römische Badruine nördlich der Alpen) – Müllheim – Bad Bellingen (Thermalbad) – Efringen (Isteiner Klotz).

Fußweg (500 m) vom Schönbergerhof zur ehemaligen Schneeburg.

Fußweg „Am Felsele" (600 m) vom Schönbergerhof zum Ostrand des Schönbergsattels.

Fußweg (800 m) vom Schönbergerhof zum Mösleschacht.

Lit.: Huth (2002); Huth & Junker (2004); Hüttner (1992); Illies (1965); Koerner et al: (1990); LGRB (1996); Metz & Rein (1958); Sawatzki & Hann (2003); Schäfer & Wittmann (1966); Villinger (1999).

Karten: Geol. Karte Freiburg i. Br. und Umgebung 1:50.000; Bl. 8012 Freiburg i. Br. Südwest; Bl. 8211 Kandern; Bl. 8212 Malsburg-Marzell; Bl. 8311 Lörrach.

XIV/1 Freiburg, Stadtgarten: Info-Tafel zur Geologie des Oberrheingrabens. Schwarzwaldrandverwerfung, im Frühjahr durch blühende Krokusse sichtbar gemacht; Bl. 8013, R 34 14 880/H 53 18 300.

Stadtgarten an der Kurve Leopoldring/Schlossbergring. Nahe der Talstation der Schlossbergseilbahn befinden sich nach der Brücke über die Mozartstraße die Infotafel des LGRB Freiburg.

XIV/2 St. Georgen; in der Nähe des Bahnhofs das denkmalgeschützte Stollenmundloch des sogenannten Eisenbahnstollens mit einem Fresko des Küntlers Adolf Riedling. Während des Zweiten Weltkriegs Eisenerzabbau in der Murchisonaeoolith-Formation Bl. 8012, R 34 10 550/H 53 15 800 (Farbbild 73).

Ca. 100 m SW vom Bahnhof St. Georgen befindet sich innerhalb einer kleinen Siedlung das ehemalige Bergwerk. Zu erreichen auf der Straße vom Ortszentrum St. Georgen zum Bahnhof, dann unter dem Bahngleis durch und

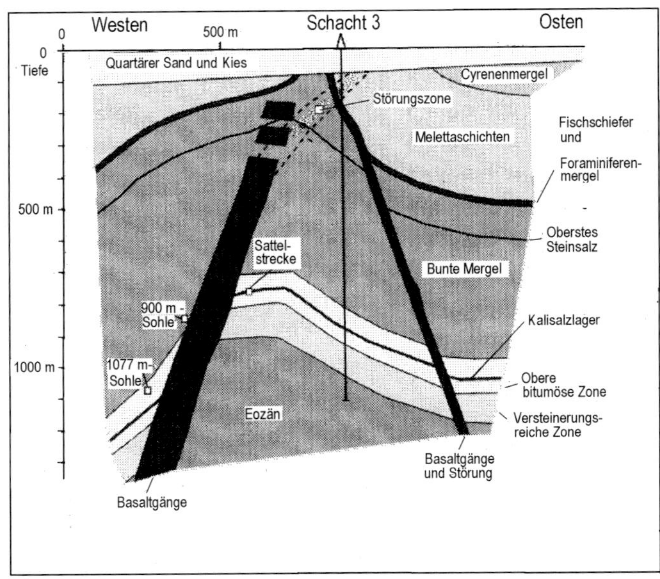

Abb. 77. Profil des Kalisalzbergwerks Buggingen. Nach Röhr (2004).

unmittelbar danach rechts eine kleine Siedlung mit dem Bergwerk; dort Parkmöglichkeit.

XIV/3 Schönberg: Der Schönbergsattel um den Schönbergerhof besteht hauptsächlich aus einer eozänen Tuffbrekzie, die gelegentlich bei Erdarbeiten an Wegböschungen und in Baugruben aufgeschlossen ist. Im Allgemeinen ist der Tuff mit im Tertiär abgelagerten Jurageröllen bedeckt. In früheren Aufschlüssen fanden sich in einer lehmigen Grundmasse kleine Grundgebirgsauswürflinge und große Korallenkalkblöcke, die Keller (1965) als Sinkschollen deutete. Eine 1963 niedergebrachte Bohrung lieferte Kerne eines geschichteten Tuffs mit zersetzten Eruptivgesteinsanteilen von Olivinmelilithit (Wimmenauer 1966). Das umgebende Sedimentgestein bildet hauptsächlich der Hauptrogenstein, ein gebankter, oolithischer, heller bräunlich angewitterter Kalkstein aus dem mittleren Jura (Bajocium). Der Gipfel des Schönbergs ist mit tertiären Konglomeraten aus Muschelkalk- bis Jurageröllen bedeckt. Am Ostrand des Schönberger Sattels finden sich auf dem Weg „Am Felsele“ vermehrt Lesesteine von Olivinmelilithit, was auf einen Schlot hindeutet. Bl. 8012, R 34 11 110/H 53 14 250.

In Ebringen in Richtung Osten die Schönbergstraße und dann durch den Wald hinauf zum Schönberger Hof bzw. Schönbergsattel. Dort Parkplatz. Am Schönberger Hof kurzer Pfad hinauf in den Wald und dann links den Weg „Am Felsele“ durch die Wiese nach Osten bis zum Waldrand, danach rechts am Wald entlang in Richtung Schönberggipfel. Auf dem Weg basaltische Auswürflinge.

XVI/4 Schönberg: Ehemalige Schneeburg: Im Burggraben sind Tertiärkonglomerate aus dem Eozän/Oligozän klassisch aufgeschlossen. Das Liegende bildet ein massiger Hauptrogenstein. Die runden Gerölle aus der Hauptrogenstein- und Wedelsandsteinformation erreichen bis 1 m Durchmesser. Es sind Ablagerungen eines Schuttfächers, der in das Meer des Oberrheingrabens reichte. Die Gerölle stammen vom Deckgebirge der erst schwach gehobenen Grabenschulter des Schwarzwaldes. Bl. 8012, R 34 10 300/H 53 14 320.

500 m WNW vom Schönbergerhof die Ruine Schneeburg. Die Straße nach Ebrigen 250 m zurück. Dann kurzer Fußweg (15 Min.) rechts hinauf zur Schneeburg.

XIV/5 Schönberg: Mösleschacht: Ruinen einer ehemaligen Bergwerksanlage aus der Zeit des Zweiten Weltkriegs und Halden mit Eisensandsteinen der Murchisonaeoolith-Formation des Oberaaleniums, benannt nach dem Ammonit *Ludwigia murchisonae*. Der Eisengehalt der Erze schwankt zwischen 18 bis 25 %. Der hohe Phosphorgehalt lässt eigentlich keine Verhüttung zu hochwertigem Eisen zu; da aber die Erze in großen Mengen vorhanden und leicht zu gewinnen waren, wurden sie dennoch für die Rüstungsindustrie abgebaut. Bl. 8012, R 34 10 700/H 53 14 800.

Mösleschacht 800 m nördlich vom Schönbergerhof. Von dort die Straße nach Norden, nach scharfer Linkskurve Abzweigung Forstweg rechts zum Mösleschacht. Fußweg vom Schönberger Hof ca. 20 Min.

XIV/6 Schönberg: Am Schlauchweg befindet sich ein kleiner Steinbruch im Hauptrogenstein des Bajociums. Das Gestein besteht aus einem massigen bis schräg gegen das Rheintal hin geschichteten Kalkoolith. Angewittert ist er ein bräunliches, sonst helles Gestein, das aus Ooiden, die wie Fischrogen aussehen, besteht. Sie entstanden im bewegten Flachwasser. Der Hauptrogenstein ist relativ widerstandsfähig und baut den harten Kern der Vorberge am Grabenrand auf. Er wurde deshalb wie auch hier gern in Steinbrüchen abgebaut. Bl. 8012, R 34 10 350/H 53 13 897.

Vom Schönberger Hof den Fahrweg „Schlauchweg" zur Berghauser Kapelle/Ebringen. Nach dem Eintritt in den Wald und der Abzweigung zum Schönberggipfel links ein kleiner Steinbruch.

XIV/7 Bad Krozingen: Mineralreiche (4000 mg/l) und kohlesäurehaltige Thermalquelle vom Typ Na-Ca-HCO_3-SO_4; Wassertemperatur 39 °C; Infotafel zur Geologie im Kurpark; Badeinrichtung im Thermenzentrum Vita Classica; Verwendung des Wassers: unbeschwertes Gesundbaden. Bl. 8012, R 34 02 350/H 63 09 835

XIV/8 Buggingen: Ehemaliges Kalibergwerk in Betrieb zwischen 1927 und 1973; Kaliflöz in Pechelbronn-Schichten, Tiefe der Stollen: 1.100 m, insges. Länge 25 km; Beschäftigung von bis zu 1200 Bergleuten; Förderung im Jahr 1966: 744.340 t Rohsalz. Heute zeugt nur noch eine 30 m hohe Rückstandshalde aus salzhaltigen Mergel- und Sandsteinen westlich Buggingen jenseits der Bahnlinie vom ehemaligen Bergbau. Auf der Halde Salzflora.

Rückstandshalde westlich von Buggingen jenseits des Bahngleises. Straße zum Bahnhof, unter dem Bahngleis durch, nach 700 m die Halde. Parkmöglichkeit.

Dokumentation des Bergwerkbetriebs im Kalimuseum Buggingen.

Adresse: Kalimuseum Buggingen, Hauptstr. 14, 79426 Buggingen, Tel. 07631/18030 Öffnungszeiten: So 15–17 Uhr und nach Vereinbarung.

XIV/9 Badenweiler, Römerquelle: Akrato-Thermalquelle vom Typ Na-Ca-HCO_3-SO_4 und einer Wassertemperatur von 26 °C. Aufstieg der Thermalwässer an der Schwarzwald-Randverwerfung. Schon seit dem 1. Jh, durch die Römer genutzt (am besten erhaltene Badruine nördlich der Alpen) Badeeinrichtung: Cassiopeia-Therme. Anwendung des Thermalwassers: Wellness- und Heilbad. Bl. 8122 R 34 00 690/H 52 96 720 (Farbbild 77).

Cassiopeia-Therme: Östl. Kurpark, Ernst Eisenlohrstr. 1; Römische Badruine: Gegenüber der Ev. Kirche (Kaiserstraße) bzw. am Gasthof Ratskeller 50m hinunter in den Kurpark zur Badruine.

XIV/10 Badenweiler, Quarzriff und Bergbau: Im Bereich von Badenweiler entstand im Tertiär entlang der Schwarzwald-Randverwerfung durch aufsteigende hydrothermale Wässer ein N-S streichendes Quarzriff, das sich aus den umgebenden weicheren Gesteinen heraushebt. Die Hydrothermaltätigkeit, die schon vor dem Tertiär einsetzte, verlief hauptsächlich in drei Phasen: erst die Fluorit-, dann die Barytphase mit zahlreichen Sulfiderzen und schließlich im Tertiär die Verquarzung und teilweise Verdrängung des Fluorits und Baryts. Heute finden sich Baryt, Fluorit, Bleiglanz, Zinkblende, Kupferkies und zahlreiche Blei-Sekundärmineralien wie Mimetesit, Cerussit, Wulfenit in einer verquarzten Brekzie eingesprengt.

Seit der Römerzeit wurde hier Bergbau auf silberhaltigen Bleiglanz betrieben. Mit der Zeit siedelten sich an dem Quarzriff von N nach S zahlreiche Bergwerke an wie der Karlsstollen, die Sophienruhe, Grube Haus Baden, Wilhelmsstollen und Grube Jeremias. Zwischen den Gruben Haus Baden und Jeremiasgrube tritt das Riff als solches zu Tage. Die ertragreichste Grube war die Grube Haus Baden, die letzte tätige Grube der Karlsstollen, der 1926 geschlossen wurde.

Grube Haus Baden oberhalb des Sanatoriums Haus Baden auf dem Weg zum Altemannfels. Fundmöglichkeit von Bleiglanz, eingesprengt in Quarz. Bl. 8212, R 34 00 76/H 52 95 49.

Vom Ortszentrum die Landstraße L 132 nach S in Richtung Sehringen, dann die Landstraße L 140 links ab in Richtung Blauen. Nach 250 m trifft man auf ein Wegkreuz. Hier nach rechts in die Haus Baden Straße abbiegen. Am Ende der Straße das Sanatorium Haus Baden. Dort Parkmöglichkeit. Kurz vor dem Sanatorium führt ein Serpentinenweg hinauf zum Altemannfelsen. Auf halbem Weg rechts eine weiß schimmernde Halde (Quarzschutt) und offenes Mundloch der Grube Haus Baden.

Oberhalb von Badenweiler, schräg über den Tennisplätzen befindet sich im Gewann Blaue Steine, benannt nach dem dort früher vorkommenden blauen Fluorit, die Sophienruhe, ein Aussichtspunkt auf einem 6–7 m hohen N-S streichenden Quarzriff. Darunter trifft man auf ausgedehnte Halden eines ehemaligen Bergbaus. Sie sind sehr abgesucht und oft Ziel von Ausflügen. Funde von Muschelkalkbrocken, durchsetzt von Quarz, Quarzkristallstüfchen, weißem Baryt und mit Geduld Fünkchen von Bleiglanz. Bl. 8112, R 34 00 950/H 52 96 560.

Die L 140 weiter hoch, nach 250 m das zweite Wegkreuz. Hier Parkmöglichkeit. Von dort Fahrweg (Verkehrsschild Durchfahrt verboten) links nach N zur Sophienruhe. Nach ca. 400 m erreicht man die Sophienruhe und die darunter liegenden Abraumhalden.

XIV/11 Aufschlüsse mit Aplitgranit. Er rahmt den südlichen Rand der Badenweiler-Lenzkirch-Zone ein. Er ist feinkörnig, grau bis hell beige, stellenweise durch Eisen und Mangan dunkel gefärbt. Bl. 8212, R 34 01 120/H 52 96 240 und R 34 01 300/52 96 230.

Die L 140 weiter aufwärts. Innerhalb der ersten starken Rechtskurve zwei kleinere Steinbrüche mit Aplitgranit. Dort Parkmöglichkeit für PKW.

XIV/12 Hildafelsen. Felsiger Straßenanschnitt aus Blauengranit. Mittelkörniges plutonartiges Gestein aus rundlichem Feldspat, Quarz tritt zurück und Biotit mit bis 2 cm großen Kalifeldspatporhyroblasten. Er wird von Metz & Rein (1958) als nachträglich kalifeldspatisierter Palingenitkörper im Malsburg Granit gedeutet. Er enthält stellenweise metatektische Paragneis- und Amphibolitschollen. Durch seine Ähnlichkeit mit den Wehra-Wiese-Diatexiten wird er von Sawatzki & Hann (2003) der Wehra-Wiese-Formation zugeordnet. Bl. 8212, R 34 02 060/H 52 95 870.

Die L 140 weiter aufwärts. Nach der Überquerung eines Baches nach 200 m der Hildafelsen. Dort Parkmöglichkeit für PKW, für Bus weiter unten an der Bachüberquerung.

XIV/13 Badenweiler-Oberweiler: Seltener Aufschluss der Schwarzwaldrandverwerfung. Er präsentiert sich heute jedoch nicht mehr so schön wie auf dem veralteten Foto. Heute ist der Aufschluss teilweise zugewachsen, dennoch kann man die Versetzung karbonisches Kulmkonglomerat bzw. buntes Konglomerat/Muschelkalk deutlich erkennen. Mesozoische und paläozoische Schichten sind hier mindestens um 150 m versetzt. Das bunte Konglomerat besteht aus wohl gerundeten Geröllen wie Graniten, Porphyren, Grauwacken, Arkosen und Tonschiefern. Es wird als Schutt eines variszischen Molassetrogs interpretiert. Kohleschmitzen weisen auf pflanzliches Leben hin. Schachtel-

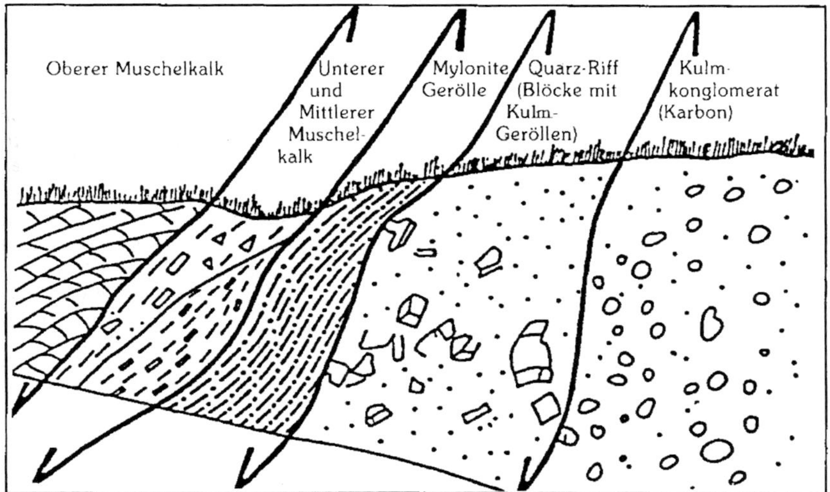

Abb. 78. Schwarzwaldrandverwerfung bei Badenweiler. Aus Koerner et al. (1990).

halme, Keilblattgewächse, Bärlapp, Siegel- und Schuppenbäume belebten im Karbon die Sumpf- und Uferlandschaft. Kt. 8112; R 34 01 220/H 52 97 860.

An der Straße von Oberweiler nach Britzingen kurz vor der Kehre um die Klinik rechts eine felsige Straßenböschung.

Dieser Aufschluss ist Ausgangspunkt für einen evtl. ca. 6 km langen geologischen Wanderweg mit den Stationen Dogger (Humphresioolith), Lias, Dogger (Murchisonaeoolith, Hauptrogenstein), tertiäres Küstenkonglomerat, tertiäre Kalksandsteine, Quarzriff und Silberbergwerk. Die reich bebilderte und interessante Infobroschüre dazu ist bei der Information in Badenweiler für 1,80 € zu erhalten.

XIV/14 Badenweiler-Britzingen: Aufgelassener Steinbruch mit tertiären Kalken. Der obere Teil besteht aus groben Konglomeraten, der untere Teil aus feinkörnigen Kalksandsteinen. Da die Lokalität in der Ebene schon nahe der alttertiären Küste lag, wurden durch die Flüsse in der Hauptsache kalkige Sande abgelagert. Erst zum Schluss gelangten auch gröbere Gerölle dorthin, was wohl auf einen verstärkten Hebungsprozess des Schwarzwaldhorstes zurückzuführen ist. Die Kalksandsteine enthalten hin und wieder Pflanzenabdrücke wie Nadeln und Blätter von Zypressen, Mammutbäumen, Zimt- und Götterbäumen, Kiefern, Weiden, Lianen und Palmen. Bl. 8112; R 34 00 840/H 52 99 050.

Von Oberweiler kommend kurz vor Britzingen rechts abbiegen, über die Brücke und jenseits des Flusses 100 m wieder in Richtung Oberweiler, dann Fahrweg links zum Steinbruch.

XIV/15 Bad Bellingen: Mineralreiche (bis 4.700 mg/l) Thermalquelle vom Typ Na-Ca-Cl-Typ mit 40 °C. Das Wasser stammt aus dem Hauptrogenstein im Rheintal. Die Quelle wurde bei einer Erdölbohrung zufällig entdeckt. Dokumentation der Thermalwasserbohrung im Oberrheinischen Bäder- und Heimatmuseum, Bad Bellingen. Anwendung der Mineraltherme für Knochen- und Gelenkerkrankungen. Bl. 8211 R 33 91 360/H 52 88 660.

Adresse des Heimatmuseums: Oberrheinisches Bäder- und Heimatmuseum. Alte Weinstr. 25, 79415 Bad Bellingen. Tel. 07635/822160, Öffnungszeit: Mi u. So 14–17 Uhr.

XIV/16 Kleinkems: Kalkwerk der Breisgauer Cementfabrik GmbH. Steinbruch seit 2001 aufgelassen. Abbau vor allem der massigen, gelblichen bis gelbbraunen Korallenkalke und grob gebankten Splitterkalke der Korallenkalkformation des Rauracien (Unterer Malm). Darüber folgen stark verkarstete Bankkalke der Nerineenkalkformation des Séquanien. Karstschlotten und Spalten sind mit rotbraunen Bohnerztonen gefüllt. Darüber folgen eozäne Planorbis- und Melanienkalke sowie oligozäne streifige und bunte Mergel.

Auf dem Steinbruchgelände befindet sich ein jungsteinzeitliches Jaspisbergwerk. Fundmöglichkeit von gebänderten Jaspisknollen. Bl. 8311; R 33 89 600/H 52 83 400.

Am südlichen Ortsende von Kleinkems am Bahngleis. Zu erreichen von Kleinkems durch eine Unterführung des Bahngleises. Parkmöglichkeit auf dem Steinbruchgelände.

Im Museum in der Alten Schule in Efringen (Nähe Bahnhof) sind die Geologie der Juraschollе Isteiner Klotz, eine Sammlung von Jaspisknollen sowie eine Rekonstruktion des jungsteinzeitlichen Jaspisbergwerks zu sehen. Das

Bergwerk, Bl. 8311, R 33 89 400/H 52 83 850 kann nach Anmeldung im Museum besichtigt werden.

Adresse: Museum in der Alten Schule, Nikolaus-Däublin-Weg 2, 79588 Efringen-Kirchen, Tel. 07628/8205, Öffnungszeiten Mi u. So 14–17 Uhr.

XIV/17 Efringen-Istein: Isteiner Klotz. Weißjurascholle im äußersten SW des Schwarzwaldes. Sie erhebt sich 93 m über die rheinische Niederterrasse. Am untersten Sporn ausgeprägte, vom Rhein ausgewaschene Hohlkehle, das sogenannte „Schiff": Es wurde ab der Rheinregulierung durch Tulla 1817 trockengelegt. Der weiße Kalkklotz besteht hauptsächlich aus Korallenkalken und Splitterkalken. In der Steinzeit Gewinnung von Kieselknollen zur Herstellung von Feuersteinwerkzeugen. Heute steht der Isteiner Klotz unter Naturschutz. Bl. 8311, R 33 89 720/H 52 81 640 (Farbbild 35).

Nordwestlich von Istein, wo die Bahn aus dem Tunnel kommt, befindet sich E der Landstraße 137 ein ca. 90 m hoher weißer Felsklotz. Am Fuß des Felsens ein Parkplatz.

XIV/18 Efringen-Istein: Kalkwerk Istein der HeidelbergCement AG. Es ist das modernste und größte Kalkwerk in Süddeutschland. Zulieferer dieses Werks ist der Steinbruch Kapf bei Huttingen. Bl. 8311, R 33 91 850/H 52 82 350. Abgebaut werden auf vier Sohlen zu je 20 m die Korallenkalke und Splitterkalke der Korallenkalkformation (oxKA) des Rauracien sowie die darüber liegenden Bankkalke der Nerineenkalkformation (oxN) des Séquanien. Der obere Teil der Nerineenkalke ist stark verkarstet. In Schlotten und Spalten befindet sich rotbrauner Verwitterungslehm. Überlagert wird der Bruch von tertiären Sedimenten wie Planorbiskalken. Betreten des Steinbruchs und Besichtigung des Kalkwerks nur mit Genehmigung der Betriebsleitung. HeidelbergCement AG, Kalkwerk Istein Tel. 07628/260.

Das Kalkwerk liegt östlich oberhalb der Ortschaft Istein jenseits des Bahngleises. Weg zum Steinbruch Kapf: Von Istein die Straße unter dem Bahngleis durch nach Huttingen. Dort die Kreisstraße 6321 zur Bundesstraße 3, dann ca. 500 m nach Süden zur Engemühle, dort geht rechts ein Fahrweg zum Steinbruch ab.

XIV/19 Efringen-Kirchen-Istein; Rheinbett, Isteiner Schwellen, gehören zur Isteiner Juraschólle; sichtbar erst seit der Rheinkorrektur, vorher waren sie mit Rheinkies bedeckt. Sie bestehen aus Oberjurakalken, wobei zwei Barren vorkommen, die obere Barre besteht aus Bankkalken der Nerineenkalkformation (oxN, Séquanien) die untere aus der Korallenkalkformation (oxK, Rauracien). Im Sommer beliebter Badeort. Fundmöglichkeiten von Rheinkieseln aus dem ganzen Spektrum alpiner Gesteine auf den Schotterterrassen und von Goldflittern in sandigen Felsnischen. Bl. 8311, R 33 90 620/H52 79 720.

Von Istein Straße unter dem Bahngleis durch in Richtung Rhein. Dort Parkplatz und die Isteiner Schwellen.

Exkursion XV

Autoexkursion (1 Tag)

Thema: Südschwarzwald, Zentralschwarzwälder Gneismasse, Glaziale Formen

Fahrweg (ca. 65 km): Freiburg (Münster 12.–15. Jh., Altes spätgot. Rathaus 16.Jh.) – Zähringen – Fuchsköpfle – Zähringen – Freiburg – Himmelreich – Höllental (Hirschsprung, Höllentalbahn) – Hinterzarten (Skischanze, Georg Thoma Goldmedalliengewinner) – Lochrütte – Hinterzarten – Titisee (tourist. Kultsee) – Bärental (höchster Bahnhof Deutschlands) – Caritashaus – Feldberger Hof.

Lit.: Hebestreit (1999); Huth & Junker (2004); Kalt et al (2000); LGRB (1996).
Karten: Bl. 8013 Freiburg Südost; Bl. 8014 Hinterzarten; Bl. 8015 Titisee-Neustadt; Bl. 8114 Feldberg; Geol. Karte Freiburg 1:50.000.

XV/1 Freiburg-Zähringen: ehemaliger Steinbruch am Fuchsköpfle. Hier wurde eine Amphibolitlinse im Paragneis abgebaut. Der Steinbruch ist heute teilweise zugewachsen, aber es ist noch genügend Haldenmaterial zur Anschauung vorhanden. Amphibolit graugrün, feinkörnig, leicht geschiefert. Die Kluftmineralien Prehnit und Datolith, die den Steinbruch bei Sammlern bekannt machten, sind kaum mehr zu finden, dafür Feldspat-Pegmatite mit mehrere cm langen Biotitgarben (Riemenbiotit). Bl. 7913, R 34 16 710/H 53 20 050.

In Zähringen an der Kirche vorbei die Pochgasse hinauf, dann die Straße links vom Bach immer geradeaus bis kurz vor die Spitzkehre; dort rechts abbiegen in die Reutenbachstrasse, diese hinauf bis zum Schlauderberghof, um den Hof herum immer rechts haltend in den Wald. Nach ca. 1 km nach dem Hof Fahrweg links abbiegen. Nach 100 m der Steinbruch (nur für PKW und Kleinbus).

XV/2 Himmelreich und Falkensteig im Höllental: rechts der Straße sehr schöne eiszeitliche Schotterterrassen des Höllenbachs, die ein ideales Siedlungsgebiet darstellen. Bl. 8014 (Farbbild 38).

XV/3 Höllentalklamm, Hirschsprung. Entlang der Störung Bonndorfer Graben – Freiburg und durch das steigende Gefälle infolge der Senkung des Oberrheingrabens und der gleichzeitigen Hebung der Schwarzwaldscholle erodierte der Höllenbach ein tiefes Tal bzw. eine Klamm in die Gneisanatexite. Bl. 8014, R 34 27 570/H 53 11 080.

Vor dem Hirschsprung rechts ein Parkplatz.

XV/4 Hinterzarten, Lochrütte: bewaldeter Rundhöcker aus Eklogit, der an der Luvseite aufgeschlossen ist. Er ist nicht ohne weiteres als ein solcher zu erkennen, da das schwarze Gestein an der Oberfläche hellbraun verwittert und stark vermoost ist. Frisches Anschauungsmaterial gibt es nicht. Deshalb ist es ratsam, mit einem Vorschlaghammer einen der größeren Blöcke auf dem Weg dorthin aufzuschlagen. Es ist ein dunkles, feinkörniges schweres Gestein. Makroskopisch sind Pyritflöckchen zu erkennen. Ursprüngliche Mineralparagenese: Granat, Omphazit, Kyanit und Rutil. Durch rückschreitende Metamorphose Umwandlung von Omphazit in Klinopyroxen, Hornblende und Albit herrscht anstatt der ursprünglich grünen Farbe des Omphazits eine eher dunkle schwärzliche Farbe vor. Nach dem Sm/Nd-Verhältnis in Granaten wurde ein metamorphes Alter des Eklogits von 337 ± 6 Ma ermittelt (Kalt et al. 1994). Bl. 8014; R. 34 28 860/H. 53 07 370. Interessant ist dagegen die Altersbestimmung eines ähnlichen Eklogits vom Silberberg bei Hinterzarten von 1986. An Hand von Zirkonen wurde ein magmatisches Alter von 2,07±0,085 Ga bestimmt. Er gehört somit zu den sehr alten Gesteinen Deutschlands. Der Eklogit ist im Kurhaus in Hinterzarten ausgestellt.

Fahrweg (7,3 km): Bahnhof Hinterzarten – Löffeltal – Thoma-Skihütte – Bisten – Alperbach – an Bushaltestelle Fahrweg nach Süden einschlagen – Lochrütte (Pass), dort Parkplatz. Fußweg: Von der Lochrütte Straße ca. 150 m wieder zurück, an erster Kurve kleiner bezeichneter Fußweg in Richtung N, nach weiteren 150 m links vom Weg der Rundhöcker mit dem Eklogit. Weiter unten in der Nähe des Hanselmichelehofs, wo der Bach aus dem Wald austritt, steht ein großer Findling aus Eklogit. Er zeigt eine schöne Granatkruste. Bl. 8014, R 34 28 920/H 53 07 920.

XV/5 Hinterzarten: Bewaldetes Hochmoor in ehemaliger, mit Moränen gefüllter abflussloser Gletschermulde, Bildung eines Sees, der dann verlandete und vermoorte. Verzahnung von Flach-, Nieder- und Hochmoor. Größter Moorkomplex des Schwarzwaldes. 100 ha Moorfläche, Torfmächtigkeit bis 3 m, bewaldet, Naturschutzgebiet. Bl. 8014.

Gebiet zwischen Bahngleis und B 31 östlich der Ortschaft Hinterzarten.

XV/6 Titisee: Zungenbeckensee; Während der maximalen Eisausdehnung in der Würmeiszeit vor 18.500 Jahren reichte der Bärentalgletscher vom Feldberg kommend bis in die Gegend von Neustadt. Er hobelte eine breite Gletschermulde aus, die sich beim Rückgang des Gletschers mit Schmelzwassersedimenten und Schottern füllte. Der untere Teil des übertieften Beckens blieb erhalten. Die Endmoräne des Gletschers plombierte den Abfluss des See- und Joosbaches und der Langenordnach. Der Titisee, der damals bis nach Neustadt reichte, wurde aufgestaut. Heute ist die Gegend von Neustadt verlandet und vermoort. Der Titisee ist 1,8 km lang, 600 m breit und 40 m tief. Die Seesedimente sind bis 14.000 Jahre alt. In den Sedimenten wurden Laacher See-Aschen nachgewiesen, die sich vor 12.900 Jahren ablagerten. Der Titisee wird heute durch den Seebach gespeist. Der Abfluss ist die Gutach, die sich dann wenig östlich von Lenzkirch durch den Zusammenfluss mit der Haslach zur Wutach vereint. Bl. 8114.

Parkplatz am besten am Bahnhof Titisee.

XV/7 Bärental-Seewald: Steinbruch (in Betrieb) an B 317 Titisee-Bärental ca. 1 km E Bahnhof Bärental: Monotone Paragneisanatexite der Zentralschwarzwälder Gneismasse mit der Mineralparagenese Quarz, Plagioklas, Alkalifeldspat, Biotit und Sillimanit. Am Eingang zum Steinbruch ist eine eklogitogene Amphibolitlinse zu erkennen. Außerdem sind die Gneise von granitischen bis granophyrischen Gängen durchsetzt. Bl. 8114; R 34 33 600/H 53 04 300. Anmeldung bei der Fa. Franz Bader Schotterwerke oHG, Tel. 07655/249.

Straße Titisse – Bärental. ca 1,5 km vor Bärental links an der Straße der Steinbruch.

XV/8 Straße Bärental – Feldberg zwischen den zwei Kehren kleine Felsgalerie mit Bärhaldegranit: Unterkarbonischer grobkörniger rötlicher Zweiglimmergranit. Halt an drei Parkplätzen möglich. Granit hier hellgrau angewittert, kein frisches Gesteinsmaterial, Stop nicht zwingend (vgl. Exkursionspunkt XV/10). Bl. 8114, R 34 29 930/H 53 02 880.

XV/9 Caritashaus, Felsböschung hinter dem Haus mit den Garagen: Randfazies des Bärhaldegranits im Kontakt zum Gneis. Gegenüber am Spielplatz kleine Felsgruppe mit monotonen Paragneisanatexiten der ZSGM. Bl. 8114, R 34 29 170/H 53 02 580.

XV/10 SE Caritashaus, Aussichtspunkt auf das Menzenschwander Albtal mit Infotafel über die Vergletscherung während der Würmeiszeit. Auf dem Weg dorthin felsige Böschung aus rötlichem Bärhaldegranit. Am Aussichtspunkt fast senkrechter Abfall ins Albtal, Paradebeispiel für ein von Gletschern geformtes U-Tal. Im leicht vermoorten Tal der Menzenschwander Alb, im Bereich der Kluse sind zwei deutliche Endmoränenwälle aus der jüngeren Würmeiszeit zu erkennen. Das auf der Infotafel angezeigte Kar des Herzogenhorns ist vor allem Anfang Mai, wenn noch Schnee die Karmulde ausfüllt, besonders gut vom Weg Hochkopfhütte-Zweiseenblick zu sehen. In Menzenschwand besteht eine Radonquelle, die im Zusammenhang mit der Uranvererzung des Bärhaldegranits steht. In der Grube Brunhilde im Krunkelbachtal wurden zwischen 1975 bis 1991 erfolgreich Uranerze wie Uranpechblende und vor allem zahlreiche sekundäre Uranmineralien (Uranophan, Uranocircit u. a.), die das Vorkommen bekannt machten, in einem Hydrothermalgang aus rötlichem Baryt, Stinkspat und Hornstein) abgebaut. Schließung des Bergwerks auf Grund starken Protests der Umweltbewegung der Gemeinde Menzenschwand. Bl. 8114, R 34 29 540/H 53 02 380 (Farbbild 40).

Fahr- und Wanderweg zur Klusenkopfhütte, nach 500 m Aussichtspunkt auf das Menzenschwander Albtal.

XV/11 Feldberg – Seebuck: Rundkuppe durch Feldberggletscher geformt. Vom Bismarckturm aus Blick auf den Feldsee, einen typischen Karsee; Bl. 8114, R 34 27 170/53 03 530.

Wanderweg ca 1 km von Feldberger Hof zum Bismarckturm und Gipfel des Seebucks (1448 m).

XV/12 Feldsee: Karsee. 32,5 m tief, der zum Berg hin von einer 300 m hohen felsigen Karwand aus Metatexiten eingerahmt wird. Zum flachen Gelände hin wird er durch eine halbrund verlaufende Endmoräne abgeschlossen. Die Seesedimente sind bis 11.000 Jahre alt. Vorgelagert ist dem Feldsee das Feldseemoor, ein verlandeter See, der wiederum durch einen Endmoränenwall aufgestaut wurde. Bl. 8114, R 34 27 580/H 53 04 020 (Farbbild 42).

Fahrweg Bärental – Raimartihof (Gasthof), dann kurze Fußwanderung zum See.

Fußweg: Feldberger Hof – Feldsee, 4 km, 170 Höhenmeter!

Exkursion XVI

Auto/Fußexkursion (1 Tag)

Thema: Oberkarbonische Gangporphyre und permische Deckenporphyre (Ignimbrite) im Münstertal. Bergbau (Stollen, Halden, Schaubergwerk, Erzaufbereitungsanlagen).

Fahrweg (ca.18 km): Staufen – Münstertal – Scharfenstein.
Fußexkursion (11,5 km) rund um Münstertal.

Lit.: Arikas (1986); Huth (2002); Maus (1967, 1988, 1993); Werner & Dennert (2004).

Karten: Bl. 8112 Staufen im Br.; Bl. 8113 Todtnau.

XVI/1 Kropbach: Steinbruch aufgelassen. Granitporphyr im Paragneis aufsitzend mit einem ausstreichendem Pb-Zn-Erzgang mit Stollenmundloch. Der Stollen gehörte zum ehemaligen Bergbau an der Galgenhalde. Keine Fundmöglichkeiten von Erzen. Der Granitporphyr gehört zum Granitporphyrkomplex der Etzenbacher Höhe. Er zeigt zahlreiche glasklare glänzende Quarzkörner und bis zu mehrere cm große z. T. parallel geregelte weiße Kalifeldspatporphyroblasten in einer rötlichen Grundmasse. Das Alter des Granitporphyrs ist stratigrafisch oberkarbonisch, deutlich zu sehen auf der Etzenbacher Höhe E Staufen, wo permischer Rhyolith den Granitporphyrkomplex durchschlägt. Kt. 8112; R 34 06 720/H 53 03 490.

An der Straße L 123 zwischen Staufen und Münstertal unmittelbar nach Kropbach. Ehemaliger Steinbruch liegt direkt an der Straße, ist aber durch den umgebenden Wald nicht sichtbar. Am Straßenschild „Steinschlag" führt ein Trampelpfad direkt zum Steinbruch. Parkmöglichkeit in Kropbach oder am Bahnhof.

XVI/2 Geologisch-berggeschichtlicher Wanderweg um Münstertal. Der Wanderweg hat eine Gesamtlänge von 17 km und teilt sich in einen westlichen (5 km, 12 Stationen) und einen östlichen Wanderweg (11,5 km,16 Stationen). Wir beschränken uns auf eine verkürzte Ostroute (11,5 km); die Strecke Schaubergwerk-Untermünstertal kann auch gefahren werden, dann Fußwegstrecke 8 km; Höhenunterschied 250 m).

Wegverlauf und Stationen:

1. Bahnhof Münstertal: Infotafel über den Verlauf des geologisch-bergbaugeschichtlichen Wanderwegs mit Aufschlüssen, Spuren des ehem. Bergbaus und Einkehrmöglichkeiten; Logo ist das Siegel des Klosters St. Trudbert. Parkmöglichkeit.
2. Aufschluss: Granitporphyr, auf der Infotafel Quarzporphyr genannt: große idiomorphe bis mehrere cm große Orthoklasporphyroblasten und bis 0,5 cm große Quarzkörner in feiner grauer Grundmasse. Gehört zu dem großen Gang-/Deckenporphyrkomplex der Etzenbacher Höhe E Staufen.
3. Aufschluss: Paragneis, schmutziggraues, massig erscheinendes, nur beim genauen Hinsehen lagiges Gestein. Scherbiger Zerfall.
4. Mundloch des Schwärzhaldestollens. 30 m langer Stollen, Abbau war nicht sehr ertragreich, Schwerspat mit Zinkblende und Bleiglanz; der Stollen wurde später erweitert und als Keller verwendet. Heute Betreten verboten, da Vogelbrutstelle.
5. Aufschluss: Granitporphyr. Größere Felsrippe mit 100 m Mächtigkeit; ist später von der gegenüberliegenden Seite des Tales sehr deutlich als hervorspringender Felsen zu sehen. (keine Info-Tafel)
6. Aufschluss: Paragneis als Felsböschung am Weg. (keine Info-Tafel)
7. Mooswaldgang: 30 cm mächtiger Quarz- und Schwerspatgang mit Bleiglanz, Zinkblende und Pyrit; heute kaum noch zu erkennen!

Überquerung des Flüsschens Neumagen

8. Kloster St. Trudbert, 800 J. nach Chr. bis heute. War maßgeblich vor allem im 17. und 18. Jh. an der Ausbeutung der Silbergruben im Münstertal beteiligt (s. Siegel des Bergamtes des Klosters St. Trudbert, Logo des Bergbaupfades). Parkmöglichkeit.
9. Aussicht auf das Münstertal. Infotafel zur Entstehung des Münstertales.
10. Aufschluss: Metatexit: höherer Metamorphosegrad verwandelte den Paragneis in einen Gneis mit hellen (Quarz, Feldspat) und dunklen Lagen (Biotit).

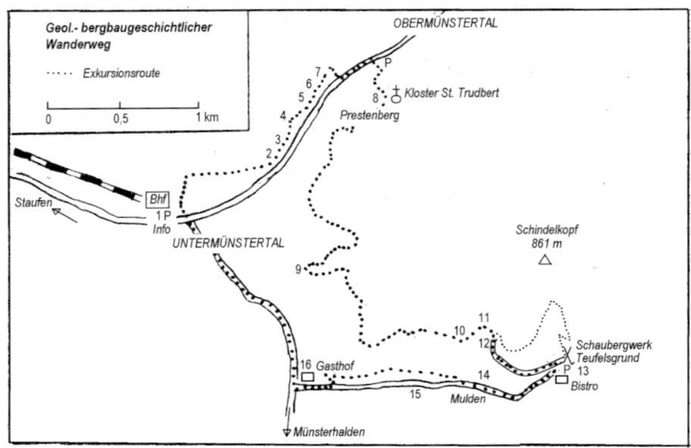

Abb. 79. Geologisch-bergbaugeschichtlicher Wanderweg im Münstertal. Erstellt nach der Wegeskizze aus Maus (1993) auf der Grundlage der TK 25 Baden-Württemberg des LVA, Stuttgart.

11. Aufschluss: Granitporphyrgang; scharfe Grenze zum Gneis. Salband des Porphyrs sehr feinkörnig und ohne Einsprenglinge. Bei größerer Entfernung zum Kontakt Zunahme der Größe und Zahl der Einsprenglinge Quarz und Kalifeldspat.
12. Infotafel: Halde des Michaelstollens auf dem Teufelsgrundgang (in der Broschüre wird er Trudbertstollen genannt).

    Die Verhaue des Schindlerganges werden ausgelassen und die Abkürzung, d.h. die Asphaltstrasse bergab genommen.
13. Schaubergwerk „Teufelsgrund“: ist an den Schindlergang gebunden; begehbar sind 500 m des Friedrichstollens. Abbauzeit 13. Jh. bis 1958: abgebaut wurde in früherer Zeit silberhaltiger Bleiglanz, vor dem 2. Weltkrieg das Gangmaterial Schwerspat, nach dem 2. Weltkrieg das Gangmaterial Flussspat. Ab 1970 erstes Besucherbergwerk des Schwarzwaldes; Öffnungszeiten: April–Okt. Di, Do u. Sa 10–11 Uhr 13–16 Uhr; So 13–16 Uhr. Gruppenführungen ab 10 Personen; sonst Videofilm und selbständige Begehung. Anmeldung für Gruppenführungen, Tel.: 07636/1450; Bistro mit Bewirtung und Parkmöglichkeit.

    Typ: hydrothermaler F, Ba, Si, Pb, Ag, Zn, Cu-Gang: Nebengestein: Metatexite und Gangporphyr. Erze: Bleiglanz, Zinkblende, Pyrit, Kupferkies, Silber, Arsen. Sehenswürdigkeiten (s. Maus 1988): Asthmastollen; Holzverschalung; Nische mit fluoreszierenden Mineralien; Nische mit Bohrgeräten; Rolle eines Magazinabbaus; Erzgänge (Station 369 m: Gang Ba, F; Station 411 m: Brekzie mit Bleiglanz und Zinkblende); Maschinenkammer mit früheren Abbaugeräten und Mineralien; Blindschacht.
14. Oberhalb der Straße Halde der ehemaligen Grube Teufelsgrund; Grube ist an den Teufelsgrundgang gebunden; Einstieg in die Halde am besten von oben, erschlossen durch einen Fahrweg, Fundmöglichkeiten von

blauem Flussspat, Schwerspat, Bleiglanz, Zinkblende und Pyrit/Markasit. Parkmöglichkeit oberhalb der Halde.

15. Walzpochwerk des Badischen Bergwerkvereins (19. Jh.) auf der gegenüberliegenden Seite des Tales.
16. Gasthof Neumühle zur Krone: ehemalige Getreidemühle und Gasthof Krone für Bergleute u. a. Parkmöglichkeit.

XVI/3 Scharfenstein: Permische Münstertäler Porphyrdecke, hier ein 30 m hoher Felssporn mit eindrucksvoller schräg (60–70°) einfallender Säulenbildung. Die Münstertäler Porphyrdecke hat eine Mächtigkeit von mehr als 250 m. Nach Maus (1967) handelt es sich wie bei den Äquivalenten im Nordschwarzwald um eine Glutwolkenablagerung → Ignimbrit. Das Gestein ist fest und feinkörnig, in frischem Zustand graugrün, bei Verwitterung hellgrau. Es ist sehr einsprenglingsreich, mit der Lupe kann man korrodierten Quarz, Feldpatkristalle und Biotit in feiner Grundmasse (9 % Quarz, 20 % Feldspat, 10 % Biotit, 1 % Akzessorien, 60 % Grundmasse) erkennen, seltener kommen Fremdgesteinseinschlüsse vor. Die Münstertäler Ignimbrite haben weniger Kieselsäure als die von Baden-Baden und ein Ka-Ar-Alter von 240 Mio Jahren (Leutwein & Sonet 1974). Bl. 8113, R 34 13 350 H 53 03 800 (Farbbild 15).

Straße L 123 von Obermünstertal nach Wieden; Felsen in scharfer Kurve 1, 3 km nach Lochmatt. Parkplatz vorhanden.

Exkursion XVII

Autoexkursion (1 Tag)

Thema: Badenweiler-Lenzkirchzone (Suturzone zwischen Zentralschwarzwälder Gneismasse und Südschwarzwälder Kristallin), Glaziale Formen.

Fahrweg (32 km) Badenweiler (Thermalbad) – Badenweiler–Oberweiler – Badenweiler-Schweighof – Heubronn – Neuenweg – Wembach – Schönau – Utzenfeld – Geschwend – Utzenfeld – Aitern.

Lit.: Güldenpfennig (1997); Loeschke et al (1998); Sawatzki & Hann. (2003).

Karten: Bl. 8112 Staufen im Br.; Bl. 8113 Todtnau; Bl. 8213 Zell im Wiesental.

XVII/1 Badenweiler-Oberweiler: Aufschluss der Schwarzwaldrandverwerfung. Diskordanz karbonisches Kulmkonglomerat bzw. buntes Konglomerat/Muschelkalk deutlich zu sehen. Das bunte Konglomerat besteht aus wohl gerundeten Geröllen: Granite, Porphyre, Grauwacken, Arkosen und Tonschiefer. Dieses Konglomerat wird als Schutt eines variszischen Molassetrogs interpretiert. Kohleschmitzen weisen auf pflanzliches Leben hin. Darin Schachtelhalme, Keilblattgewächse, Bärlapp, Siegel- und Schuppenbäume. Bl. 8112, R 34 01 220/H 52 97 860.

An der Straße von Oberweiler nach Britzingen kurz vor der Kehre um die Klinik rechts der Aufschluss. Parkmöglichkeiten nahe dem Schwimmbad.

XVII/2 Badenweiler-Schweighof: ehemal. Steinbruch im Klemmbachgranit; mittelkörniger, grauer geregelter Zweiglimmergranit. Bl. 8112, R 34 03 700/H 52 97 030.

Straße Badenweiler- Schweighof – Neuenweg: Nach der 1. Haarnadelkurve oberhalb der Forellenzucht, links ehemaliger Steinbruch, rechts Parkmöglichkeit.

XVII/3 Badenweiler-Schweighof: Felsböschung Malsburggranit: mittelkörniger Biotitgranit mit Kalifeldspateinsprenglingen. Bl. 8112, R 34 05 100/H 52 96 750.

Straße Badenweiler-Schweighof – Neuenweg: Felsböschung in der zweiten Haarnadelkurve. Parkplatz auf der nach E abzweigenden Forststraße oder gegenüber dem Aufschluss.

XVII/4 Badenweiler-Schweighof: Felsböschung Blauengranit; plutonartiges metamorphes Gestein aus Feldspat, Quarz und Biotit. Bl. 8112; R 34 04 650/H 52 97 080.

Straße Badenweiler-Schweighof – Neuenweg: Felsböschung in der dritten Haarnadelkurve. Parkplatz nach der Kurve.

XVII/5 Hinterheubronn/Weiherfelsen: karbonisches Granitkonglomerat. Es sind massige graue Felsen aus Granitgrus, in denen 20–30 cm große aber auch bis metergroße Münstertalgranitgerölle eingebacken sind. Bl. 8112, R 34 09 05/ H 52 96 650.

Vor dem Gasthof Haldenhof in der oberen Spitzkehre kleiner Parkplatz und Wegabzweigung des Kreuz- und Weiherkopfweges. Felsböschung aus Granitkonglomerat.

XVII/6 Hinterheubronn/S Gasthof Haldenhof: Andesitische Lava, einziger Aufschluß des basischen Vulkanismus in der BLZ. Der Andesit bildet ein dunkelgrünes feinkörniges Gestein mit wenig kleinen Einsprenglingen aus Plagioklas und Hornblende. Die Pyroxene sind chloritisiert. Er enthält Einschaltungen aus fossilhaltigen flachmarinen Sedimenten (s. Haenle 1962, Sittig 1962 und 1967). Die Vulkanite werden dem Unterkarbon zugesprochen. Bl. 8112, R 34 09 530/H 52 96 230.

Gasthof Haldenhof mit großem Parkplatz. Von dort Fahrweg erst parallel unterhalb der Straße nach Badenweiler, dann das Tal queren und in den Wald zum Nonnenmattweiher. Nach der Schranke felsige Wegböschung mit Andesiten. Vor der Schranke Weg nach rechts hinauf zum Waldrand. Auch hier werden Andesite angeschnitten. Weiter oben kreuzt der Weg einen NW-SE streichenden oberkarbonischen Granitporphyrgang, der die Andesite durchschlägt. Er ist reich an bis mehrere cm großen Kalifeldspat-Porphyroblasten in einer rotbraunen Grundmasse.

XVII/7 Hinterheubronn/Nonnenmattweiher: Karsee des ehemaligen Köhlgarten-Gletschers, der bis ins Heubronner Tal vordrang. Die Moränenablagerungen sind an der Straße von Mittelheubronn zum Weiher noch gut zu sehen. Er ist 325 m lang und 220 m breit und hat in der Mitte eine größere schwimmende Torfinsel mit Hochmoorvegetation. Die steile Karwand besteht aus sauren unterkarbonischen Rhyodaciten, die von Mineralgängen durchschlagen werden. Bl. 8112, R 34 10 100/H 52 95 850.

Wanderweg vom Gasthof Haldenhof 1,8 km zum Weiher oder Fahrweg von Mittelheubronn zum Weiher.

XVII/8 Neuenweg: Mambach Granit, fein- bis mittelkörniger, weißlich grauer Granit mit schwankendem Biotitgehalt und wenig Muskovit. Bl. 8212, R 34 12 010/ H 52 94 700.

1,3 km südlich Neuenweg Felsböschung an der Straße nach Bürchau. Parkplatz an der gegenüberliegenden Straßenseite.

XVII/9 Böllenbachtal: Wehra-Wiese-Formation. Verwitterte Felspartien: dunkel gefärbt; frisches Material: hellgrau; splittriger Bruch. Feinkörniger Quarz-Plagioklasdiatexit, wenig Biotit. Schwache Regelung erkennbar. Stellenweise häufig Mn-Fe-Dendriten. Bl. 8213; R 34 15 060/H 52 94 300.

Zwischen Böllen und Wembach links ein Park- und Rastplatz. Felsanschnitt an der Straße, vor allem in der S-Kurve 50 m vor dem Parkplatz.

XVII/10 Wembach: Wehra-Wiese-Formation; mittelkörniger Biotit-Quarz-Plagioklasdiatexit, ± Hornblende. Keine Regelung erkennbar. Gneisrelikte und Amphibolitschollen. Ordovizisches Sedimentationsalter (Sawatzki et al. 1997). Bl. 8213, R 34 16 670/H 52 93 420.

Wembach: Kurz vor der Einmündung der L 131 in die B 317 nach Schönau links Abzw. des Wanderwegs nach Schönau; nach 40 m Felsböschung. Parkmöglichkeit im Ort.

XVII/11 Schönau, NW-Stadt beim Pumpwerk: Felsböschung unterkarbonischer sandiger Protocaniten-Grauwacken; dunkelgraues feinkörniges festes Gestein; Quarzeinsprenglinge und Muskovit mit der Lupe erkennbar. Einzige Fundstelle zweier Goniatiten der Gruppe *Protocanites*. Bl. 8213, R 34 16 870/H 52 95 080.

Die Talstraße im Ort bis zum Gasthof Sonne. Dort schon die ersten Felsen der Protaconiten-Grauwacken am Parkplatz; am Gasthof rechts, dann links den Felsenweg nach oben, dort Felsenstraße links hoch zur Straße nach Schönenberg. Am Pumpwerk Felsböschung mit Protocaniten-Grauwacken.

XVII/12 Schönau, NW-Stadt: Aufschluss von oberdevonischen hellgrauen zerbrechlichen marinen Tonsteinen. Fundstelle von Conodonten. Bl. 8213, R 34 16 700/H 52 95 250.

Die Felsenstraße weiter hoch bis sie in die Landstraße nach Schönenberg einmündet, dann in Richtung Schönenberg. Nach dem Golfplatz kurz vor der scharfen Rechtskurve auf der linken Seite kleine Straßenböschung mit Tonsteinen.

XVII/13 Schönau, N-Stadt, Hügel (608 m) glaziale Formen des ehemaligen Wiesegletschers (Würmeiszeit). Größter Gletscherschliff des Schwarzwaldes; in der näheren Umgebung schöne Rundhöcker mit felsiger Luvseite aus der Würmeiszeit. Bl. 8213, R 34 17 220/H 52 95 320.

An Weggabelung nicht die Felsenstraße, sondern die Straße rechts dem Wegzeiger Gletscherschliff folgend in Richtung Kirche einschlagen. Oben auf dem Hügel der Gletscherschliff überdacht (etwas dunkel) im Sockel eines unvollendeten Denkmals der NS-Zeit. In der näheren Umgebung eiszeitliche Rundhöcker. Da die Fußwege innerhalb von Schönau relativ kurz sind, ist für die Exkursionsstationen 11–13 am besten ein Parkplatz im Ortskern vorzusehen.

XVII/14 Zwischen Schönau und Schönenbuchen E der Wiese Aufschluss von unterkarbonischen pelitischen Protocaniten-Grauwacken. Das Gestein ist hier sehr feinkörnig, bräunlich-grau, teilweise geschiefert, splittriger Bruch. Nach Güldenpfennig (1998) handelt es sich um Turbidite; Bl. 8213, R 34 17 875/H 52 95 530.

Nahe dem Gasthof Schönenbuchen an der B 317 zwischen Schönau und Schönenbuchen führt eine Fußgängerbrücke über die Wiese. Am anderen Ende der Brücke Felsböschung mit Protocaniten-Grauwacken.

XVII/15 Utzenfeld: Aufschluss von unterkarbonischem Münsterhaldengranit, Zweiglimmergranit, mit reichlich rötlichen Feldspäten; teilweise kataklastisch deformiert und schwach geregelt. Bl. 8113, R 34 18 150/H 52 96 040.

An der Wegkreuzung Schönenbuchen, Aitern, Utzenfeld führt die B 317 über die Wiese. Nach der Brücke in der Linkskurve eine Felsböschung mit Münsterhaldengranit. Kleiner Parkplatz in der Kurve vorhanden.

XVII/16 Geschwend: Randgranit (klass. Aufschluss): Metabiotitgranit mit zahlreichen geregelten Kalifeldspat-Augen. Kein Material zum Mitnehmen vorhanden, jedoch Felsen sehr fotogen. Der Randgranit ist ein entlang der südlichen Grenze der ZSGM zur BLZ heterogener Gesteinsverband aus geregeltem Meta-Biotitgranit mit Einschlüssen von verschiedenartigen Gneisen (Biotitgneise, Migmatite, Amphibolite, Leptinite). Er ist Produkt einer mehrphasigen Intrusion an einem aktiven Kontinentalrand. Bl. 8113, R 34 20 360/H 52 97 160.

Felsböschung an der nördlichen Ausfahrt von Geschwend (hübsche Schwarzwaldhäuser!) in die B 317. Am Aufschluss kleiner Parkplatz.

XVII/17 Wanderweg Geschwend – Utzenfeld: Felsböschung aus Metagrauwacken der Sengalen-Schiefer-Formation: Dunkelgraue, feinkörnige massige Gesteine; splittriger Bruch, Klüfte mit Quarz gefüllt. Bl. 8113; R 34 19 738/H 52 96 742.

Oberhalb des Wanderwegs: kleine Waldwiese mit Gesteinsschutt der kleinen Stutz und Felsen am Wiesenrand: am Wegrand dorthin zahlreiches frisches Material von schwarz glänzenden Metapeliten. Ziegler & Wimmenauer (2001) beschreiben von der kleinen Stutz durch Metamorphose zu flachen Linsen verformte Horizonte mit unsortierten, in der Größe sehr variierenden Geröllen (präordovizische Rhyolithe bis Andesite, Pelite, Quarzsandsteine, Quarzite) in metapelitischer Grundmasse. Danach handelt es sich um ordovizische bis silurische glaziomarine Ablagerungen mit Dropstones. Das Gebiet des Schwarzwaldes lag zu jener Zeit nahe der Antarktis. Bl. 8113, R 34 19 550/H 52 96 860.

Von Geschwend in der Ortsmitte folgt man dem Wanderweg nach Utzenfeld unter der B 317 durch. Am Waldrand (dort Parkmöglichkeit) teilt sich der Weg in den Wanderweg nach Utzenfeld und den schräg nach oben in den Wald führenden Weg zur Waldwiese der kleinen Stutz (15 Min.). Da von dort kein Weg weiterführt, muß der selbe Weg wieder zur Weggabelung zurückgekehrt werden.

XVII/18 Aitern: Ordovizische Metagrauwacken der Sengalen-Schiefer-Formation: dunkelgraue Grauwackenschiefer, splittriger Bruch; Bl. 8113, R 34 17 150/H 52 96 780.

Die L 142 zum Belchen, am Ortsende Straße rechts ab, nach 150 m Felsböschung.

Exkursion XVIII

Auto/Fußexkursion (1/2 Tag)

Geologischer Wanderweg rund um Schönau.

Thema: Badenweiler-Lenzkirchzone und ihre Gesteine.

Autofahrt (2,3 km): Schönau – Bischmatt – Tunau.

Wanderweg (6 km, 160 Höhenmeter) Tunau – Zweistädteblick – Michelrütte – Schönau; Exkursion sehr informativ!

Lit.: Lehnes & Tochtermann (2001); Sawatzki & Hann (2003).

Karten: Bl. 8213 Zell im Wiesental; Geol. Karte von Baden-Württemberg 1:50.000: Badenweiler-Lenzkirchzone.

Stationen:

Straße Schönau – Tunau

- In der Spitzkehre der Straße nach Tunau vor Bischmatt Felsböschung von: Ordovizischen Metagrauwacken der Schleifenbach-Schiefer-Formation. Parkmöglichkeit.

Waldweg Tunau – Zweistädteblick

- saure unterkarbonische Vulkanite: Dazite/Rhyodazite, porphyrische Textur: rötliche bis bräunliche Grundmasse mit einzelnen weißen größeren Kalifeldspateinsprenglingen, kleineren Plagioklasen und Biotit (Aufschluss, Lesesteine).
- saure Subvulkanite: Dazite/Rhyodazite, hellgraue Grundmasse mit zahlreichen weißen Kalifeldspateinsprenglingen (Aufschluss, Lesesteine).
- oberdevonische schiefrig-bröselige, ockerfarbene Tonsteine mit Conodonten (Aufschluss).
- unterkarbonische Protocaniten-Grauwacken/Turbidite: festes, dunkelgraues feinkörniges Gestein (Aufschluss, Lesesteine).

Höhenweg:

- Aussicht auf die einzelnen Gesteinsformationen der BLZ (s. Broschüre und Farbbild 2).

Waldweg Zweistädteblick – Michelrütte

- Rötlicher Münsterhaldengranit (Lesesteine).

Michelrütte

- großer eiszeitlicher Findling der Würmeiszeit (Wiesegletscher).

Weg Michelrütte – Schönau

- saure Subvulkanite im Wald (Lesesteine).

Exkursion XIX

Autoexkursion (2 Tage)

Thema: Südschwarzwälder Kristallin

Fahrweg (ca. 125 km): Schluchsee, Seebrugg (Stausee für Kraftwerk) – Häusern – St. Blasien (Dom 18. Jh., drittgrößte Kuppel in Europa) – Bernau – Todtmoos (Wallfahrtsort, Kirche Mariä Himmelfahrt) – Wehratal – Wehr – Rickenbach – Bad Säckingen (Mineral-Thermalquelle, Mineralienmuseum, längste überdeckte Holzbrücke Europas, Trompeter von Säckingen) – Albbruck – Tiefenstein – Häusern – Schluchsee, Seebrugg.

Lit.: Metz & Rein (1958); Metz (1980); Huth & Junker (2004); Kalt et al. (2000); Sawatzki & Hann (2003); Sawatzki (2004).

Karten: Bl. 8114 Feldberg; Bl. 8115 Lenzkirch; Bl. 8213 Zell im Wiesental; Bl. 8214

St. Blasien; Bl. 8215 Ühlingen-Birkendorf; Bl. 8313 Wehr; Bl. 8314 Görwihl; Bl. 8413 Bad Säckingen; Bl. 8414 Laufenburg.

XIX/1 Schluchsee: 7,3 km lang, 1,5 km breit, ehemaliger glazialer Zungenbeckensee wie der Titisee, künstlich zur Stromgewinnung aufgestaut. Weitere Staubecken sind das Albbecken südl. St. Blasien, das Schwarzabecken bei Häusern, das Mettma-Becken und das Becken bei Witznau. Kraftwerke befinden sich in Häusern, Witznau, und Waldshut. Gesamtgefälle: 629 m. Gesamtleistung: 490 Megawatt. Bauzeit 1928–1933. Bl. 8115.

XIX/2 Schluchsee, nördlich der Staumauer Steinbruch (aufgelassen): locus typicus für Schluchseegranit; hellgrauer bis leicht rötlicher Biotitgranit mit einem hypidiomorphen regellosen Erstarrungsgefüge und großen Kalifeldspateinsprenglingen (Unterscheidungsmerkmal zum Bärhaldegranit); er gehört zu den jüngeren Granitplutonen (Oberkarbon) und bildet zusammen mit dem Bärhaldegranit den Bärhalde-Schluchseepluton. Der Granit wird von zahlreichen Aplitgängen durchsetzt. Klassisch ausgebildeter Mineralbestand: Kalifeldspat (weiß-rötl.), Quarz (grau), Plagioklas (weiß), dicktafeliger Biotit (schwarz). Der Steinbruch wurde zum Bau der Staumauer angelegt, heute ist er ein nicht mehr zugängliches Privatgelände (Übungsgelände für Abenteuertourismus). Bl. 8115; R 34 38 880/H 52 96 450.

Pkws und Mikrobusse können über die Staumauer fahren und auf der anderen Seite, wo der ehemalige Steinbruch ist, parken. Reisebusse parken am Parkplatz am See gegenüber dem Kiosk.

Eine Alternative bildet eine kleine Felsgalerie oberhalb des Uferwegs unmittelbar nach dem Eventpark oder noch besser die Felsböschung an der Straße Seebrugg-Häusern, wie z. B. an der Abzweigung nach Blasiwald, dort auch Parkmöglichkeit. Entlang der felsigen Straßenböschung wird der Schluchseegranit gelegentlich von Granitporphyrgängen durchschlagen. Frisches Anschauungsmaterial!

XIX/3 Häusern: kleiner Steinbruch (aufgelassen) mit klass. Granitporphyr im St. Blasien-Granit: feinkörnige rötliche Grundmasse aus Quarz und Feldspat mit mehreren cm großen Kalifeldspat-Porphyroblasten und kleinen Einsprenglingen aus Quarz und Plagioklas. Bl 8215; R 34 38 730/H 52 91 290.

Kleiner Steinbruch rechts an der Straße nach Häusern ca. 1,3 km vor der Ortschaft. Parkplatz auf der anderen Straßenseite etwas weiter in Richtung Häusern.

XIX/4 St. Blasien: Granitporphyr in grauem mittelkörnigen St. Blasien-Granit, Paradeaufschluss; der Granitporphyr besteht aus einer ziegelroten feinkörnigen Grundmasse mit kleinen Quarz- und Feldspateinsprenglingen und schwarzen Turmalinkriställchen. Der St. Blasien-Granit ist ein mittelkörniger, grauer Biotitgranit granitischer bis granodioritischer Zusammensetzung: Plagioklas, wenige kleine Kalifeldspateinsprenglinge und reichlich Biotit. Gelegentlich feinkörnige dunkelgraue cm bis dm große Einschlüsse (Mäuse) tonalitischer bis quarzdioritischer Zusammensetzung. Der St. Blasien-Granit gehört zu den älteren Granitplutonen. Bl. 8214, R 34 35 870/H 52 91 500.

Felsanschnitt von Häusern kommend rechts der Straße unmittelbar vor dem Ortseingang nach St. Blasien. Parkmöglichkeit am Ortseingang.

XIX/5 Bernau, Steinbruch Wacht (in Betrieb) an der Straße Todtmoos nach Bernau: klass. Aufschluß in der Sengalen-Schiefer-Formation. Sie besteht in der

Hauptsache aus plattig zerfallenden Phylliten mit einer bunten 10–20 m mächtigen Einschaltung aus hell- bis mittelgrauen Grauwacken, schwarzen Tonsteineinlagen und roten metarhyolithischen Linsen, Reste einer oder mehrerer Tufflagen. Das Alter des Rhyolithbandes beträgt nach der ^{207}Pb/^{206}Pb-Methode an Zirkonen 393+3 Ma (Hann et al. 2003). Das Betreten des Steinbruchs erfolgt nur mit Genehmigung der Betriebsleitung: Fa. Valentini GmbH, Tel. 07675/ 313. Bl. 8114, R 34 25 500/H 52 96 740.

Straße Bernau - Präg; ca. 2 km nach der Ortschaft Bernau rechts an der Straße der Steinbruch. Parkmöglichkeit beim Steinbruch.

XIX/6 Todtmoos, Besucherbergwerk Hoffnungsstollen (ehemalige Grube Mättle): Öffnungszeiten: Mai bis Oktober am Sa und So. 14–17 Uhr. Selbständige Begehung. Führung von Gruppen (ab 20 P.) ganzjährig nach Anmeldung bei der Kurverwaltung, Tel. 07674/90600. Zahlreiche Infotafeln, erstellt vom LGRP Freiburg i. Br. erklären die anstehenden Gesteine im Bergwerk.

Lit.: Falkenstein (2007); Sawatzki (2004); Werner & Dennert (2004).

Ehemaliges Magnetkiesbergwerk; 18–19. Jh. Gewinnung von schwefelhaltigen Erzen wie Pyrit, Markasit, Magnet- und Kupferkies zur Herstellung von Vitriol, Alaun und Schwefelsäure; 1935–1936 sehr dürftige Gewinnung von Ni aus Magnetkies zur Stahlveredelung; seit 1937 aufgelassen; ab 2000 Besucherbergwerk. Der Magnetkies, bronzefarbene Butzen und Nester, ist an das ultrabasische Gestein Gabbro bzw. Norit (Erzmuttergestein) gebunden. Es ist ein Relikt einer ozeanischen Kruste, die während der variszischen Orogenese hochgeschleppt, eingeschuppt und retrograd metamorphisiert wurde. Die Ni-haltigen Eisensulfide (56% Fe, 22–40% S und 0,2–1,8% Ni) sind durch untermeerischen Vulkanismus entstanden. (Sawatzki 2003) Bl. 8213, R 34 23 970/H 52 90 080.

Zu erreichen ist das Bergwerk von Todtmoos zunächst auf der Forsthausstraße in Richtung Todtmoos-Mättle. Am Parkplatz Wegzeiger zum Besucherbergwerk. Von dort ca. 500 m Fußweg.

Um das Bergwerk finden sich Gesteine der Todtmoos-Gneisanatexit-Formation, bestehend aus Paragneis-Metatexiten, Leptiniten (Metamorphite kambrischer Rhyolithe) und Metagabbros (Relikte einer ozeanischen Kruste) Klassisch schöne, lagige Paragneismetatexite finden sich vor allem am Scheibenfelsen N Todtmoos. Bl. 8213, R 34 24 970/H 52 89 960, Leptinite u. a. an der Straße nach St. Blasien an der dritten Spitzkehre Bl. 8214, R 34 25 570/H 52 89 917.

XIX/7 N Todtmoos: Schwarze Felsen, schwarzgrünlicher, bei Verwitterung tiefschwarz glänzender Serpentinit, der sozusagen am Hang hängt, letzter Bergsturz 1955. Er ist wie der Magnetkies magnetisch. Stellenweise enthält er Granat, vergleichbar mit dem Serpentinit im Schuttertal. Der Serpentinit entstand durch Metamorphose aus Peridotit. Das magmatische Gestein entstand zur Wende Devon/Karbon an einem mittelozeanischen Rücken und wurde während der variszischen Orogenese vor 330 Mio Jahren hochgeschleppt und retrograd metamorphisiert. Der Olivin verwandelte sich dabei in grünen Serpentinit und schwarzen Pyroxen. Bergfeucht lässt sich der Serpentinit leicht bearbeiten: Schleifen, drechseln, schnitzen. Er wurde früher abgebaut und zur Anfertigung von Gefäßen verwendet.Bl. 8214; R 34 25 130/H 52 90 120.

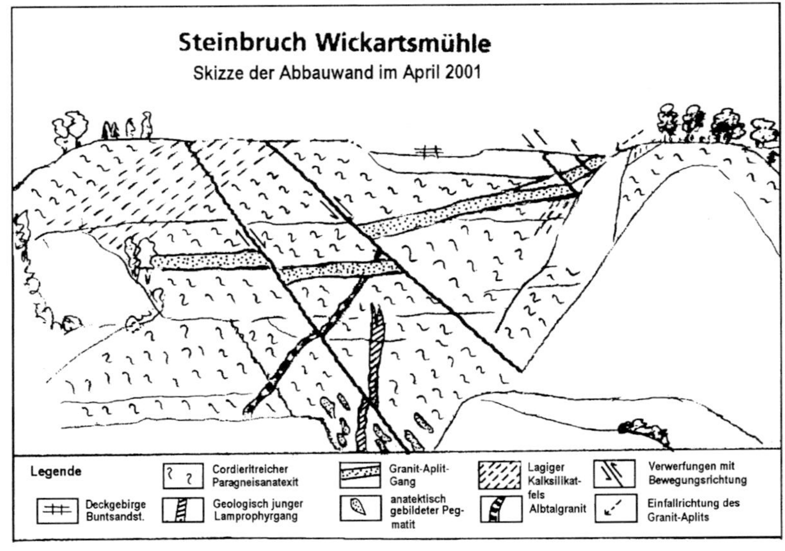

Abb. 80. Geologische Skizze der Abbauwand des Steinbruchs Wickartsmühle. Nach einer Informationstafel des LGRB, Freiburg i. Br.

Man fährt die Hauptstraße in den Ort Todtmoos, dann die Forsthausstraße rechts ab in Richtung Kirche. In der zweiten Spitzkehre (Linkskurve) den Karl-Schnorr-Weg rechts ab. Wiederum in der nächsten Spitzkehre Wegzeiger „Zum schwarzen Felsen", dort kleiner Parkplatz für Pkw. Reisebus muß unten im Ort parken. Nach 350 m Wanderweg erreicht man den Aufschluss. Auf dem Weg dorthin schön kristallisierter Granitporphyr mit teilweise idiomorphen Feldspat- und Quarzeinsprenglingen in feiner rotbrauner Grundmasse.

XIX/8 Wehraschlucht, eindrucksvolle Felsgalerie durch rückschreitende Erosion der Wehra entstanden, Vergleich mit dem Höllental östlich Freiburg; auch hier ein Hirschsprung; Wehrastausee (Wasserkraftwerk Hotzenwald); Gesteine: Gneis-Leptinitformation von Todtmoos, Wehra-Wiese-Formation, Mambach Granit, Bl.8213 + 8313.

XIX/9 Rickenbach: Steinbruch Wickartsmühle (in Betrieb); Er gehört zum Hotzenwälder Gneiskomplex Typ Murgtal. Er besteht aus zwei unterscheidbaren Gneiskörpern: an der Basis cordieritreiche, linsenförmig aussehende Paragneisantexite (Einheit 2), darüber lagige, schräg geschichtete Kalksilikatfelsen. Der Steinbruch wird von 2 Verwerfungen durchzogen und von Gängen aus Aplitgranit, Lamprophyr und Albtalgranit durchschlagen. An der Basis treten kleine Pegmatitgänge auf. Im Steinbruch pegmatitische Mineralien wie Turmalin, Hornblende, Quarz, Orthoklas, Muskovit, Apatit und Cordierit und hydrothermale wie Kalzit, Dolomit, Fluorit, Baryt, Markasit, Pyrit, Azurit, Malachit u. a. Infotafeln des LGRB B-W am Steinbruch; traditioneller geologischer Exkursionspunkt. Informationen auch im Internet unter www.murgtalpfad.de/station-geologie.htm. Betreten des Steinbruchs nur mit Genehmigung der Betriebsleitung. Fa. ORB Baustoffe GmbH Wickartsmühle, Tel. 07765/ 96895; Bl. 8313, R 34 24 100/H 52 74 550 (Farbbild 12).

Von Rickenbach kommend in Willaringen Straße links ab in Richtung Wieladingen. Nach 500 m Straße links ab zum Steinbruch Wickartsmühle. Parkmöglichkeit bei der Abzweigung zur Wickartsmühle oder beim Gasthof.

XIX/10 Albtal zwischen Albbruck und Tiefenstein: wildromantische Schlucht im Hotzenwälder Gneisanatexit und Granit; nördlich von Albbruck im Hauensteiner Granit, südlich von Hohenfels in Gneisanatexiten Typ Laufenburg und nördlich davon in Gneisanatexiten Typ Hauensteiner Murgtal, um Tiefenstein im Albtalgranit. Am Ortsende von Albbruck an der Albtalstraße nach Tiefenstein Steinbruch (aufgelassen) Locus typicus für Hauensteingranit: mittelkörniger rosaroter Zweiglimmergranit mit NE-E streichender Paralleltextur. Steinbruch heute weitgehend mit Bauschutt und Erde verfüllt. Ehemal. Steinbruchgelände vollständig abgesperrt. Bl. 8414, R 34 34 350/H 52 73 300. Jedoch an der Straße auf der Höhe des Steinbruchs Felsböschung und senkrecht ins Albtal abfallende Felswände desselbigen Granits, heute beliebte Kletterwände. Bei der kleinen Siedlung Hohenfels Pfad hinunter in die Albtalschlucht. Auf der Brücke in der Talsole und von der Teufelskanzel aus Bl. 8314, R 34 33 140/H 52 74 670 eindrucksvoller Blick in die Albtalschlucht. Das Bachbett selbst besteht aus einem Blockmeer. Anstehend: anatektischer Biotit-Cordierit-Gneis vom Typ Hauensteiner Murgtal. Im Ort Hohenfels Gasthof und Lager von Fertigprodukten aus dem Albtalgranit wie Quader, Bordsteinkanten, Treppen, Fliesen, Platten. Danach Straße weiter nach Tiefenstein durch Felsgalerien mit Tunnels, um Tiefenstein Albtalgranit.

XIX/11 Tiefenstein, Zentrum von großen Schotterwerken im Albtalgranit. Er ist ein fester grobkörniger Biotitgranit aus Quarz (grau), Plagioklas (weiß) mit bis 10 cm großen leicht rosagefärbten Kalifeldspateinsprenglingen und dunklen Einschlüssen (Mäuse) von Paragneisanatexiten bis hin zu ganzen mafischen Schollen granodioritischer Zusammensetzung. Er findet Verwendung als Naturstein für Stützmauern und für die vorher aufgeführten Fertigprodukte sowie Schotter und Kies.

Hauptsächlicher Steinbruch „Tiefensteiner Granitwerke“ (in Betrieb). In einer bis 120 m hohen Wand wird auf 5 Sohlen der Granit gebrochen. Bei Besichtigung Anmeldung bei der Betriebsleitung. Tiefensteiner Granitwerk GmbH Tel. 07754/287. Bl. 8314, R 34 31 590/H 52 75 770.

Ca. 1 km S Tiefenstein an der Straße nach Schachen.

Exkursion XX

Fußwanderung (3 Tage)

Thema: Ostabdachung des Südschwarzwaldes, Wutachschlucht/-tal: Einzigartige Wanderung durch die Erdgeschichte vom Paläozoikum bis zur Würmeiszeit: Paläozoisches Kristallin, perm. Vulkanismus, Deckgebirge (Buntsandstein, Muschelkalk, Keuper, Jura), pleistozäne Schotter; Flusslaufänderung bzw. Entwicklung der Feldbergdonau zur Wutachschlucht. Für den Jura wurden infolge der Kürze die alten Bezeichnungen α, β, γ... verwendet. In der Wutachschlucht klopfen nicht erlaubt, da Naturschutzgebiet.

Lit.: Hebestreit (1999); Huber (2004); Sauer (1988); Walcz (1983), Wurm et al. (1989). Karten: Bl. 8115 Lenzkirch; Bl. 8116 Löffingen.

Etappe I: Wanderung (ca. 15 km, Gehzeit ca. 5 Std.) von Blumberg durch das Schleifebach-/Wutachtal bis zur Wutachmühle; von dort Wanderung durch die Gauchachschlucht zum Wanderheim Burgmühle. (Etappe 1 von Blumberg zur Wutachmühle kann auch mit dem Auto gefahren werden).

Exkursionsroute: Blumberg Stadt (ehemal. Bergarbeitersiedlung, Doggererzabbau im 2. Weltkrieg) – Schleifenbachtal (Wasserfall, Schlucht) – Achdorf (Gasthof Scheffellinde) – Bergrutsch Eichberg – Aselfingen – Aubachtal Juraprofil – Aselfingen – Klopfstelle – Wutachmühle (Kiosk + Infotafeln) – Gauchachschlucht – Wanderheim Burgmühle

Übernachtung: Wanderheim Burgmühle.

Etappe II: Wanderung vom Wanderheim Burgmühle durch die Gauchach-/Wutachschlucht bis zur Schattenmühle (Wanderweg ca. 15 km, Gehzeit ca. 7 Std.!).

Exkursionsroute: Wanderheim Burgmühle – Gauchachschlucht – Wutachschlucht – Rümmelesteg – ehemal. Bad Boll – ehemal. Dietfurt – Schattenmühle.

Übernachtung Gasthof und Hotel Schattenmühle.

Etappe III: Wanderung von der Schattenmühle bis Göschweiler einschl. Abstecher in die Lotenbachklamm (Wanderweg ca. 10 km, Gehzeit 3–4 Std.)

Exkursionsroute: Schattenmühle – Lotenbachklamm – Schattenmühle – Räuberschlössle – Kraftwerk Stalleg – Verlassen der Wutachschlucht in Richtung Göschweiler. Evtl. Wanderung zum Erdfall Rosshag.

Übernachtungen

a) Naturfreundehaus Burgmühle: Tel. 07654/553 oder e-mail: burgmuehle@gauchachschlucht.de bzw. Kontaktformular
b) Schattenmühle: Tel. 07654/1705 oder e-mail: schattenmuehle@web.de

Wutachmühle: Kiosk mit Getränken, kleine Essen, Info und Taxidienst

Infotafeln über Wanderrouten, Naturschutz und Geologie des Wutachtales an der Wutachmühle, in der Schlucht im ehemaligen Bad Boll und bei der Schattenmühle.

Bushaltestellen: Blumberg, Wutachmühle, Schattenmühle, Göschweiler.

Parkplätze: Wutachmühle, Schattenmühle, Neuenburg.

Stationen:

Etappe I

1. Blumberg: Unteres Stadtgebiet liegt auf Braunem Jura, umgeben von den Weißjura-Tafelbergen Eichberg im N und Buchberg im S. Im 18. Jh. und vor allem während dem Zweiten Weltkrieg bis 1942 groß angelegter Abbau von Eisenerzen in den ca. 4m mächtigen Eisenoolithen des Braunen Jura ζ bzw. Calloviums, nach dem Leitfossil auch Macrocephaluslager genannt. Das Flöz besteht aus einer grauen tonig-mergeligen Grundmasse, in die Brauneisenooide eingebettet sind. Eisengehalt 8–14 %. Abbau unter Tage am Eichberg und vor allem am Stoberg, Tagebau am Fuß des Ristelbergs. Die beiden Stollenportale Eichberg und Stoberg waren durch eine 1,7 km lange Förderbahn über das Ried mit der Aufbereitungsanlage in Blumberg-Zollhaus verbunden. Verhüttung der Erze im Saarland. Entstehung einer Bergarbeitersiedlung für zusätzliche 3700 Einwohner. Einwohnerzahl von Blumberg bis 1934: zwischen 600 bis 800 Einw., im Jahr 1945 nahezu 7000 Einw. Heute ist nicht mehr viel von dem einstigen Abbau zu sehen außer dem Portal des

ehemaligen Eichbergstollens in der Bleiche im Gelände der Schießanlage des Schützenvereins Blumberg, Schürfstellen des Tagebaus, einigen Relikten der ehemaligen Förderbahn und Resten der Aufbereitungsanlage in Blumberg-Zollhaus am Fuß des Ristelberges. Sonst erinnert noch ein Bergmannsdenkmal in der Tevesstraße an den damals regen Bergbau.

2. Schleifebächle: Tiefe Schlucht mit Wasserfall und Doggerprofil; Opalinuston des Dogger α, tonig harte Sandsteinbänke der Wasserfallschichten sowie Tonsteine, Mergel und Kalksandsteinbänke des Dogger β bis γ.

   Wanderweg von Blumberg nach Achdorf parallel zum Schleifebächle. Abstieg in die Schlucht. Nur für Schwindelfreie.

3. Eichberg Bergrutsch nördlich Achdorf, aufgeschlossen ist das Profil von der Murchisonaeoolithformation des Braunen Jura β bis zu der wohlgeschichteten Kalkformation des Weißen Jura α. Die unteren Bereiche sind zunehmend verschüttet. Bl. 8117, R 34 63 350/H 53 01 160 (Farbbild 34).

   Straße nach Eschach, 1. Abzweigung nach rechts und Fahrweg hoch zum Grillplatz in der Nähe des Bergrutsches, der von weitem sichtbar ist. Vom Grillplatz kleiner Trampelpfad zum Bergrutsch.

   Den Gipfel des Eichbergs bildet eine Weißjurakappe α+β. Oben auf dem Gipfel des Eichberges befinden sich pleistozäne Gerölle der Urdonau, die ursprünglich vom Feldberg in Richtung Osten floss. Nach der Würmeiszeit wurde sie vor Blumberg von Süden her angezapft und der Fluss zum Rheintal hin umgeleitet. Durch rückschreitende Erosion entstand dann daraus die Wutachschlucht.

4. NW Aselfingen, im Aubachtal: entlang des Wanderweges von Aselfingen nach Mundelfingen Sicht auf einen bis 35 m hohen Bachanschnitt mit dem in der Fachwelt bekannten Juraprofil: Von der Obtususton-Formation des Lias β bis zur Opalinuston-Formation des Dogger α, Hervorstechend sind die Mergelbänke des Lias ε und der Übergang vom Lias zu den Opalinustonen des Dogger. In Mundelfingen liegt der Lias α 150 m höher als in Aselfingen. Der Höhenunterschied zeigt hier die Sprunghöhe der Verwerfung des Bonndorfer Grabens. Bl. 8116, R 34 61 280/H 53 00 990.

   Wander- und Fahrweg (für Fahrzeuge frei) von Aselfingen in Richtung N nach Mundelfingen entlang dem Aubachtal. Bei Punkt 581 Abzw. nach links. Von weitem ist schon links der Bachanschnitt sichtbar. Nach 900 m führt der Weg in den Wald hinunter zum Aubach. An dem Verbotsschild für die Weiterfahrt von Motorfahrzeugen Stop und zu Fuß links weglos den Wald hinunter. Nach 50 m Aussichtkanzel mit prächtigem Blick auf das ganze Profil.

5. W Aselfingen: Felsböschung, 4 m hohe Folge von dunkelgrauen, harten, gut gebankten Kalken der Arietenformation des Lias α, Kalkbänke getrennt durch dünne Mergeleinschaltungen. Fossilieninhalt: Ammoniten wie *Arietites* und *Vermiceras*, Auster *Gryphaea* und Brachiopoden der Gattung *Spiriferina*. Klopfstelle: Heute sind die Fundaussichten ausgenommen der Auster *Gryphaea* eher dürftig. Bl. 8116, R 34 60 900/H 53 00 650.

   Aufschluß 900 m nach Aselfingen rechts an der Straße zur Wutachmühle in einer langen Rechtskurve nach dem Verkehrsschild „Steinschlag“. Kleiner Parkplatz für PKW auf der Seite des Aufschlusses.

6. Wutachmühle: Aufschluss Gipskeuper mit weißem Gipshorizont.

   Wanderweg von der Wutachmühle nach Ewattingen, im Bachbett 250 m oberhalb der ehemaligen Gipsmühle Aufschluss im Gipskeuper.

7. Wanderheim Burgmühle: Übernachtung.
   Bezeichneter Wanderweg von der Wutachmühle bis zur Brücke, dann über die Wutach die Gauchachschlucht hinauf bis zum Wanderheim. Gehzeit insgesamt 1 Std.

Etappe II

8. Einmündung der Gauchach in die Wutach: Ab dem Muschelkalk Verengung des Wutachtales zu einer Schlucht. An der Brücke zeigt sich deutlich in einer Felswand der Dögginger Oolith (ca. 4 m mächtige Zone aus sehr kleinen Ooiden) über gut gebankten Dolomiten der Tonplattenregion (Plattenkalkformation).
9. Felsband (Wanderweg) knapp über dem Wasser, quert mehrere Felsspalten mit Quellaustritten der Wutach, Rippelmarken auf Wanderweg bzw. auf Muschelkalkbank mo1.
10. Rümmelesteg (ehemalige Hängebrücke über den Fluß): Felswand ca. 40 m mit schönem Muschelkalkprofil. Von unten nach oben: Trochitenkalke mo1, an der Wasserkante Schalentrümmerbank mit Struktur eines Tempestits (nur bei Niedrigwasserstand zu sehen); mauerartige Dolomitbänke der Tonplattenregion mo2; Trigonodusdolomit mo3 (Knauerhorizont 1 und darüber massige gelbliche Dolomite).
11. Wutachversickerung etwa 150 m talaufwärts der Holzbrücke.
12. Prallhang mit schönem Muschelkalkprofil der Tonplattenregion und dem darüberliegendem Trigonodusdolomit. An der Basis Abtauchen des Mittleren- unter den Oberen Muschelkalk.
13. Felsengalerie und Felssteig: neben dem Steig (Felsband): Knauerhorizont 1, oberhalb dem Steig: massiger gelblicher Trigonodusdolomit, unterhalb mauerartige Dolomitbänke der Tonplattenregion.
14. Wasserfall mit einem imposanten Kalksintermantel, der sich beim Austreten des mineralisierten Wassers durch Abnahme des CO_2-Gehalts absetzte.
15. Am Steg deutliches Profil von gelblichen, dünn geschichteten und ausgewaschenen Dolomiten des Mittleren Muschelkalks an der Basis und härteren grauen Trochitenkalken und Oolithen des Oberen Muschelkalks im Hangenden (Farbbild 32).

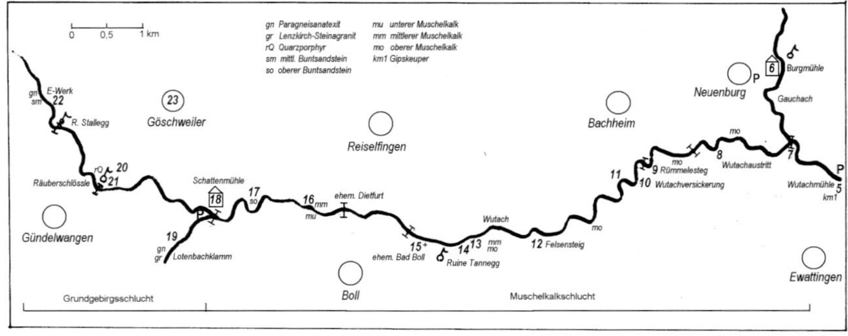

Abb. 81. Exkursionspunkte in der Wutachschlucht.

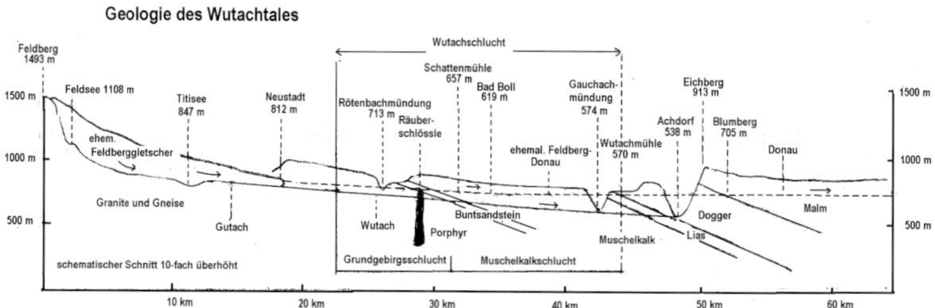

Abb. 82. Schematisches geologisches Profil der Wutachschlucht. Nach einer Informationstafel des LGRB, Freiburg i. Br.

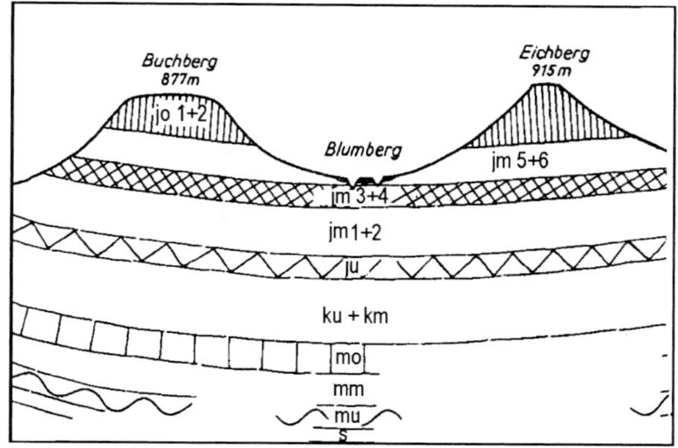

Abb. 83. Geologisches Profil der Region um Blumberg. Leicht verändert nach Hahn (1988).

16. Ehemaliger Badhof Boll 1840–1910: Heute befinden sich dort ein Picknickplatz mit Infotafeln und eine verlassene Kapelle. Die Mineralquelle bestand aus kohlesäurehaltigem Wasser der Sulfat-Chlorid-Gruppe, Mineralgehalt stammt aus dem Mittleren Muschelkalk.
17. Ehem. Gipsmühle (ehemal. Dietfurt): Von der ehemaligen Gipsmühle zeugt nur noch ein Hinweisschild. Am Weg felsige Böschung aus feingeschichteten grauen Mergeln (Orbicularis-Mergel) des Unteren Muschelkalks. Unterhalb des Weges Wutachprallhang in der Wellenkalkformation des Unteren Muschelkalks. Etwa 20 m oberhalb des Weges (sehr steiler Hang!) ein ehemaliger Steinbruch im Mittleren Muschelkalk mit einem sehr schönen weißen Gipshorizont.
18. Zwischen Schattenmühle und ehem. Gipsmühle felsige rötliche Wegböschung aus hartem Oberen Buntsandstein (Plattensandstein), der über einem fossilen ausgebleichtem Boden aufliegt. Der fossile Boden ist ausgewaschen und zeigt zahlreiche Bildungen von rotem Karneol.
19. Schattenmühle: Übernachtung.

Etappe III

20. Lotenbachklamm von der Schattenmühle hinauf in Richtung Bonndorf: Malerische 1200 m lange Schlucht mit Wasserfällen und Schluchtwänden aus Gneisanatexiten vom Typ Steinatal und Wellendingen Granit mit größeren Kalifeldspatporphyroblasten. Auffällig: Im Gneis weiterer Schluchtquerschnitt als im Granit.
21. Auf dem Wanderweg nahe dem Räuberschlösschen in Richtung Schattenmühle/Göschweiler: Böschung mit Geröllen der pleistozänen Schotterterrasse der Urdonau.
22. 50 m hoher Felsen des Räuberschlössle: Perm. Quarzporphyrstock, der im Lenzkirch-Steina-Granit steckengeblieben und anschließend als Härtling herausgewittert ist. Der Quarzporphyr ist rötlich, sehr hart, splittriger Bruch, mit wenigen kleinen Einsprenglingen wie Feldspat (weiß) und Quarzkörnern (grau) in feiner rötlicher Grundmasse. Von den Felsenklippen sehr eindrucksvoller Blick in die hier sehr enge und tief eingeschnittene Wutachschlucht.
23. Weganschnitt beim alten E-Werk Stallegg: Paragneisanatexit mit aufgelagertem Mittleren Buntsandstein. Schichtlücke: Perm und Unterer Buntsandstein fehlen.
24. Göschweiler Bushaltestelle.
25. evtl. Doline Rosshag siehe Aufschluss 25.

Exkursion XXI

Autoexkursion (1 Tag)

Thema: Rotliegend in der Schopfheimer Bucht und Karstformen am Dinkelberg.

Fahrweg (ca. 25 km): Schopfheim – Eichen – Hasel – Erdmannshöhle – Wehr – Schwörstadt – Rheinfelden-Riedmatt – Tschamberhöhle.

Fußweg Riedmatt – Teufelsloch (2,5 km).

Lit.: Metz (1980); Huth & Junker (2004); Gemeinde Hasel (2005).
Karten: Bl. 8313 Wehr; Bl. 8412 Rheinfelden.

XXI/1 Schopfheim, Waldweg oberhalb der Wiese: Oberrotliegend mit schönen Entfärbungszonen (fladenförmig bis kreisrund), tiefe Schluchten, Wasserreichtum der Rotliegendsedimente, im Hangenden Buntsandstein. Bl. 8312, R 34 11 240/H 52 80 300.

Innerhalb der Stadt nach N an der Kirche vorbei zur Wiese. Dort Parkplatz. Prallhang der Wiese aus Oberrotliegendsedimenten. Brücke über die Wiese und von dort hinauf zum Wanderweg oberhalb der Wiese nach E in Richtung Langenau. Am Wanderweg Felsböschung des Oberrotliegend.

XXI/2 Eichener See bei Schopfheim-Eichen: Weite Mulde zwischen Schopfheim und Fahrnau rechts der Straße. Episodisch nach stärkeren Niederschlägen und Schneeschmelze auftretender See im Oberen Muschelkalk bis zu einer Tiefe von 3 m. Unterhalb des Sees befindet sich ein Karstwasserhorizont. Karsthydrologische Zusammenhänge wie z. B. mit der Erdmannshöhle bei Hasel sind noch nicht geklärt. Bl. 8313, R 34 14 550/H 52 79 170.

Auf der B 518 von Schopfheim-Eichen nach Hasel. Kurz nach dem Ort Eichen Parkplatz. Von dort Wanderweg etwa 500 m zum Eichener See.

XXI/3 S. Hasel: Erdmannshöhle, 2185 m lang, begehbar 360 m; Tropfsteinhöhle im Oberen Muschelkalk, schöne Sinterbildungen, große Stalaktiten, Stalagmiten und Säulen, unterhalb des Gehweges fließt ein Höhlenbach. Öffnungszeiten: April u. Oktober Mo–Fr 13–18 Uhr, Sa, So 10–18 Uhr Mai–Sept. tägl. 10–18

Uhr; Nov. bis März geschlossen. Info Gemeindeverwaltung Hasel Tel. 07762/93 07 oder Erdmannshöhle Tel. 07762/809901; Bl. 8313, R 34 17 120/ H 52 79 510 (Farbbild 46).

Höhle am südlichen Ortsende in Richtung Wehr am Bach Hasel gelegen. Dort großer Parkplatz.

XXI/4 Rheinfelden-Riedmatt: Teufelsloch: Trichterdoline im Unteren Keuper, durch deren Ponor der Einstieg in eine 75 m tiefe Schachthöhle im Oberen Muschelkalk erfolgen kann. Bl. 8312, R 34 12 110/H 52 74 760.

Von Riedmatt aus zur Nagelfluhhöhle, von da den Weg am Hirschbächle entlang hinauf in den Wald. An Wegkreuzung P 394,9 Weg nach NNW einschlagen, nach 300 m das Teufelsloch.

XXI/5 Rheinfelden-Riedmatt: Tschamberhöhle, 1550 m lang, seit 1966 auf schmalen Stegen 600 m oberhalb des Höhlenbachs begehbar, Ende am Wasserfall; bei Hochwasser Stege überflutet; aktive Wasserhöhle im Oberen Muschelkalk, unzählige bizarre Auswaschungen in Form von Schratten, Zacken, Kolken und Riffeln an den Höhlenwänden, keine Tropfsteine! Betreuung durch den Schwarzwaldverein. Öffnungszeiten April–Oktober: So. und Feiertag 13–17 Uhr; Selbständige Begehung; Führungen für Gruppen auch außerhalb der Öffnungszeiten; Anmeldung für Gruppenführung bei Norbert Agster Tel.: 07623/50285 oder Ewald Wehrle Tel.: 07623/5755. Bl. 8412, R 34 11 190/H 52 73 030 (Farbbild 47).

Bundesstraße 34 von Riedmatt nach Beuggen. Nach dem Ortsausgang Höhle direkt unterhalb der Bundesstraße nahe dem Gasthaus „Zum Storchen". Da sich vor der Höhle kein eigener Parkplatz befindet, Parkmöglichkeiten in Riedmatt, von da in 5–10 Min. auf bezeichnetem Weg zur Höhle. Bei Einkehr Parkmöglichkeit auch beim Gasthof Storchen.

In den Exkursionen nicht eingebundene Aufschlüsse

Es sind Aufschlüsse, die

a) abseits der Exkursionsroute liegen.

b) umständlich (nur durch eine längere Wanderung) zu erreichen sind.

c) früher bedeutende Aufschlüsse und Steinbrüche waren und heute zugewachsen, Müll- und Erddeponie oder Schießplatz für Schützenvereine sind.

Sie sind in den Exkursionsskizzen mit einem + gekennzeichnet.

1 Baden-Baden, Steinbruch am Leisberg (aufgelassen): Zwei große Steinbrüche mit hellrotvioletten einsprenglingsreichen bis feinkörnigen laminierten grünlichen Quarzporphyren; jüngster Deckenerguß der 4 Deckenergüsse in der Baden-Badener Senke, fällt ins Oberrotliegend F3. Die sogenannten Leisbergporphyre waren im 19. Jh. der wichtigste Baustoff von Baden-Baden. Da heute die beiden Steinbrüche Übungsgelände des Schützenvereins sind, sind sie nicht mehr frei zugänglich. Wenn man den Weg weiter verfolgt, gibt es zum Ausgleich weitere Aufschlüsse Bl. 7215, R 34 45 130/H 54 00 450.

Steinbruch ca. 700 m südl. Lichtental am Fahr-/Wanderweg in Richtung Geroldsau am Fuß des Leisberges. Parkplatz vor dem Schießübungsgelände.

2 NW Sandweier bei Baden-Baden: quartäre Dünenlandschaft mit einer 18 m hohen Düne im Niederwald. Infotafeln zur Sandflora. Ausführliche Broschüre dazu im Rathaus Baden-Baden erhältlich. Bl. 7115 R 34 40 100/H 54 10 400.

NW von Sandweier jenseits der A5 im Wald zwischen Strandbad (Baggersee) und Rastatt. Fahrweg von Sandweiher zum Freibad, dort Parkplatz.

3 N Gaggenau-Rotenfels, SE Oberweier: großer Festungssteinbruch am Eichelberg (aufgelassen); Steinbruchgelände weitgehend zugewachsen, Steinbruchwand am Picknickplatz zugänglich. Bausandstein bis Oberer Geröllhorizont, lieferte damals den Baustein für die Festung Rastatt. Bl. 7115. R 34 50 100/H 54 11 500.

Straße von Bad Rotenfels in nördlicher Richtung nach Oberweier; nach Winkel Fahrweg rechts in den Wald hinauf bis zum Picknickplatz des Steinbruchs.

4 Gaggenau, Neubauviertel Hummelberg: Steinbruch (aufgelassen), von Sittig (1965) eingehend untersucht. Der vordere Teil (Paragneismetatexite und Amphibolite der HT/LP-Fazies) ist gut zugänglich, der hintere Teil (Orthogneis in Paragneismetatexit) sehr zugewachsen. Gutes Beispiel für die Entstehung von Orthogneis als Granitintrusion in altpaläozoische Sedimente, danach im Karbon zusammen mit den Sedimenten metamorphisiert. Der Gneis am Hummelberg stellt den nördlichsten Ausläufer der Zentralschwarzwälder Gneismasse (heterogene Gneise, Einheit 2) dar. Er befindet sich an der Grenze zwischen Moldanubikum und Saxothuringikum. Bl. 7215, R 34 49 520/H 54 06 960.

Steinbruch im Neubaugebiet Gaggenau-Hummelberg westlich der Murg bzw. der Bundesstraße 462 gelegen (s. auch Abb. 70). Zugang des Steinbruchs von der Konrad-Adenauer-Straße her durch Privatgelände des Hauses Nr. 87 (Bewohner gegebenenfalls um Durchgang bitten).

5 Gaggenau-Sulzbach: Auf dem Bergrücken oberhalb des Ortes der Bernsteinfels. Klassisch schöner Kugelsandstein (Unterer Buntsandstein), Blockzerfall, entstanden bei der letzten größeren Hebung des Schwarzwaldes vor 5 Mio Jahren, gute Schichtung, prächtige Sicht auf die Baden-Badener Senke. Bl. 7116; R 34 55 700/H 54 08 360 (Farbbild 27).

Zu erreichen: Wanderweg (ca. 5 km) von Bernbach Kirche, von dort steil hinauf zum Mauzenstein und dann auf der Höhe zum Bernstein.

6 Loffenau: Teufelsloch am Nordhang des Grenzertkopfs; höhlenartige Nischen im bröseligen Eck'schen Konglomerat, Höhlendecke: harter Bausandstein. Großer Quelltrichter des Laufbachs, der in eine bis 30 m tiefe Schlucht ausläuft und sein Bachbett in den Forbachgranit schneidet. Bl. 7216, R 34 57 120/H 54 03 400.

Erreichbar: Fußweg vom Gipfel der Teufelsmühle (Aussichtsturm) über den Grenzertkopf, dann steiler Zickzackpfad abwärts zur Rißwasenhütte. Im oberen Drittel passiert man das Teufelsloch.

7 Birkenfeld-Gräfenhausen: Steinbruch aufgelassen. Durch den Farbwechsel gut hervorgehobener Übergangsbereich vom Plattensandstein-Röt zum Unteren Muschelkalk, sehr schöner Aufschluss, leider Privatgelände mit Freizeiteinrichtung und Verbotstafeln. Bei Anwesenheit Besitzer um Erlaubnis fragen. Bl. 7117, R 34 69 740/H 54 15 340.

An der Straßenspinne der K 4576 im Zentrum von Birkenfeld-Gräfenhausen Straße nach NE bis zum Ortsrand. Dort rechts jenseits der Siedlung in einer Obstwiese der Steinbruch

8 Königsbach: Felsiger Bahnanschnitt: Gesamtes Profil des Unteren Muschelkalks. Vom Bahndamm aus gut erkennbar die Wellenkalkformation. Darüber Mittlerer Muschelkalk: gelbliche Zellendolomite als Lesesteine im Wald. Auf dem Gipfel des Heustätt 284 m Oberer Muschelkalk als Lesesteine. Bl. 7017, R 34 71 350/H 54 25 100.

Gegenüber vom Bahnhof Königsbach an der Bahnlinie Karlsruhe – Pforzheim.

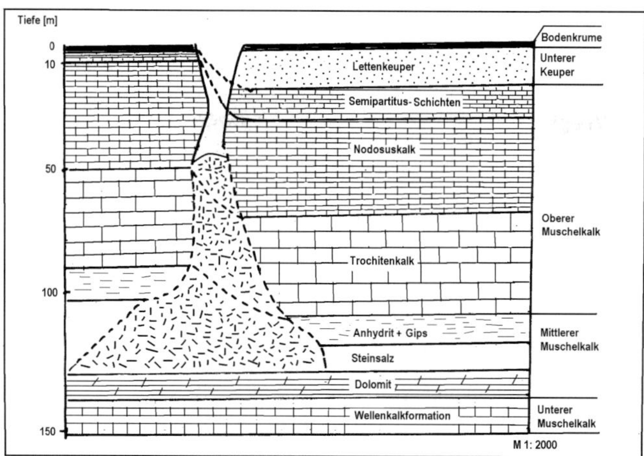

Abb. 84. Das Neue Eisinger Loch. Nach einer Informationstafel von Prof. Bartz.

9 Eisingen: Doline Altes und Neues Eisinger Loch. Das neue Eisinger Loch 14x7m brach 1966 entlang einer Verwerfungszone ein und hat eine Tiefe von 45 m. Die Kalkwände bestehen auf der einen Seite aus Nodosuskalk des Oberen Muschelkalks, auf der anderen Seite aus Lettenkeuper. Der Einbruch erfolgte nach Auslaugung der Gips- und Salzlager des Mittleren Muschelkalks. Das Pendant im Südschwarzwald ist die Doline Rosshag bei Göschweiler. Bl. 7018, R 34 78 260/H 54 23 400 (Farbbild 45).

Östlich Eisingen, zu erreichen von Göbrichen aus auf der Straße nach Ispringen. 700 m nach dem Ortsausgang 2. Feldweg rechts, nach 500 m rechts in einem Wäldchen die Doline Eisinger Loch.

10 Pforzheim-Eutingen: Ehemal. großer Steinbruch knapp oberhalb der B10 im Plattensandstein. In der Literatur werden in der 10–15 m hohen Wand 3 Violette Horizonte beschrieben, die als fossile Bodenhorizonte gedeutet wurden. Bl. 7018, R 34 81 900/H 54 19 000.

Von Pforzheim kommend auf der B10 nach Mühlacker auf der Höhe von Eutingen an Kreuzung und Ampel rechts den Fahrweg abzweigen. Steinbruch heute Übungsgelände des Schützenvereins Eutingen.

11 Pforzheim-Eutingen: Schotterwerk am Obsthof. Steinbruch (aufgelassen) im Oberen Muschelkalk. Aufgeschlossen sind Zwergfaunenschichten, Hassmersheimer Schichten, Blaukalke bis zur Trochitenbank 5. Das Steinbruchgelände ist weitgehend abgesperrt. Heute ist der Steinbruch werdende Mülldeponie, früher bekannte Fundstelle von Fossilien u. a. von ganzen Kronen der Seelilie *Encrinus liliiformis*. Bl. 7018, R 34 80 400/H 54 19 900.

Zugang: Straße Pforzheim – Kieselbronn, vor der Unterführung durch die A8 rechts zum Obsthof und Steinbruch.

12 Mühlacker-Enzberg: Schotterwerk der Fa. NSN. Steinbruch (in Betrieb) im Oberen Muschelkalk. In der ca. 50 m hohen Wand ist fast das gesamte Profil des Obe-

ren Muschelkalks bis in die Grenzregion zum Lettenkeuper aufgeschlossen: Trochitenkalk (mo1) ab Trochitenbank 8, Nodosus-Kalke (mo2) und Trigonodus-Dolomit sowie Fränkische Grenzschichten (mo3). Die Abfolge der Schichten lässt sich von der Straße aus am südlichen Rand des Steinbruchs gut erkennen. Blaugraue Schichten: Trochiten- und Nodosuskalk; gelbliche grob gebankte Schichten mit senkrechter Klüftung: Trigonodusdolomit; im obersten Teil dunkle tonige Schichten: Fränkische Grenzschichten. Für genauere Betrachtungen wird die Begehung der einzelnen Sohlen empfohlen. Typische Fossilien sind auffindbar. Zutritt mit Genehmigung der Steinbruchleitung der Fa. NSN GmbH. Tel. 07231/357895; Bl. 7018, R 34 84 660/H 54 22 800.

Zugang: NW von Enzberg an der Straße L1173 nach Ötisheim. Ausblick auf den Steinbruch von der Straße am südlichen Rand des Steinbruchs (Abzweigung zum Neubauviertel von Enzberg).

13 NW Horb-Dießen: Kalktuffablagerungen. Der Kalk stammt aus Sickerwässern im Oberen Muschelkalk, die aus Schichtquellen an wasserundurchlässigen Schichten des Mittleren Muschelkalks austreten und sich als Sinter absetzen. Der poröse Kalktuff war durch seine Isolationswirkung, gute Bearbeitbarkeit und Härte nach dem Austrocknen früher als Baustein genutzt, heute ist er eher für Steingärten sehr beliebt. Fundmöglichkeiten von eingeschlossenen Blättern und Schneckengehäusen. Bl. 7517, R 34 69 170/H 53 66 230.

Von Horb die B 14 nach Dettingen, dort rechts die L398 nach Dießen, rechts der Straße nach Dettlingen ca. 170 m vor dem Sägewerk der Kalktuff. Er ist leicht zu übersehen, da der Steinbruch ziemlich zugewachsen ist.

14 S Dettensee: Bodenloser See; kreisrunde mit Wasser gefüllte Doline im Unteren Keuper, abgedichtet durch mergelige-tonige Einschwemmungen; entstanden durch Kalklösung des liegenden Oberen Muschelkalks; Durchmesser 50 m, Feuchtbiotop. Bl. 7518, R 34 78380 /H 53 63 750.

Von Dettensee kommend nach scharfer Linkskurve in Richtung Empfingen; rechts der Forst Neckarhausen, in dem sich der bosenlose See befindet. Ein Wanderweg (ca. 700 m) führt von der Straße direkt dorthin.

15 Kappelrodeck, Ortst. Waldulm, an der Eckelshalde: Gr. Steinbruch (in Betrieb) im Oberkirchgranit. In einem stockförmigen Ganggranit wird Material für Splitt abgebaut, der auf dem Steinbruchgelände teilweise zu Asphalt und Beton weiterverarbeitet wird. Die großen Klüfte der Steinbruchwand streichen 30° und fallen 75° SE. Heute einer der wenigen von den früher 12 Granitunternehmen im Achertal in Betrieb stehenden Steinbrüchen. Betreten des Steinbruchs nur mit Genehmigung des Betreibers. Fa. Ossola GmbH, Tel.: 07842/9925-0. Bl. 7414, R 34 33 450/H 53 84 33.

Zugang: Straße Kappelrodeck – Waldulm, dann in Richtung Achern, nach 500 m links der Steinbruch.

16 Kappelrodeck, am Bürstenstein im Bobenholz: kleinerer Steinbruch (still gelegt) der Fa. „Granit- und Porphyrgesellschaft im Oberkirchgranit“. Heute befindet sich auf dem Steinbruchgelände die Forschungsstätte FSN für Sanitäranlagen. Früher für seinen Porphyrgranit berühmter Steinbruch, der vor allem Steine für Bordsteinkanten von Straßen und Treppen in zahlreichen Bahnhöfen lieferte. Der porphyroblastische Granit (Quarz 28, Kalifeldspat 34, Plagioklas 27, Biotit 10 Vol%), im Volksmund auch Schwartenmagengranit genannt, enthält große idiomorphe Orthoklaskristalle (bis 25 cm) mit Wachstumsstadien, erkenntlich an Biotitsäumen, oft bilden sie Karlsbader Zwillinge, sowie ovale dunkle Paragneiseinschlüsse, im Volksmund Mäuse genannt. Die Orthoklaskristalle sind manchmal in Einschlüsse

hineingewachsen. Porphyrische Textur, entstanden durch spätmagmatische Kalifeldspat-Porphyroblastese. Früher schöne Exemplare von Granitporphyren auf der Abraumhalde, heute eher an den Zyklopenmauern auf dem Weg zum Steinbruch zu studieren. Bl. 7414, R 34 35 240/H 53 81 980.

Zugang: Kappelrodeck, an der Kirche hoch und den Felsenweg (Fahrweg bis zum Steinbruch) hinauf zum Bobenholz und Bürstenstein.

17 Alpirsbach Ortsteil Rötenbach: Großer Steinbruch (aufgelassen): Nördlicher Ausläufer des Triberger Granits (Biotitgranit), durchschlagen von Granitporphyrgängen, im Hangenden bunte Schichtung des Rotliegend Deckgebirges. Kobalt-Silber-Wismut-Vererzung, Früher Fundstelle von Kobaltmineralien, Turmalinen und Aragonitkristallen auf den Klüften und von rotem Karneol aus dem Deckgebirge. Bl. 7616, R 34 55 740/H 53 55 390.

Von Alpirsbach kommend in Rötenbach Abzweigung links, dann die Straße an Kirche vorbei hinauf zum Steinbruch. Im Steinbruch wird noch teilweise gearbeitet (Ablage von Bauschutt). Betreten, Durchgang und Müllablage verboten!!

18 Haslach, Urenkopf: Steinbruch „Vulkan" (aufgelassen). Früher wurde hier eine große Amphibolitlinse (1 km lang, 50 m mächtig) ober- und unterirdisch in Stollen abgebaut. Der hier vorkommende Amphibolit ist ein massiges, sehr festes Orthogestein, entstanden durch Metamorphose wahrscheinlich von Gabbro. Er ist von grünlicher Färbung und besteht aus grünlicher Hornblende, untergeordnet Plagioklas, gefolgt von Biotit und Diopsid, selten Granat. Berühmt wurde der Steinbruch durch seine schönen Pektolith-, Datolith-, Prehnit und Aktinolithstufen, vertreten in alten Sammlungen und im Mineralienmuseum Oberwolfach. Heute ist der Steinbruch Mülldeponie und Schießplatz für den Schützenverein, weiterhin beherbergt er eine NS-Gedenkstätte an das frühere Arbeitslager. Auf dem Weg vom Eingang der Mülldeponie zur NS-Gedenkstätte kann man u. a. noch Amphibolithandstücke finden. Bl. 7714; R 34 34 210/H 53 47 960.

Von Haslach B 294 nach Mühlenbach; etwa auf halbem Weg links Abzweigung zur Mülldeponie und der Gedenkstätte.

19 1,2 km N des Brendgipfels (1149 m) die Günterfelsen, eine eindrucksvolle fortgeschrittene Wollsackverwitterung des Triberger Granits, Bl. 7914, R 34 36 980/H 53 28 280 (Farbbild 5).

Straße von Furtwangen hinauf zum Gipfel des Brend. Dort Parkplatz und Restaurant. Wanderweg in Richtung Norden zur Martinskapelle. Nach 1,5 km die „Wollsäcke" des Günterfelsens.

20 Hirzwald am Kesselberg zwischen Triberg und St. Georgen südl. Nußbach, Steinbruch Hirzwald (aufgelassen): Porphyrtuff, durch Fe-Lösungen gelbbraun bis rötlich gefärbt und durch hydrothermale SiO_2-Lösungen der Kesselbergverwerfung überprägt. Er wurde für Straßenschotter abgebaut. Im Hangenden geröllführende Sand- und Tonsteine des Unterrotliegend. Heute Mülldeponie, Steinbruch zugeschüttet. Auf dem Deponiegelände sind noch häufig rötlichbraune glimmerreiche Sandsteine des Unterrotliegend, hin und wieder auch verkieselter Porphyrtuff zu finden.

Auf der Landstraße von Brigach kommend auf der Höhe der Gaststätte Hirzwald Fahrweg nach rechts in den Wald einbiegen, nach 200 m verschlossenes Eingangstor mit Verbotstafel zur Deponie. Bl. 7815; R 34 45 770/H 53 29 890.

21 Döggingen: Steinbruch (aufgelassen); 20 m hohe Wand aus rötlichen, grünlichen, grauen Tonmergelsteinen und weißlichen Gips- und Anhydrithorizonten der Gipskeuperformation km1; Klopf- und Picknickplatz; Gips meist weißliche feinkörnige Scherben, auf Klüften Fasergips; Bl. 8116; R 34 56 870/H 53 06 000.

Landstraße (nicht Bundesstraße) von Döggingen nach Unadingen. Nach der Unterführung durch die Bundesstraße vor scharfer Rechtskurve links der Steinbruch u. Picknickplatz schräg gegenüber dem Posthaus am Eingang zum Gutachtal.

22 E Blumberg, NE Randen: Blauer Stein, Ausläufer des Hegauvulkanismus. Abbaurest einer Basaltdecke: Basaltsäulen 10 m hoch, 2 m dick Melilith-Nephelinit. Bl. 8117, R 34 69 980/H 52 98 830.

Fahrstraße von Randen nach Riedöschingen, nach 600 m am Beginn des Waldes zweigt rechts ein Forstweg ab, der nach 1,5 km zum Blauen Stein führt.

23 Rohrbachtal N Stühlingen: Kalktuffbildungen im Oberen Muschelkalk Bl. 8216 R 34 58 270/H 52 94 340.

Straße Lembach – Weizen, etwa auf halbem Weg rechts der ehemalige Steinbruch.

24 Grimmelshofen: Kalkschotterwerk, Steinbruch (in Betrieb) im Oberen Muschelkalk. In Klüften hervorragende Stufen mit Kalzitskalenoedern beträchtlicher Größe. Exponate befinden sich in zahlreichen Mineralienmuseen. Deshalb ist der Steinbruch bei Sammlervereinen sehr beliebt. Fundmöglichkeit gegeben. Sammeln und Betreten des Steinbruchsgelände nur mit Genehmigung der Betriebsleitung: Johann Wintermantel Verwaltungs-GmbH, Pfohrer Str. 52, 78166 Donaueschingen, Tel. 0771/832240. Bl. 8216, R 34 63 870/H 52 94 757.

Von Grimmelshofen die B 314 nach Fützen. Nach 1,5 km rechts der Steinbruch.

25 NE Göschweiler: Doline Rosshag, eine 40 m tiefer Erdfall mit einem Durchmesser von 20 m. Sie brach 1954 ein und fällt nahezu senkrecht ab. Die obere sichtbare Wand besteht aus massigem Trigonodusdolomit, darunter liegen Plattenkalke. Im Schluckloch befindet sich eine Schachthöhle. Die Doline entstand durch Auslaugung des Gipslagers im Mittleren Muschelkalk und durch den Einbruch der darüber liegenden, relativ dünnen Decke aus Oberem Muschelkalk. Bl. 8115, R 34 49 670/H53 02 880.

Von Göschweiler die L 170 in Richtung Löffingen. Nach dem Friedhöf Göschweiler (nicht am Friedhof!) den Fahrweg rechts ab bis die geteerte Trasse aufhört. Links befindet sich eine kleine Doline. Dann Fußweg links hinauf zu dem kleinen Wäldchen. Innerhalb dieses Wäldchens eine größere Doline und am Weg eingezäunt die Doline Rosshag. Einzäunung kann überstiegen werden, um besser in die Doline einzusehen, aber Vorsicht Absturzgefahr!

26 Zastlerhütte unterhalb des Feldbergs: Rundhöcker, charakteristisch der breite Rücken auf der Leeseite und der Felsabbruch auf der Luvseite.Bl. 8114 R 34 25 760/H 53 04 900 (Farbbild 39).

Fußweg (4,5 km): Feldberger Hof – Seebuck – Wetterwarte – Zastler Hütte. Fahrweg: Bärental – Hinterbärental, Abzw. rechts – Rinken – Zastler Hütte.

27 Schauinsland: Migmatite der Gneiseinheit 1 mit Quarz, Plagioklas, Alkalifeldspat, untergeordnet Cordierit, Granat und Sillimanit. Bl. 8013, R 34 19 191/H 53 07 560 (Farbbild 11).

Straße L 126 von Notschrei nach Oberried: Auf halbem Weg Straßenanschnitt und Felsen oberhalb und unterhalb des Steinwasenparks (Wild- + Freizeitpark). Dort Parkplatz. (Restaurant nur für Wildparkbesucher!).

28 Sitzenkirch-Käsacker: Steinbruch (im Betrieb) im Malsburg Granit. Mittelkörniger Biotitgranit mit Kalifeldspateinsprenglingen. Betreten des Betriebsgeländes nur bei Genehmigung der Fa. Barth GmbH, Tel. 07626/7155. Bl. 8212, R 34 01 960/H 52 91 910.

Straße Kandern – Sitzenkirch – Käsacker.

29 Ringsheim Vorbergzone, ehem. bis 1969 betriebene Eisenerzgrube am Kahlenberg, abgebaut wurden Eisenerzlager der Murchisonaeoolith-Formation des Braunjura β. Heute größtenteils Mülldeponie, trotzdem sind noch Bereiche des Erzlagers und der hangenden Schichten des Doggers γ bis ε erhalten geblieben. Fundmöglichkeiten von Fossilien und Eisenerzen. Bl. 7712, R 34 09 800/H 53 45 300.

Auffahrt von Ringsheim zur Mülldeponie. Um die Mülldeponie herum genügend Aufschlüsse mit Eisenerzen und Fossilien.

Geologische Karten

Geologische Schulkarte von Baden-Württemberg 1:1.000.000 (GSCH 1000) mit Erläuterungen; 12., überarbeitete Auflage; LGRB, Freiburg i. Br., 1998.

Geologische Übersichtskarte von Baden-Württemberg 1:500.000 (GÜ 500) ohne Erläuterungen; 2., ergänzte Auflage; LGRB, Freiburg i. Br., 1998.

Geologische Übersichtskarte von Baden-Württemberg 1:350.000 (GWÜ 350) auf CD-ROM ohne Erl; Geologie, Hydrologie, Rohstoffgeologie, Bodenkunde, Karten des Erdbebendienstes; LGRB, Freiburg i. Br., 1998.

Geologische Übersichtskarte von Baden-Württemberg 1:200.000 (GÜ 200) auf 4 Blättern ohne Erläuterungen (westlicher Schwarzwald nicht inbegriffen); LGRB, Freiburg, i. Br., 1962.

Geologische Übersichtskarte von Deutschland 1:200.000 (GÜK 200); Hrsg. v. d. Bundesanstalt f. Geowissenschaften u. Rohstoffe, Hannover.

Blatt CC 7110 Mannheim (1986); Blatt CC 7118 Stuttgart N (1983); Blatt CC 7918 Stuttgart S (2002); Blatt CC 7910 Freiburg N (1994); Blatt CC 8710 Freiburg S

Geologische Karten GK 25
1 : 25.000 des Schwarzwaldes

7314 Bühl: kartiert nach 1950
7315 Bühlertal: kartiert vor 1950

					7016 Karlsruhe Süd	7017 Pfinztal	7018 Pforzheim Nord
				7115 Rastatt	7116 Malsch	7117 Birkenfeld	7118 Pforzheim Süd
				7215 Baden-Baden	7216 Gernsbach	7217 Bad Wildbad	7218 Calw
			7314 Bühl	7315 Bühlertal	7316 Forbach	7317 Neuweiler	7318 Wildberg
			7414 Oberkirch	7415 Seebach	7416 Baiersbronn	7417 Altensteig	7418 Nagold
		7513 Offenburg	7514 Gengenbach	7515 Oppenau	7516 Freudenstadt	7517 Dornstetten	7518 Horb
	7612 Lahr West	*7613 Lahr Ost*	7614 Zell	7615 Wolfach	7616 Alpirsbach	7617 Sulz	
	7712 Ettenheim	*7713 Schuttertal*	7714 Haslach	7715 Hornberg	7716 Schramberg	7717 Oberndorf	
	7812 Kenzingen	*7813 Emmendingen*	7814 Elzach	7815 Triberg	7816 St.Georgen	7817 Rottweil	
	7912 Freiburg NW	*7913 Freibug NE*	*7914 St. Peter*	7915 Furtwangen	7916 Villingen-Schwenn.		
	8012 Freiburg SW	*8013* Freiburg SE	*8014 Hinterzarten*	8015 Titisee-Neustadt	8016 Donaueschingen		
8111 Müllheim	*8112 Staufen*	*8113 Todtnau*	*8114 Feldberg*	*8115 Lenzkirch*	8116 Löffingen	8117 Blumberg	
8211 Kandern	*8212 Malsburg-Marzell*	*8213 Zell im Wiesental*	*8214 St. Blasien*	*8215 Ühlingen-Birkendorf*	8216 Stühlingen		
8311 Lörrach	*8312 Schopfheim*	*8313 Wehr*	*8314 Görwihl*	*8315 Waldshut-Tiengen*			
8411 Weil am Rhein	*8412 Rheinfelden*	*8413 Bad Säckingen*	*8414 Laufenburg*				

Abb. 85. Geologische Karten (GK 25) 1:25:000 von Baden-Württemberg. Aus dem Verz. „Geowiss. Karten und Schriften" des LGRB, Freiburg i. Br. (2003).

(2002); Blatt 8718 Konstanz (1991); (zu beziehen bei: GeoCenter, Schockenriedstr. 44, 70565 Stuttgart, Germany oder per e-mail: vertrieb@geocenter.de).

Bodenübersichtskarte von Baden-Württemberg 1:200.000 (BÜK 200). Gedruckte Ausg. auf 6 Blätter oder digitale Ausg. Mit tab. Erläuterungen; LGRB, Freiburg i. Br., 1993–95.

Geotouristische Karte von Baden-Württemberg: Schwarzwald und Umgebung 1:200.000 mit Erläuterungen von T. Huth & B. Junker; LGRB, Freiburg i. Br., 2004.

Geologische Karte von Baden-Württemberg 1:50.000 (GK50) mit Erläuterungen, LGRB, Freiburg i. Br.

- Freiburg i. Br. und Umgebung mit Erläuterungen, 3., ergänzte Auflage, 1996.
- Hegau und westlicher Bodensee mit Erläuterungen von A. Schreiner; 3., überarbeitete Auflage, 1992.
- Vulkane im Hegau; topographische und geologische Karte; 2 Broschüren von M. Geyer, 2003.

Geologische Karte der Badenweiler-Lenzkirch-Zone 1:50.000 (GBLZ 50) mit Erläuterungen v. G. Sawatzki & H.P. Hann; 2., überarb. Ausgabe 2003.

Geologische Exkursionskarte des Kaiserstuhls 1:25.000 (GK25Ka) mit Erläuterungen von W. Wimmenauer; 5. Aufl.; LGRB, Freiburg i. Br., 2003.

Vertrieb Landesvermessungsamt Baden-Württemberg, Stuttgart: Geo.

Vertrieb Landesamt für Geologie, Rohstoffe und Bergbau Baden-Württemberg, Freiburg i. Br.: Geo.

Internetadressen

Exkursionen

Geologie des Limbergs (Kaiserstuhl)	www.lehrpfad.de
Geologie der Wutachschlucht	www.wutachschlucht.de
Geotourismus Baden-Württemberg	www.geotourist-freiburg.de

Fachzeitschriften

Aufschluss: Zeitschrift der Freunde der Mineralogie und Geologie	www.vfmg.de
Lapis: Mineralienmagazin des Chr. Weise Verlags München	www.lapis.de

Informationen Geologie, Bergbau

Bergbau im Schwarzwald	www.bergbau-schwarzwald.de
Geologie und Entstehung des Oberrheingrabens	www.oberrheingraben.de
Netzwerk Erdgeschichte Baden-Württemberg	www.erdgeschichte.de
Geologie Südschwarzwald und Bergbau	www.frsw.de/geologie

Institutionen

Landesamt für Geologie, Rohstoffe und Bergbau Baden-Württemberg (LGRB)	www.lgrb.uni-freiburg.de
Landesvermessungsamt Baden-Württemberg	www.lv-bw.de
Naturpark Schwarzwald Mitte/Nord	www.naturparkschwarzwald.de
Naturpark Südschwarzwald	www.naturpark-suedschwarzwald.de
Naturschutzzentren Baden-Württemberg	www.naturschutzzentren-bw.de
Oberrheinischer Geologischer Verein e.V.	www.ogv-online.de
Schwarzwaldverein e.V.	www.schwarzwaldverein.de
Verband Deutscher Naturparke	www.naturparke.de
Vereinigung der Freunde der Mineralogie und Geologie e. V. (VFMG)	www.vfmg.de

Mineralien

Alles über Goldsuche am Oberrhein	www.goldsucher.de
Mineralien der Grube Clara	www.clara-mineralien.de
Fundstellen von Mineralien	www.mineralienhalde.de
Mineralienbörsen	www.mineralienbörsen.com
Verkauf u. a. von Schwarzwaldmineralien	www.mg-mineralien-fossilien.de

Mineralien, Arbeitsgeräte und Bücher

Kristalldruse München	www.kristalldruse.de
Rheinisches Mineralienkontor GmbH & Co.KG	www.krantz-online.de

Museen

Landesbergbaumuseum in Sulzburg	www.sulzburg.de
Mineralienmuseum in Neubulach	www.neubulach.de
Mineralienmuseum in Oberwolfach	www.mineralienmuseum.de
Mineralienmuseum in Pforzheim	www.schmuckwelten.de
Staatliches Museum für Naturkunde in Karlsruhe	www.naturkundemuseum-karlsruhe.de

Literaturverzeichnis

Achstetter, M. (2007): Aus Hornberg im Schwarzwald: Aquamarin in Edelsteinqualität und weitere Neufunde. – Lapis **32**, 9: 13–21.

Agricola, G. (2006): De Re Metallica Libri XII; Zwölf Bücher vom Berg- und Hüttenwesen. [Erstausg. in dt. Sprache Basel 1557] – Marix, Wiesbaden, 574 S.

Alesi, E.J. (1984): Der Trigonodus-Dolomit im Oberen Muschelkalk von SW-Deutschland. – Arb. Inst. Geol. Pal., Univ. Stuttgart, N. F. **79**, 136 S.

Al-Khayat, G. (1976): Die stoffliche Entwicklung der Nordschwarzwälder Granite. – Diss. TH, Karlsruhe.

Arikas, K. (1986): Geochemie und Petrologie der permischen Rhyolithe in Südwestdeutschland (Saar-Nahe-Pfalz-Gebiet, Odenwald, Schwarzwald) und in den Vogesen. – Pollichia-Buch, Bad Dürkheim, 322 S.

Bässler, R. (2007): Alle Räder stehen still. – In: Die Zeit **21**: 13.

Baumgärtl, U. & Burow, J. (2003): Grube Clara. – Der Aufschluss **54**: 272–404.

Behr, H.J. & Gerler, J. (1987): Inclusions of sedimentary brines in post-Variscan mineralizations in the Federal Republic of Germany – a study by neutron activations analysis – Chem. Geol. **61**: 65–77.

Bender, K. (1995): Herkunft und Entstehung der Mineral- und Thermalwässer im nördlichen Schwarzwald. – Heidelberger Geowiss. Abh. **85**, Heidelberg, 145 S.

Berke, M. (2007): Natur erleben: Baden-Württemberg. Touren, Tipps u. Informationen. – Klartext Verlagsges., Essen, 238 S.

Bliedtner, M. & Martin, M. (1986): Erz- und Minerallagerstätten des mittleren Schwarzwaldes: eine bergbaugeschichtliche und lagerstättenkundliche Darstellung. – Geologisches Landesamt Baden-Württemberg, Freiburg i. Br., 786 S.

Boigk, H. (1981): Erdöl und Erdgas in der Bundesrepublik Deutschland: Erdölprovinzen, Felder, Förderung, Vorräte, Lagerstättentechnik. – Enke, Stuttgart, X, 330 S.

Büsch, W., Matthes, S., Mehnert, K.R. & Schubert, W. (1980): Zur genetischen Deutung der Kinzigite im Schwarzwald und Odenwald. – N. Jb. Miner. Abh. **137**: 223–256.

Burgath, K., Mohr, M., Drozak, J. & Klimansky, M. (1987): Origin of Metamorphic Peridotites and Amphibolites in the Central Schwarzwald. – Terra cognita **7**, 168.

Carlé, W. (1975): Die Mineral- und Thermalwässer von Mitteleuropa. Geologie, Chemismus, Genese. – Wissenschaftliche Verlagsgesellschaft, Stuttgart, 643 S.

Chen, F., Hegner, E., Hann H.P. & Todt, W. (1999): Zircon age constraints on nappe emplacement and Variscan plate convergence in the Moldanubian Zone of the Black Forest. – Terra nostra **99**: 67–68.

Chen, F., Hegner, E. & Todt, W. (2000): Zircon ages and ND isotopic and chemical compositions of orthogneisses from the Black Forest, Germany: evidence for a Cambrian magmatic arc. – Int. J. of Earth Sci **88**: 791–802.

Cloos, H. (1939): Hebung – Spaltung – Vulkanismus. Elemente einer geometrischen Analyse irdischer Grossformen. – Geol. Rundschau **30**: 401–527.

– (1947): Gespräch mit der Erde. Welt- und Lebensfahrt eines Geologen. – Piper, München. 409 S.

– (1968): Gespräch mit der Erde. Welt- und Lebensfahrt eines Geologen. – Piper, München, S. 259.

Dachroth, W. (1976): Gesteinsmagnetische Marken im Perm Mitteleuropas. – Geol. Jb. **E 10**, 3–63.

Deecke, W. (1932): Geologie rechts und links der Eisenbahnen im Schwarzwald; Geol.-geogr. Wanderungen im Schwarzwald. – Selbstverlag des Bad. Schwarzwaldvereins, Freiburg i. Br., 175 S.

Dennert, V. & König, H. (1988): Der Bergbau im Kinzigtal. Dargestellt in ausgewählten Bergwerksplänen des Fürstlich Fürstenbergischen Archivs Donaueschingen. – Ausstellungskatalog Landesbergbaumuseum, Sulzburg, 12 S.

Dierßen, B. & Dierßen, K. (1984): Vegetation und Flora der Schwarzwaldmoore. Hrsg. v. d. Landesanstalt für Umweltschutz. – Beih. Veröff. Naturschutz Landschaftspflege Bad.-Württ. **39**, Karlsruhe, 520 S.

Dreier, F. (2000): Uran – Die Uranlagerstätte Menzenschwand im Schwarzwald. – CD ROM.

Dümmel, K.-H. (2005): Neubulach im Schwarzwald. Silber oder Blaufarbe? Ein Bergbau mit vielfältigen Mineralien. – Lapis **11**: 13–29.

Eck, H. von (1875): Zur Gliederung des Buntsandsteins. – N. Jb. Min. Geol. Pal., Stuttgart.

– (1892): Geognostische Beschreibung der Gegend von Baden-Baden, Rothenfels, Gernsbach und Herrenalb. – Abh. d. preuß. geol. Landesanstalt N.F. **6**, Berlin, I–XLVI, 686 S.

Eissele, K. (1966): Zur Gliederung des Nordschwarzwälder Buntsandsteins. – Jber. u. Mitt. oberrhein. geol. Ver., N.F. **48**: 143–158.

Emmermann, R. & Wohlenberg, J. (1989): The German continental deep drilling program (KTB). Site-selection Studies in the Oberpfalz and Schwarzwald. – Springer, Berlin, 553 pp.

Engelhardt, W. von (1965): Neuere Untersuchungen über den Hegau-Vulkanismus. – Jber. u. Mitt. oberrh. geol. Ver., N.F. **47**: 139–152.

Engelhardt, W. von & Weiskirchner, W. (1963): Einführung zu den Exkursionen der deutschen Mineralogischen Gesellschaft zu den Vulkanschloten der Schwäbischen Alb und in den Hegau. – Fortschr. Mineral. **40**: 5–28.

Falkenstein; F. (2007): Über die Nickelschürfer, Vitriolsieder und Serpentinschleifer von Todtmoos im Südschwarzwald. – Der Aufschluss **2**: 65–84.

Flöttmann, T. & Kleinschmidt, G. (1989): Structural and basement evolution in the Central Schwarzwald Gneiss Complex. – In: Emmermann, R. & Wohlenberg, J. (eds.): The German continental deep drilling program (KTB). – Springer, Berlin/Heidelberg: 265–275.

Franzke, H.J. & Werner, W. (1994): Wie beeinflusste die Tektonik des Kristallins und des Rheintalgrabens die hydrothermale Mineralisation der Gangstrukturen des Schwarzwalds? – Abh. Geol. Landesamt Baden-Württemberg **14**: 99–118.

Frisch, W. & Loeschke, J. (1986): Plattentektonik. – Wissenschaftliche Buchgesellschaft, Darmstadt, 242 S.

Gassmann, G. (1996): Neue Forschungen zur keltischen Eisenproduktion in Süddeutschland.– In: Landesdenkmalamt Baden-Württemberg et al. (Hrsg.): Archäologische Ausgrabungen in Baden-Württemberg. – Theiss, Stuttgart: 94–100.

Gassmann, G. Hauptmann, A. & Hübner, C. (2005): Forschungen zur keltischen Eisenverhüttung in Südwestdeutschland. In: Landesdenkmalamt Baden-Württemberg

(Hrsg.): Forschungen und Berichte zur Vor- und Frühgeschichte in Baden-Württemberg, 92. – Theiss, Stuttgart, 168 S.

Gehlen, K. von, Kleinschmidt, G., Stenger, R., Wilhelm, H. & Wimmenauer, W. (1986): Kontinentales Tiefbohrprogramm der BRD, Ergebnisse der Vorerkundungsarbeiten, Lokation Schwarzwald. 2. KTB-Kolloqium Seeheim/Odenwald, 19.–21.9.1986. – Berlin, 160 S.

Gemeinde Baiersbronn (1999): Die ehemalige Grube Untere Sophia. – Baiersbronn, 48 S.

Gemeinde Hasel (2005): Ein Begleiter durch die Erdmannshöhle– Hasel, 49 S.

Geyer, M. (2003): Vulkane im Hegau. Geologische Streifzüge durch den Hegau, am westlichen Bodensee und der angrenzenden Schweiz. 4 Teile: 1 Geol. Führer; 1 tourist. Führer; 1 topogr. Karte 1:50.000; 1 geol. Karte 1:50.000. – Landesvermessungsamt Baden-Württemberg, Stuttgart, 110, 72 S.

Geyer, O.F. & Gwinner, M.P. (1964): Einführung in die Geologie von Baden-Württemberg. 1. Aufl. – E. Schweizerbart'sche Verlagsbuchhandlung, Stuttgart, VIII, 223 S.

– (1991): Geologie von Baden-Württemberg. 4. Aufl. – E. Schweizerbart'sche Verlagsbuchhandlung, Stuttgart, VIII, 482 S.

Goldenberg, G., Otto, J. & Steuer, H. (1996): Archäometallurgische Untersuchungen zum Metallhüttenwesen im Schwarzwald. – Archäologie und Geschichte 8, Thorbecke Verlag, Sigmaringen, 336 S.

Gruber, J. & Kirgus, P (2009): Bergbau im Kinzigtal: Eine Zusammenfassung über seine Entstehung, Geschichte und Bedeutung in der Gegenwart. Hrsg. Rotary Club, Horb. 1. Aufl. – Horb, Frieder Werth, 118 S.

Güldenpfennig, M. (1997): Geol. Neuaufnahme der Zone von Badenweiler-Lenzkirch (Südschwarzwald) unter besonderer Berücksichtigung unterkarbonischer Vulkanite und Grauwacken. – Tübinger geowiss. Arbeiten (TGA), Reihe A **32**; 120 S.

– (1998): Zur geotektonischen Stellung unterkarbonischer Grauwacken und Vulkanite der Zone von Badenweiler-Lenzkirch (Südschwarzwald). – Z. dt. geol. Ges. **149**: 213–232.

Günter, W. (1996): Im Tal der Hämmer, Erlebnispfad 2. – Baiersbronn, Fbl.

Hahn, W. (1988): Erd- und Landschaftsgeschichte: Der Jura. – In: Landesanstalt für Umweltschutz (Hrsg.): Die Wutach. Naturkundliche Monographie einer Flusslandschaft, [unveränd. Nachdruck]. – Die Natur- und Landschaftsschutzgebiete Baden-Württembergs **6**, Karlsruhe: 117–133.

Hanel, M., Lippolt, H.J., Kober, B. & Wimmenauer, W. (1993): Lower Carboniferous granulites in the Schwarzwald basement near Hohengeroldseck (SW-Germany). – Naturwissenschaften **80**: 25–28.

Hanel, M., Montenari, M. & Kalt, A. (1999): Determining sedimentation ages of high-grade metamorphic gneisses and their palynological record: a case study in the northern Schwarzwald (Variscan Belt, Germany). – Int. J. Earth Sci. **88**: 49–59.

Hanle, A. (1989a): Nordschwarzwald. Hrsg. vom geogr.-kartogr. Inst. Meyer. – Meyers Naturführer. Meyers Lexikonverlag, Mannheim, 100 S.

Hanle, A. (1989b): Südschwarzwald. Hrsg. v. geogr.-kartogr. Inst. Meyer. – Meyers Naturführer. Meyers Lexikonverlag, Mannheim, 100 S.

Hann, H.P. & Sawatzki, G. (1998): Deckenbau und Sedimentationsalter im Grundgebirge des Südschwarzwaldes, SW-Deutschland. – Z. dt. geol. Ges. **149**: 183–195.

–, (2000): Neue Daten zur Tektonik des Südschwarzwaldes. – Jber. u. Mitt. Oberrhein. Geol. Ver. N. F. **82**: 363–376.

Hebestreit, C. (1999): Wutach- und Feldbergregion. Ein geologischer Führer. – Enke, Stuttgart, 144 S.

Henglein, M. (1924): Erz- und Mineralstätten des Schwarzwalds. – E. Schweizerbart'sche Verlagsbuchhandlung, Stuttgart, VIII, 196 S.

Hess, J.C., Hanel, M., Arnold, M., Gaiser, A., Prowatke, S., Stadler, S. & Kober, B. (2000): Variscan magmatism in the northern part of the Moldanubian Vosges and Schwarzwald. Ages of intrusion and cooling history. – Berichte der Deutschen Mineralogischen Gesellschaft, Beih. z. Eur. J. Mineral **12**: 79.

Hinderer, M. (1995): Simulation langfristiger Trends der Boden- und Grundwasserversauerung im Buntsandstein – Schwarzwald auf der Grundlage langjähriger Stoffbilanzen. – Diss. Geol. Pal. Inst. d. Univ. Tübingen, VII,175 S.

Hofmann, A. & Köhler, H. (1973): Whole rock Rb-Sr ages of anatectic gneisses from Schwarzwald, SW Germany. – N. Jb. Miner. Abh. **119**: 163–187.

Hörth, Joachim (2008): Bibliographie der mineralogischen, bergbaulichen und geologischen Literatur vom Hegau, Schwarzwald, Oberrheinebene, Kaiserstuhl und Vogesen. – Bühl, CD-ROM.

Huber, W. (2004): Eisenerz im Schwarzwald. Röchling und der Doggererzabbau in Blumberg. Völklingen. – Schriftenreihe der Initiative Völklinger Hütte e.V. **2**, Völklingen.

Huck, K. (1984): Die Beziehung zwischen Tektonik und Paragenese unter Berücksichtigung geochemischer Kriterien in der Fluss- und Schwerspatlagerstätte „Clara" bei Oberwolfach/Schwarzwald. – Diss. der Uni Heidelberg, 177 S., 20 Ktn.

Huth, T. (2002): Erlebnis Geologie. Besucherbergwerke, Höhlen, Museen und Lehrpfade in Baden-Württemberg. – Landesamt für Geologie, Rohstoffe und Bergbau Baden-Württemberg, Freiburg i.Br., 472 S.

Huth, T. & Junker, B. (2004): Geotouristische Karte von Baden-Württemberg: Schwarzwald und Umgebung 1: 200.000. Mit Erläuterungen. – LGRB, Freiburg i. Br., 437 S.

Hüttner, R. (1992): Bau und Entwicklung des Oberrheingrabens – ein Überblick mit historischer Rückschau. – In: Haenel, R. & Werner, J. (Hrsg.): Festschrift zum 65. Geburtstag von Joachim Homilius. – Bundesanstalt für Geowissenschaften und Rohstoffe, Hannover, Geol. Jb. **E 48**: 17–42.

Hüttner, R. & Wimmenauer, W. (1967): Erläuterungen zu Blatt 8013 Freiburg – Geol. Karte Baden-Württemberg 1:25.000. – Landesvermessungsamt Baden-Württemberg, Stuttgart, 159 S.

Illies, H. (1965): Bauplan und Baugeschichte des Oberrheingrabens. Ein Beitrag zum „Upper Mantle Project". – Oberrhein. geol. Abh. **14**: 1–54.

– (1974): Intra-Plattentektonik in Mitteleuropa und der Rheingraben. – Oberrhein. geol. Abh. **23**: 1–24.

Jechalik, R. (1991): Hydrogeologische und hydrochemische Untersuchungen zur Beschaffenheit des Grundwassers im Buntsandstein des Nordschwarzwalds. – Dipl.-Arb. Geol. Pal. Inst. Univ. Tübingen [unveröffentl.], Tübingen.

Kalt, A., Grauert, B. & Baumann, A. (1994): Rb-Sr and U-Pb isotope studies on migmatites from the Schwarzwald (Germany): constraints on isotopic resetting during Variscan high-temperature metamorphism. – J. metam. Geol. **12**. 667–680.

Kalt, A., Hanel, M., Schleicher, H. & Kramm, U. (1994): Petrology and geochronology of eclogites from the Variscan Schwarzwald (F.R.G.). – Contrib. Mineral. Petrol. **115**: 287–302.

Kalt, A., Altherr, R. & Hanel, M.: (2000): The variscan Basement of the Schwarzwald. – Berichte der Deutschen Mineralogischen Gesellschaft, Beih. 2 z. Eur. J. Mineral **12**: 1– 43.

Keller, J. (1978): Karbonatitische Schmelzen im Oberflächenvulkanismus des Kaiserstuhls. – Fortschr. Miner. **56**/1: 58.

– (1984): Der jungtertiäre Vulkanismus Südwestdeutschlands. Exkursionen im Kaiserstuhl und Hegau. – Fortschr. Min. **62**/2: 2–35.

Kim, Jin-Seop (1985): Petrologie und Geochemie der tephritischen Gesteine im Kaiserstuhl (einschl. Vergleichen mit deren intrusiven Äquivalenten). – Diss. Uni Freiburg i. Br.,187 S.

Kirwald, E. (1984): Wald, Wasser und Gewässer. – In: Liehl, E. & Sick, W.D. (Hrsg.): Der Schwarzwald: Beiträge zur Landeskunde, 3. Aufl. – Konkordia Bühl/Baden: 191–225.

Klein, H. & Wimmenauer, W. (1984): Eclogites and their retrograde transformation in the Schwarzwald (Fed. Rep. Germany). – N. Jb. Mineral. Mh. **1984**: 25–38.

Kober, B. (1986): Whole-grain evaporation for $^{207}Pb/^{206}Pb$-age-investigations on single zircons using a double filament thermal ion source. – Contrib. Mineral. Petrol. **93**: 482–490.

– (1987): Single-zircon evaporation combined with Pb^{+} emitter bedding for $^{207}Pb/^{206}Pb$-age investigations using thermal ion mass spectrometry, and implications for zirconology. – Contr. Mineral. Petrol. **96**: 63–71.

Kober, B., Hanel, M., Pidgeon, R.T. & Kalt, A. (2000): Episodes of pre-Variscan sedimentation, constrained by SHRIMP and Pb evaporation dating of single zircons from metasediments of the Schwarzwald (Germany). – Berichte der Deutschen Mineralogischen Gesellschaft, Beih. z. Eur. J. Mineral **12**: 99.

Körner, U., Maus, H. & Ohmert, W. (1990): Geologischer Wanderweg am Rheingraben-Rand von Badenweiler nach Britzingen. – Geologisches Landesamt Baden-Württemberg, Freiburg i. Br.

Kossmat, F. (1927): Gliederung des varistischen Gebirgsbaues. – Abh. Sächs. Geol. L.-A. 1, Leipzig, 1–39.

Kröll, U. (1994): Glaskunst im Schwarzwald. Von Glashütten, Alchemisten und schönen Gläsern. – Waldkircher Verlag, Waldkirchen, 167 S.

Lämmlin, I. (1981): Petrographische und geochemische Untersuchungen im Gneisgebiet des Südschwarzwalds. – Diss. Uni Freiburg; Freiburg i. Br., 157 S.

Landesanstalt für Umweltschutz Baden-Württemberg (1987): Naturschutzgebiet Limberg am Kaiserstuhl: Begleiter zum wissenschaftlichen Lehrpfad bei Sasbach am Rhein, 2. Aufl. – Führer durch Natur- und Landschaftsschutzgebiete Baden-Württemberg **2**, Karlsruhe, 268, 84 S.

Lederle, R. (1987): Vom Bergbau. Eine kleine Materialiensammlung zur Geschichte des Bergbaus im Schwarzwald. – Todtnau, 32 S.

Lehnes, P. & Tochtermann, B. (2001): Pfad ins Erdaltertum – Heiße Lava, kühle Tiefen und Riesenlurche. – Gemeindeverwaltungsverband Schönau (Hrsg.): Entdeckungspfade Belchenland und Wieden. – Schönau, 32 S.

Lepper, C. (1980): Die Goldwäscherei am Rhein: Geschichte und Technik, Münzen und Medaillen aus Rheingold. – Geschichtsblätter Kreis Bergstrasse; Sonderbd. **3**; Laurissa, Lorch, 205 S.

Lepper, J. (1993): Beschlüsse zur Festlegung der lithostratigraphischen Grenzen Zechstein/Buntsandstein/Muschelkalk und zu Neubenennungen im Unteren Buntsandstein in der Bundesrepublik Deutschland. Hrsg. i. A. der Subkommission Perm-Trias der Stratigraphischen Kommission der DUGW von Dr. Jochen Lepper. – N. Jb. Geol. Paläont. Mh. **11**: 687–692.

Leutwein, F. & Sonet, J. (1974): Geochronologische Untersuchungen im Südschwarzwald. – N. Jb. Mineral. Abh. **121**: 254–271.

LGRB, Landesamt für Geologie, Rohstoffe und Bergbau Baden-Württemberg, Freiburg i. Br. (1962): Erdöl am Oberrhein – Ein Heidelberger Kolloquium. Abh. Geol. Landesamt Baden-Württemberg **4**: 136 S.

LGRB B-W(1998). – Geol. Schulkarte 1: 1.000.000 mit Erl. (Gsch 1000), 12., überarb. u. erw. Aufl., Freiburg i. Br., 142 S.
LGRB B-W (1998). – Geologische Übersichtskarte 1:500.000 (Gü 500) – Freiburg i. Br.
LGRB B-W (2002): Mineral-, Heil- und Thermalwässer, Solen, und Säuerlinge in Baden-Württemberg. – LGRB-Fachberichte, Freiburg i. Br., 15 S.
LGRB B-W (2003): Geowisenschaftliche Karten und Schriften. – Freiburg i. Br., 26 S.
Liehl, E. & Sick, W.D. (1984): Der Schwarzwald: Beiträge zur Landeskunde, 3. Aufl. – Konkordia Bühl/Baden, 574 S.
Loeschke, J., Güldenpfennig, M. & Hann, H.P. (1998): Die Zonen von Badenweiler-Lenzkirch (Schwarzwald). Eine variskische Suturzone. – Z. dt. geol. Ges. **149**: 197–212.
Lorenz, S. (2001): Nordschwarzwald: Von der Wildnis zur Wachstumsregion. – Markstein, Filderstadt, 240 S.
Lüders V. (1994): Geochemische Untersuchungen an Gangartmineralien aus dem Bergbaurevier Freiamt Sexau und dem Badenweiler Quarzriff (Schwarzwald). – Abh. Geol. Landesamt Baden-Württemberg **14**: 173–190.
Lorenz, S. & Schmauder, A. (2003): Neubulach – Eine Stadt im Silberglanz. – Markstein, Filderstadt, 368 S.
Lüschen E., Wenzel, F., Sandmeier, K.J., Menges, D., Rühl, T., Stiller, M., Janoth, W., Keller, F., Söllner, W., Thomas, R., Krohe, A., Stenger, R., Fuchs, K., Wilhelm, H. & Eisbacher, G. (1987): Nearvertical and wide-angle seismic surveys in the Black Forest, SW Germany. – J. Geophys. **62**: 1–30.
Luz, A. (2003): Geologische Kartierung, geochemische und strukturgeologische Untersuchungen in der Grube Segen Gottes und in ihrem Umfeld, Haslach-Schnellingen im Kinzigtal. – Dipl.-Arb. Univ. Freiburg [unveröffentl.], Freiburg i. Br.
Mälzer, H. (1967): Untersuchungen von Präzisionsnivellements im Oberrheingraben von Rastatt bis Basel im Hinblick auf relative Erdkrustenbewegungen. – Dt. geodät. Komm. Bayr. Akad. d. Wiss. B, Angew. Geodäsie **138**.
Manz, M., Puchelt, H. & Fritsche, R. (1995): Schwermetallgehalte in Böden und Pflanzen alter Bergbaustandorte im Südschwarzwald. – Veröffentlichungen des Umwelt- und Verkehrsministeriums, Umweltministerium Baden-Württemberg, Luft, Boden, Abfall **32**, 87 S.
Markl, G. (1997): Petrologie und Geochemie von Cassiterit-Greisen und Beryll-Pegmatiten im Leukogranit des Triberger Granitkomplexes, Schwarzwald. – Jb. Geologisches Landesamt Baden-Württemberg **37**: 1–45.
– (2005): Bergbau und Mineralienhandel im fürstenbergischen Kinzigtal. – Schriftenreihe des Mineralienmuseums Oberwolfach **II**; Markstein, Filderstadt, 392 S.
Markl, G. & Sönke, L. [Hrsg.] (2004): Silber, Kupfer, Kobalt. Bergbau im Schwarzwald. – Markstein, Filderstadt, 215 S.
Maus, H. (1967): Ignimbrite des Schwarzwaldes. – N. Jb. Geol. Pal. **8**: 461–489.
– (1979): Bergbaugeschichtlicher Wanderweg Sulzburg. – Sulzburg, 40 S.
– (1988): Besuchsbergwerk Teufelsgrund. – Münstertal/Schwarzwald, 43 S.
– (1993): Führer zum geologisch-bergbaugeschichtlichen Wanderweg der Gemeinde Münstertal/Schwarzwald, 3. Aufl. – Münstertal/Schwarzwald, 52 S.
Maus, H. & Renk, A. (1981): Der Kristalline Schwarzwald – Seine Gesteine und Lagerstätten. – Aufschluss **32**: 323–332.
Meier, H. (1982): Der ehemalige Bergbau in Neubulach unter Berücksichtigung der geologischen und mineralogischen sowie strukturellen Fazies der Lagerstätte. – Müller, Neuenbürg, 180 S.

Meissner, R. & Vetter, U. (1974): The northern end of the Rhinegraben due to some geophysical measurements. – In: Illies, H. & Fuchs, K. (eds.): Approaches to Taphrogenesis. – E. Schweizerbart'sche Verlagsbuchhandlung, Stuttgart: 236– 243.
Metz, R. (1966): Zur Petrogenese und Mineralisation im Nordschwarzwald. – Jber. u. Mitt. oberrh. geol. Ver. **48**: 171–186.
– (1977): Mineralogisch-landeskundliche Wanderungen im Nordschwarzwald. 2. Aufl. – Schauenburg, Lahr, 632 S.
– (1979): Die Bedeutung von Bergbau und Eisenhüttenwesen als Wegbereiter für die Industrialisierung im Schwarzwald. – In: Haselier, G., Gönner, E., Schaab, M. & Uhland, R. (Hrsg.): Bausteine zur geschichtlichen Landeskunde von Baden-Württemberg. – Kohlhammer, Stuttgart: 381–405.
– (1980): Geologische Landeskunde des Hotzenwaldes. – Schauenburg, Lahr, 1116 S.
Metz, R. & Rein, G. (1958): Erläuterungen zur geologisch-petrographischen Übersichtskarte des Südschwarzwaldes 1:50.000. – Schauenburg, Lahr, 126 S.
Milanković, M. (1941): Der Kanon der Erdbestrahlung und seine Anwendung auf die Eiszeitprobleme. – Königliche Serbische Akademie, Belgrad, XX, 633 S.
Möller, P., Maus, H. & Gundlach, H. (1982): Die Entwicklung von Flussspatmineralisationen im Bereich des Schwarzwaldes. – Jh. geol. Landesamt Baden-Württ. **24**: 35–70.
Montenari, M. (1996): Appearance of Microfossils in high-grade metamorphic rocks from SW-Germany. – IX International Palynological Congress Meeting, June 23–28, 1996, Abstracts **110**; Houston Texas, USA.
Montenari, M. & Maass, R. (1996): Die metamorphen Schiefer der Badenweiler-Lenzkirch-Zone/Südschwarzwald. Paläontologische Alterstellung (Acritarchen und Chitinozoen) und Tektonik. – Ber. d. Naturf. Ges. Freiburg i. Br **84/85:** 33–79.
Montenari, M., Servais, T. & Paris, F. (2000): Palynological dating (acritarchs and chitinozoans) of Lower Paleozoic phyllites from the Black Forest/southwestern Germany. –Earth Planet Sci. **330**: 493–499.
Münster, S. (1553): Cosmographia. – Basel.
Murad, E. (1975): Note on the geochemistry of Hercynian dykes and volcanics from Münstertal, Black forest, Germany. – N. Jb. Miner. Mh. **2**: 57–70.
Murawski, H. & Meyer, W. (2004): Geologisches Wörterbuch. 11. Aufl. – Spektrum, Heidelberg, 262 S.
Ortlam, D. (1971): Paläoböden und ihre Bedeutung in der stratigraphischen und angewandten Geologie. – Jber. Mitt. Oberrhein. Geol. Ver. N. F. **53**: 171–181.
– (1971): Die Randfazies des germanischen Buntsandsteins im südlichen Schwarzwald. – Geol. Jb. **89**: 135–168.
Pfannenstiel, M. & Rahm, G. (1963): Die Vergletscherung des Wutachtales während der Risseiszeit. – Ber. d. Naturf. Ges. Freiburg **53,** 5–62.
Rein, G. (1952): Der Werdegang des Orthits in der magmatischen und metamorphen Abfolge des mittleren Schwarzwaldes. – N. Jb. Min. Abh. **84**, 365–435.
Rhinegraben Research Group for Explosion Seismology (1974): The 1972 seismic refraction experiment in the Rhinegraben – first results. – In: Illies, H. & Fuchs, K. (eds.): Approaches to Taphrogenesis: Proceedings of an internal. Rift Symposium held in Karlsruhe, April 13–15, 1972. – E. Schweizerbart'sche Verlagsbuchhandlung, Stuttgart: 122–137.
Röhr, C. (1990): Die Genese der Leptinite und Paragneise zwischen Nordrach und Gengenbach im Mittleren Schwarzwald – Frankf. Geowiss. Arbeiten, Serie C Mineralogie, Bd. **11**; Frankfurt a. M.
– (2004): www.oberrheingraben.de/Grabenfuellung/Salzlagerstaetten

Rothe, P. (2005): Die Geologie Deutschlands. 48 Landschaften im Porträt. – Primus, Darmstadt, 240 S.

Sauer, K.F.J. (1988): Die Wutach: Naturkundliche Monographie einer Flusslandschaft. Hrsg. vom Badischen Landesverein für Naturkunde e. V. u. d. Institut für Ökologie und Naturschutz, Karlsruhe – Die Natur- und Landschaftsschutzgebiete Baden-Württembergs, **6**. Inst. f. Ökol. u. Natursch., Karlsruhe, 575 S.

Sawatzki, G. (2004): Relikte ozeanischer Kruste im ehemaligen Nickelbergwerk Todtmoos-Mättle im Südschwarzwald. – Jber. Mitt. oberrhein. geol. Ver., N.F. **86**: 297–324.

Sawatzki, G. & Hann, H.P. (2003): Geologische Karte von Baden-Württemberg 1:50.000. Badenweiler-Lenzkirchzone (Südschwarzwald). Erläuterungen und Hinweise für Exkursionen. – Landesamt für Geologie, Rohstoffe, Bergbau Baden-Württemberg, Freiburg i. Br., 182 S.

Sawatzki, G., Hann, H.P. & Vaida, M (1997): Altpaläozoische Chitinozoen und Acritarchen in Gneisen des Südschwarzwalds, SW-Deutschland. – N. Jb. Geol. Paläont. **1997**: 165-178.

Schäfer, H. & Wittmann, O. (1966): Der Isteiner Klotz. Zur Naturgeschichte einer Landschaft am Oberrhein. – Rombach, Freiburg i. Br., 445 S.

Schaltegger, U. (2000): U-Pb geochronology of the southern Black Forest Batholith (Central Variscan Belt): timing of exhumation and granit emplacement. – Int. J. Earth Sci. **88**: 814–828.

Schleicher, H. (1976): Petrographie und Geochemie der Granitporphyre des Schwarzwaldes. – Diss. Uni Freiburg i. Br., 165 S.

– (1984a): Die Granitporphyre des Schwarzwaldes. – Fortschr. Mineral, **62**/2: 99–105.

– (1984b): Der Triberger Granit. – Fortschr. Mineral. **62**/2: 91–98.

Schlohmann, Ch. (1987): Bergbau und Mineralien im Münstertal, Südschwarzwald. – Lapis **5**: 11ff.

Schöttle, M. (1984): Geologische Naturdenkmale im Regierungsbezirk Karlsruhe. Eine Zusammenstellung geschützter und schutzwürdiger geol. Objekte. Landesamt für Umweltschutz Baden-Württemberg. – Beih. Veröffentl. Naturschutz **38**, Karlsruhe, 171 S.

Schreiner, A. (1983): Hegau und westlicher Bodensee, 2. Aufl. – Gebr. Borntraeger Verlagsbuchhandlung, Berlin/Stuttgart, X, 93 S.

– (1992): Erläuterungen zu Blatt Hegau und westlicher Bodensee. Geologische Karte 1:50.000 von Baden-Württemberg. – Geologisches Landesamt Baden-Württemberg, Freiburg i. Br., 290 S.

Schulz, G. (1975): Bruchtektonik und Seismotektonik im Oberrheingebiet. – Oberrh. geol. Abh. **24**: 65–84.

Sittig, E. (1965): Der geol. Bau des variszischen Sockels nordöstlich von Baden-Baden (Nordschwarzwald) – Oberrhein. geol. Abh. **14**: 167–207.

– (1966): Das metamorphe Altpaläozoikum des Nordschwarzwaldes. – Jber. u. Mitt. oberrhein. geol. Ver. N.F. **48**: 121–131.

– (1969): Zur geol. Charakterisierung des Moldanubikums am Oberrhein (Schwarzwald) – Oberrhein. Geol. Abh. **18**: 119–161.

– (1974): Die Schichtenfolge des Rotiegenden der Senke von Baden-Baden (Nordschwarzwald) – Oberrhein. Geol. Abh. **23**: 31–41.

Stadt Karlsruhe & Trunkó, L. (2000): Naturführer Karlsruhe Geologie I – Zu Fuß und mit dem Fahrrad durch die Natur. – Karlsruhe, Fbl.

Steen, H. (2004): Geschichte des modernen Bergbaus im Schwarzwald. – books on demand, Norderstedt, 488 S.

Steiger, R.H., Bär, M.T. & Büsch, W. (1973): The zircon age of an anatectic rock in the central Schwarzwald. – Fortschr. Mineral. **50**/3: 131–132.

Stenger, R. (1983): Geochronologische Tabellen, Zusammenstellung der Alterswerte aus dem Kristallin des Schwarzwaldes – Kontinentales Tiefbohrprogramm der Bundesrepublik Deutschland (KTB), 130–144.

Stenger, R., Baatza, K. Kleina, H. & Wimmenauer, W. (1989): Metamorphic evolution of the prehercynian basement of the Schwarzwald (Federal Republik of Germany) – Tectonophysics **157**: 117–121.

Storch, D.h. & Werner, W. (1994) Die Erz- und Mineralgänge im alten Bergbaurevier „Freiamt-Sexau" (Mittlerer Schwarzwald) – Lagerstättengeologie, Tektonik, Mineralogie, Geochemie, Geochronologie, Bergbaugeschichte. – Abh. d. geol. Landesamtes B-W **14:** 374 S.

Subkommission Perm-Trias (1993): Beschlüsse zur Festlegung der lithostratigraphischen Grenze Zechstein/Buntsandstein/Muschelkalk und zu Neubenennungen im Unteren Buntsandstein in der BRD – Z. angew. Geol., **39**: 20–22.

Tait, J.A., Bachtadse, V., Franke, W. & Soffel, H.C. (1997): Geodynamic evolution of the European Variscan fold belt: palaeomagnetic and geological constraints. – Geol. Rundschau **86**: 585–598.

Trenkle, H. & Rudloff, H. von (1984): Das Klima im Schwarzwald. – In: Liehl, E. & Sick, W.D. (Hrsg.): Der Schwarzwald: Beiträge zur Landeskunde, 3. Aufl. – Konkordia Bühl/Baden: 59–100.

Trunkó, L. (1984): Karlsruhe und Umgebung – Nördlicher Schwarzwald, südlicher Kraichgau, Rheinebene, Ostrand des Pfälzer Waldes und der Nordvogesen. – Gebr. Borntraeger Verlagsbuchhandlung, Berlin/Stuttgart, X, 227 S. (Samml. Geol. Führer; 78).

Trunkó, L. & Gail, B. (1984): Waldsterben. Ursachen und Folgen des Sterbens von Bäumen und Wäldern. Eine Sonderausst. im Museum am Friedrichsplatz Karlsruhe. Dez. 1983–Dez.1984. – Badenia, Karlsruhe, 47 S.

Vaida, M, Hann, H.P., Sawatzki, G., Frisch, W. & Loeschke, J. (2000): Sedimentation ages of paragneisses and lower grade metamorphic rocks from South Schwarzwald (Variscan Belt, Germany) and their significance for the reconstruction of the paleotectonic evolution. – Terra Nostra **1**: 128.

Villinger, E. (1999): Freiburg im Breisgau – Geologie und Stadtgeschichte. – Informationen **12.** Landesamt für Geologie, Rohstoffe und Bergbau Baden-Württemberg, Freiburg i. Br., 60 S.

Walcz, G.M. (1983): Doggererz in Blumberg: Das ungewöhnliche Schicksal einer Stadt, ein Kapitel deutscher Bergbaugeschichte. – Verlag des Südkurier, Konstanz, 101 S.

Walenta, K. (1987): Wittichen. – Lapis **7/8**: 13ff.

– (1992): Die Mineralien des Schwarzwaldes und ihre Fundstellen. – Ch. Weise, München, 336 S.

Weiß, S. (1990): Mineralfundstellen Atlas Deutschland West. – Ch. Weise, München, 320 S.

Weise, C. (2001): Grube Clara, Sonderheft – Lapis, Jg. 26, **7/8**, 86 S.

Weiskirchner, W. (1972): Einführung zur Exkursion Hegau. – Fortschr. Mineral. **50**/2: 70–84.

– (1975): Vulkanismus und Magmenentwicklung im Hegau. – Jber. u. Mitt. oberrh. geol. Ver. N.F. **57**: 117–134.

Werner, W. & Dennert, V. (2004): Lagerstätten und Bergbau im Schwarzwald. Ein Führer unter besonderer Berücksichtigung der für die Öffentlichkeit zugänglichen

Bergwerke. – Landesamt für Geologie, Rohstoffe und Bergbau Baden-Württemberg, Freiburg i. Br., 334 S.

Werner, W. & Franzke, H.J. (1994): Zur Tektonik und Mineralisation der Hydrothermalgänge im Schwarzwald im Bergbaurevier Freiamt Sexau (Mittl. Schwarzwald). – Abh. Geol. Landesamt Baden-Württemberg, **14**: 27–98.

Werner, W., Franzke, H.J., Wirsing, G., Jochum, J., Lüders, V., Wittenbrink, J. & Steiber, B. (2002): Die Erzlagerstätte Schauinsland bei Freiburg im Breisgau. Bergbau, Geologie, Hydrogeologie, Mineralogie, Geochemie, Tektonik und Lagerstättenentstehung. – Ber. der Naturforschenden Gesellsch. Freiburg, **92**: 110 S.

Wickert, F., Altherr, R. & Deutsch, M. (1990): Polyphase Variscan tectonics and metamorphism along a segment of the Saxothuringian–Moldanubian boundary: The Baden-Baden Zone, northern Schwarzwald (F.R.G.) – Geol. Rundschau **79**: 627–647.

Wilmanns, O., Wimmenauer, W., Fuchs, G., Rasbach, H. & Rasbach, K. (1977): Der Kaiserstuhl – Gesteine und Pflanzenwelt, 2. Aufl. – Landesanstalt für Umweltschutz Baden-Württemberg, die Natur- und Landschaftsschutzgebiete Baden-Württemberg **8,** Karlsruhe, 261 S.

Wimmenauer, W. (1977a): Gesteine und Minerale. – In: Wilmanns, O., Wimmenauer, W., Fuchs, G., Rasbach, H. & Rasbach, K. (Hrsg.): Der Kaiserstuhl – Gesteine und Pflanzenwelt, 2. Aufl. – Landesanstalt für Umweltschutz Baden-Württemberg, die Natur- und Landschaftsschutzgebiete Baden-Württemberg **8,** Karlsruhe: 37–73;.

– (1977b): Neuere Befunde über den Untergrund des Kaiserstuhls. – Ber. d. Naturf. Ges. **67**: 405–424.

– (1984): Das prävariskische Kristallin im Schwarzwald. – Fortschr. Miner. **62**: 69–89.

– (1996): Junger Vulkanismus: Erläuterungen zur geologischen Karte Freiburg i. Br. und Umgebung 1:50.000. 3., ergänzte Aufl. – LGRB B-W, Freiburg i.Br.: 153–174.

– (2003): Geol. Exkursionskarte des Kaiserstuhls. 5., völlig neu bearb. Aufl.; Erläuterungen. – LGRB B-W, Freiburg i. Br.: IX,280 S.

Wimmenauer, W., Klein, H., Müller, H. & Stenger, R. (1989): Petrography and Petrology of the KTB Location Schwarzwald. – The German continental deep drilling program (KTB), Springer, Berlin: 243–263.

Wittern, A. (1995): Mineralien finden im Schwarzwald. Ein Führer zu 55 Einzelfundstellen. – Sven von Liga, Köln, 157 S.

– (2001): Mineralfundorte und ihre Minerale in Deutschland. – E. Schweizerbart'sche Verlagsbuchhandlung, Stuttgart, VII, 286 S.

Wundt, W. (1953): Gewässerkunde. – Springer, Berlin, 320 S.

Wurm, F., Franz, M., Paul, W. & Simon, T. (1989): Der geologische Bau des Wutachtales zwischen der Lotenbach-Mündung und Achdorf. Hrsg. v. Oberrhein. Verein. – Stuttgart, 32 S.

Ziegler, P.A. & Wimmenauer, W. (2001): Possible glaciomarine diamictites in Lower Paleozoic series of the Southern Black Forest (Germany): implications for the Gondwana /Laurussia puzzle. – N. Jb. Geol. Paläont. **8**: 500–512.

Bild- und Tabellennachweis

Bildnachweis

Abb. 1: Foto D. Günther, 2007.
Abb. 2, 13, 26, 40, 70, 72, 73, 74, 75: Aus und nach Metz (1977): S. 59, Abb.8 (Flb.), 67, 35, 351, 286, 231, 208, Abb.139 (Fbl.).
Abb. 4, 5, 18, 23, 42, 51, 64; 65, 66, 67, 81: Zeichnungen D. Günther.
Abb. 6: Aus Murawski & Meyer (2004): S. 221.
Abb. 7, 15, 22, 27, 28, 29, 34: Aus Geyer & Gwinner (1991): S. 62, 47, 51, 69, 100, 270, 265.
Abb. 3, 21: Nach den geologischen Karten Metz (1977) u. Geol. Übersichtskarten Deutschland 1: 200.000 – Bundesanstalt für Geologie und Rohstoffe, Hannover: Bl. CC 7910 Freiburg-Nord (1994), Bl. CC 8710 Freiburg-Süd (2002).
Abb. 8: Nach der Geol. Übersichtskarte B-W 1:500.000 des LGRB B-W, Freiburg i. Br. (1998).
Abb. 9, 10, 12: Aus Kalt et al. (2000): S. 2, 3, 6.
Abb. 11: Aus Wimmenauer (1984): S. 71.
Abb. 14: Nach Schleicher (1984b): S. 94.
Abb. 16: Nach der Geologischen Karte (GBLZ 50) des LGRB B-W, Freiburg (2003).
Abb. 17: Aus Emmermann & Wohlenberg (1989): S. 312.
Abb. 19: Aus Güldenpfennig (1997): S. 93.
Abb. 20: Aus Loeschke et al. (1998): S. 199.
Abb. 24: Nach Sittig (1974): Fbl.
Abb. 25: Aus Arikas (1986): S. 140.
Abb. 30: Aus Illies (1974): S. 14.
Abb. 31: Nach dem Profil der Geol. Karte von Baden-Württemberg 1:500.000 des LGRB B-W, Freiburg i. Br. (1998).
Abb. 32: Aus Illies (1965): S. 31.
Abb. 33: Nach Geol. Schulkarte von Baden-Württemberg des LGRB B-W, Freiburg i. Br. (1998).
Abb. 35, 36, 37: Aus Geyer & Gwinner (1964): S. 174, 174, Fbl.
Abb. 38, 80, 82: Nach Infotafeln des LGRB B-W, Freiburg i. Br.
Abb. 39: Aus Trenkle & Rudloff (1981): S. 79.
Abb. 41: Aus Bender (1995): S. 68.
Abb. 43: Aus Dierßen & Dierßen (1984): S. 9.
Abb. 44, 45: Aus Trunkó & Gail (1984): S. 12, 13.
Abb. 46, 47: Aus Hinderer (1995): S. 158, 159.
Abb. 48, 57: Aus Luz (2003): S. 30, 20.
Abb. 49: Aus Lüders (1994): S. 184.
Abb. 50, 58: Aus Werner et al. (2002): S. 79, 22.
Abb. 52: Aus Henglein (1924): S. 164.
Abb. 53: Aus Lepper (1980): S. 189.
Abb. 54, 55, 56: LGRB B-W, Freiburg i. Br. (1962): S. 79, 14, 25.

Abb. 59: Aus Baumgärtl & Burow (2003): S. 279.
Abb. 60, 61: Aus Werner & Dennert (2004): S. 20, 21.
Abb. 62: Aus Gassmann (1996): S. 99.
Abb. 63: Aus Goldenberg et al. (1996): S. 36.
Abb. 68, 69, 71, 75: Zeichn. D. Günther. Topogr. Grundlage: TK 1:25.000, Baden-Württemberg des Landesvermessungsamtes Baden-Württemberg (LVA), Stuttgart (2007).
Abb. 76, 79: Zeichn. D. Günther. Topogr. Grundlage: TK 1:25.000 B-W d. LVA, Stuttgart + Infotafeln des LGRB B-W, Freiburg i. Br.
Abb. 77: Nach Röhr (2004).
Abb. 78: Aus Körner et al.: S 7.
Abb. 83: Nach Hahn (1988): Tafel 10.
Abb. 84: Nach einer Infotafel am Eisinger Loch von Prof. Bartz.
Abb. 85: Nach d. Verz. „Geowiss. Karten u. Schriften" des LGRB B-W, Freiburg i. Br. (2003).
Farbbilder 1–78: Fotos D. Günther 2006–2008.

Tabellennachweis

Tabelle 1: Nach Wimmenauer et al. (1989): S. 247, 252.
Tabelle 2: Nach Maus & Renk (1981): S. 327.
Tabelle 3: Aus Schleicher (1976) nach Al-Khayat (1976): S. 74.
Tabelle 4: Nach Maus & Renk (1981): S. 327.
Tabelle 5: Nach Schleicher (1976): S. 123.
Tabelle 6: Nach Arikas (1986): S. 315.
Tabelle 7: Nach Aricas (1986): S. 313/314.
Tabelle 8: Nach Carlé (1975): S. 320, 342, 421.
Tabelle 9: Aus Schreiner (1992): S. 29/30.
Tabelle 10: Aus Werner & Denner (2004): S. 124.

Sachregister

1 = Seitenverweis auf den Text.
1 = Hauptverweis.
1 = Seitenzahl bezieht sich auf Abbildungen, Farbbilder und Tabellen.

Ortsregister

1 = Seitenverweis auf den Text
1 = Hauptverweis
1 = Verweis auf Abbildungen und Farbbilder